これ1冊で一発合格

QC検定

Quality Control

2級
演習問題集

子安　弘美

電気書院

まえがき

　本書は、品質管理検定（QC検定）2級を受験される方々のためにこれ一冊で合格して頂けるために用意しました。

　品質管理検定は、製品品質の改善、サービスの品質改善、業務改善、コストダウン、企業体質改善を目指し、日本の産業界全体の底上げをサポートすること、日本の品質管理の様々な組織・地域への普及、並びに品質管理そのものの向上・発展に資することを目的としています。

　2級の受験者は、3級を合格して次のステップとして受験される方と2級から初めて受験される方とがいることでしょう。また、社内、社外での品質管理に関するセミナーを受講されている人、独学のみの人と幅広い人が受験されています。

本書の構成、執筆ポリシーは、問題集ではありますが、「品質管理検定運営委員会」が発行する「品質管理検定レベル表」の項目を忠実にキーワードとして問題と解説で理解できる内容としています。

　また、過去の問題の出題方式は、○×問題、選択問題、穴埋め問題と様々でありますが、基本事項、キーワード、重要なポイントを学んで覚えるのは、穴埋め問題が的確と考えるので、本書は穴埋め問題を基本として、解説では重要なポイント、関連事項を記述して、2級の受験者対象ですが、一部1級レベルも含んだ内容としました。

　そして、手法編の数値事例計算問題は、その解答は数値を選ぶのではなく、数値を求めて答える形としています。問題と解説を合わせて教本にもなり、QC検定合格後に実務の手引書としても活用できるようにとの思いで執筆しました。

　特に、数値表は、他数値表では省略されて補完しなければならないところや実務で必要なところは記載しましたので活用願いたい。

　本書を活用して多くの方が品質管理検定の資格に合格され、あらゆる職場で品質管理の考え方、品質管理手法の活用をして、皆様がさらなる発展と活躍をされることを願っています。

著者

JIS からの引用・参考に関して

本書を読まれる方、本書で学ばれる方は、まだ社会経験のない学生の方からそれぞれの道でのベテランの方まで様々であり、かつ仕事の内容、業種も幅広いことと考えています。

品質管理は、業種、職種を問わず、個人レベルから経営レベル、また、営利、非営利無関係に広範囲で役立ちます。ゆえ、現在では幅広く導入されています。

このことから、本書は、業種、職種に関しても、また会社・企業規模に対しても適用が可能で誰もが理解できるようにするため、JIS に基づきました。また、過去の出題傾向を見ても、JIS を引用されている問題が少なくありません。

しかし、JIS は、改廃されています。内容によっては廃止された内容がわかりやすく、廃止後も多くの書籍、テキスト等で紹介されている事柄もあること、基本事項は不変であることから本書でも改廃前（廃止後）の記述も記載しています。

直近でも、また、今後も改廃されることもあるので引用・参考にした、法令、JIS などに関しては、その年号を記載していますので、必要に応じて最新版は、それぞれで参照願いたい。

JIS の 1999 年の改訂において、不良→不適合、不良個数→不適合品数、不良品→不適合品、不良率→不適合品率、欠点→不適合、欠点数→不適合数、信頼率→信頼係数と表記が変更になりました。他に管理図の記号や判定も変更されました。しかし、1999 年以前の JIS で現在も未改訂の中の表現は従来の表記です。

本書は、検定の模擬問題とその解説書であることから、可能な限り併記することに努めましたが、一部書面の関係でできていないこと、また、従来（改定前）の表記になっているところもあるが、この用語の表記にこだわるのではなく、本来の必要なことの理解をして頂きたい。

Quality が「質」ではなく「品質」と訳され、品物の質からの品質管理が品物以外への発展をしてきました。また Control の管理から Management（マネジメント）と漢字からカタカナへといった経過もあります。

また、試験と検査も品質管理の用語としては、試験は判定を含まず、判定を含むのが検査です。しかし、入学、入社に関しては、合格不合格を含めて試験です。入学検査とも入社検査とも呼ばれていません。

　他、英語と日本語、同じ英語でもアメリカとイギリスで発音も異なれば意味も異なることがあります。

　しかし、1分間の概念はどこでも同じであり、1＋1が2であることも万国共通で不変です。

　ここまで色々と述べましたが、これらを踏まえて根本的なことは何かを考えて学んで頂きたい。

目　次

まえがき……………………………………………………………… iii

JIS からの引用・参考に関して ……………………………………… iv

1　品質管理の手法編 ……………………………………………… 1

1-1　データの取り方・まとめ方　　　　　　　　　　　　　3
1-2　QC 七つ道具・新 QC 七つ道具　　　　　　　　　　19
1-3　確率分布　　　　　　　　　　　　　　　　　　　　25
1-4　計量値の検定と推定　　　　　　　　　　　　　　　47
1-5　計数値の検定と推定　　　　　　　　　　　　　　　67
1-6　管理図と工程能力指数　　　　　　　　　　　　　　79
1-7　抜取検査　　　　　　　　　　　　　　　　　　　　95
1-8　実験計画法　　　　　　　　　　　　　　　　　　103
1-9　相関分析と単回帰分析　　　　　　　　　　　　　125
1-10　信頼性　　　　　　　　　　　　　　　　　　　　141

2　品質管理の実践編 …………………………………………… 159

2-1　品質管理の基本（QC的なものの見方・考え方）　　161
2-2　品質の概念、管理の方法　　　　　　　　　　　　175
2-3　品質保証 ＜新製品開発＞　　　　　　　　　　　　191
2-4　品質保証 ＜プロセス保証＞　　　　　　　　　　　211
2-5　品質経営の要素 ＜方針管理、機能別管理＞　　　　229
2-6　品質経営の要素 ＜日常管理＞　　　　　　　　　　235
2-7　品質経営の要素 ＜標準化＞　　　　　　　　　　　243
2-8　品質経営の要素 ＜小集団活動、人材育成、診断・監査＞　251
2-9　品質経営の要素 ＜品質マネジメントシステム＞　　261
2-10　倫理／社会的責任、品質管理周辺の実践活動【言葉として】　269

数値表一覧……………………………………………………………………… 275

参考・引用文献………………………………………………………………… 286

索引……………………………………………………………………………… 290

忘却曲線

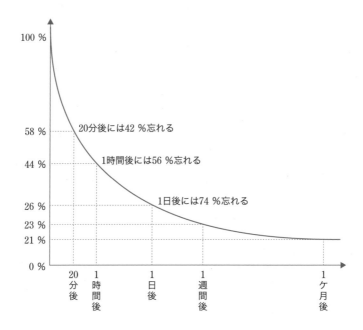

エビングハウスの忘却曲線

忘れることはあたり前
　だから
　　1. 繰り返す。
　　2. 新たに記憶するのではなく、関連付ける。
　　3. 記憶するのではなく、理解する。

1 品質管理の手法編

1-1　データの取り方・まとめ方

1-2　QC 七つ道具・新 QC 七つ道具

1-3　確率分布

1-4　計量値の検定と推定

1-5　計数値の検定と推定

1-6　管理図と工程能力指数

1-7　抜取検査

1-8　実験計画法

1-9　相関分析と単回帰分析

1-10　信頼性

Statistical Quality Control
Statistical method, Tools

$+ \ - \ \times \ \div$

Pat tummy
Ponpoco Pon

1-1 データの取り方・まとめ方

キーワード	自己チェック
データの種類	
データの変換	
母集団とサンプル	
サンプリングと誤差	
基本統計量とグラフ	
サンプリングの種類（2段、層別、集落、系統など）と性質	

How to get the data.
How to use the data.
How to be sampling.

Pat tummy
Ponpoco Pon

データの種類

問題1 次の文章において、□□□□内に入る最も適切なものを下欄の選択肢から選び、その記号を解答欄に記入せよ。ただし、各選択肢を複数回用いることはない。

　データを大きく2つに大別すると、数字で表せる (1) データと言語でしか表せない (2) データがある。

　さらに (1) データは長さ、温度、時間などのように連続的に変化する (3) と、人数、不適合品の個数、傷の数などを数える数で連続しない (4) と、人の感性で判断して決める等級、評価などの (5) データに分類できる。

　そして、 (4) は1つの製品の中に傷、よごれなど不適合が数ケ所あっても1個の製品を不適合品として数える (6) と、傷の数、汚れなどの不適合の箇所を数える (7) に分けられる。

選択肢
　ア．不良個数・不適合品数（個数を数える計数値）　　イ．順位
　ウ．言語　　　　　エ．欠点数・不適合数（不適合数を数える計数値）
　オ．計数値　　カ．計量値　　　　キ．数値

● 解答欄 ●

(1)	(2)	(3)	(4)	(5)	(6)	(7)

4

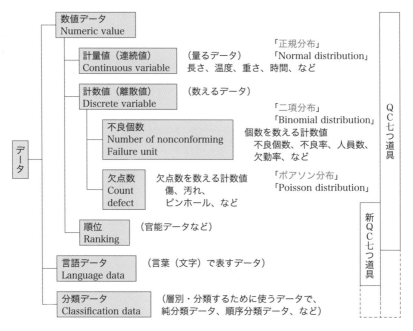

Keyword Explanation

データの種類、数値データ、順位データ、分類データ、言語データ、
計量値、計数値、連続値、離散値

解説

体系的に整理すると下図の通りである。参考として代表的な分布と使われる手法を示す。

(注記) 比率データの場合、分子の数値が計量値なのか計数値なのかで決める。

$$\frac{計量値}{X} = 計量値 \qquad \frac{計数値}{X} = 計数値$$

不良と欠点という用語に関して

1999 年の JIS 改正で「不良」は「不適合」、「不良品」は「不適合品」、「不良個数」は「不適合品数」、「不良率」は「不適合品率」、「欠点数」は「不適合数」となったが、本書では「不良」と「欠点」を併記可能なところは併記した。

● 解答 ●

(1)	(2)	(3)	(4)	(5)	(6)	(7)
キ	ウ	カ	オ	イ	ア	エ

データの変換、母集団とサンプル、サンプリングと誤差、
基本統計量とグラフ

問題2 次の文章で正しいものには〇、正しくないものには×を選び、解答欄
に記入せよ。

1) 品質管理は、事実に基づいて行動やアクションを行う。その対象と
なる集団（母体）を母集団といい、この母集団には標本とサンプリン
グがある。 <u>(1)</u>

2) 一般にデータの値（測定値）は次の式で表される。
「データの値」＝「真の値」＋「サンプリング誤差」＋「測定誤差」 <u>(2)</u>

3) 部品寸法を測定した結果のデータが、0.000838, 0.000836, 0.000835,
0.000839, 0.000834 であった。このデータの平均値は、0.0008364 で標
準偏差は、0.0207 である。 <u>(3)</u>

4) この 3) の部品寸法のメディアンは、0.000836 である。 <u>(4)</u>

5) 同じサンプルを何回も測定した場合、測定値の分布と真の値を示し
たイメージ図は次図の通りである。 <u>(5)</u>

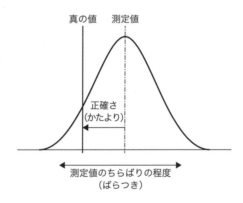

ばらつきとかたよりのイメージ図

● 解答欄 ●

(1)	(2)	(3)	(4)	(5)

Keyword Explanation

データの変換、母集団とサンプル、サンプリングと誤差、統計量とグラフ、無限母集団、有限母集団、サンプリング誤差、測定誤差、正確さ、精度、平均値、メディアン、範囲、偏差平方和、分散、標準偏差、変動係数

解説

処置の対象 （Target）	母集団 （Population）	サンプル（標本/試料） （Sample）		データ （Data）
工程に 対する処置 Process	無限母集団 (Infinite population) 工程 Prosess	サンプリング （抜取・抽出） (Sampling) ロット Lot	サンプリング （抜取・抽出） (Sampling) サンプル Sample	試験／測定 (Test/Mea-surement) データ Data
		処置（Action）／推定（Estimation）		
ロットに 対する処置 Lot	有限母集団 (Finite population) ロット Lot	サンプリング （抜取・抽出） (Sampling) サンプル Sample		試験／測定 (Test/Mea-surement) データ Data
		処置（Action）／推定（Estimation）		

母集団とサンプルの関係

数値変換

3) の問題のデータ、0.000838, 0.000836, 0.000835, 0.000839, 0.000834 を数値変換を行って各基本統計量を求める。

$X_i = (x_i - x_0) \times g$ （$x_0 = 0.00083$, $g = 1000000$）の数値変換を行う。

Exp. : $X_i = (0.000838 - 0.00083) \times 1000000 = 8$

● 解答 ●

(1)	(2)	(3)	(4)	(5)
×	○	×	○	○

3) のデータを数値変換を行った計算補表を下記に示す。

No.	x_i	X_i	$(X_i - \bar{X})$	$(X_i - \bar{X})^2$	X^2
1	0.000838	8	1.6	2.56	64
2	0.000836	6	−0.4	0.16	36
3	0.000835	5	−1.4	1.96	25
4	0.000839	9	2.6	6.76	81
5	0.000834	4	−2.4	5.76	16
合計	0.004182	32	0	17.2	222

① 平均値（算術平均）［Average: $\bar{x}$ または $E(x)$ 母平均は μ］

平均は、最もよく使われるデータの代表値として表される値で算術平均ともいう。

統計量の場合、標本平均、試料平均ともいい、記号の上に " − "（バー）をつけて表し、母平均 μ と区別する。また、記号の上に " ^ "（ハット）をつけて推定値の意味を持たせている。$\hat{\mu} = \bar{x}$

$$\bar{X} = \frac{\sum X_i}{n} = \frac{8+6+5+9+4}{5} = \frac{32}{5} = 6.4$$

データを数値変換しているので元に戻す（$x_0 = 0.00083$, $g = 1000000$）

$$\bar{x} = x_0 + \bar{X} \times \frac{1}{g} = 0.00083 + 6.4 \times \frac{1}{1000000} = 0.0008364$$

② メディアン（中央値）［Median: $\tilde{x}$ または $Me(x)$］

データを大きさの順に並べた中央の値である。偶数個の場合は中央の 2 個のデータの平均をとる。

8, 6, 5, 9, 4 → 4, 5, 6, 8, 9 と並び変えて、$\tilde{x} = 6$　となる。

データを数値変換しているので元に戻す（$x_0 = 0.00083$, $g = 1000000$）

$$\tilde{x} = x_0 + \tilde{X} \times \frac{1}{g} = 0.00083 + 6 \times \frac{1}{1000000} = 0.000836$$

③ 範囲［Range: R または $R(x)$］

最大値（x_{max}）− 最小値（x_{min}）で求める。（数値変換をしないで求める）

$$R = x_{max} - x_{min} = 0.000839 - 0.000834 = 0.000005 \quad となる。$$

④ 偏差平方和（平方和）[Sum of Squares: S または $S(x)$]

　ばらつきを表す尺度の1つで、それぞれの値と平均値の差を求めてその差の平均を求めようとしても平均値との差（偏差）の合計は0（ゼロ）になるので、この平均値との差（偏差）の2乗（自乗）を求める。これを偏差平方和という。

$$S(X) = \sum \left(X_i - \bar{X} \right)^2 = 17.2$$

データを数値変換しているので元に戻す（$x_0 = 0.00083$, $g = 1000000$）

$$S(x) = S(X) \times \frac{1}{g^2} = 17.2 \times \frac{1}{1000000^2} = 0.0000000000172$$

$$= 1.72 \times 10^{-11} \quad \text{となる。}$$

一般には、

$$S(X) = \sum \left(X_i - \bar{X} \right)^2 = \sum X_i^2 - \frac{\left(\sum X_i \right)^2}{n} = 222 - \frac{32^2}{5} = 17.2$$

で求められる。

$\dfrac{\left(\sum X_i \right)^2}{n}$ は修正項（Correction Term）といい、記号 CT で表す。

⑤ 分散（不偏分散、平均平方）[Variance: V または $V(x)$]

　数値変換を元に戻した平方和で求める。

$$V(x) = \frac{S(x)}{n-1} = \frac{1.72 \times 10^{-11}}{5-1} = 4.3 \times 10^{-12} \quad \text{となる。}$$

$n-1$ は自由度（Degree of freedom）という。

⑥ 標準偏差（標本標準偏差、試料標準偏差）[Sample standard deviation: s または $\sqrt{V}$]

　平方和、分散は、データを2乗して求めているので元に戻すために、標準偏差は分散の平方根（ルート：$\sqrt{\ }$）をとる。

　数値変換を元に戻した分散で求める。

$$s = \sqrt{V(x)} = \sqrt{4.3 \times 10^{-12}} = 2.07 \times 10^{-6} \quad \text{となる。}$$

⑦ 変動係数（相対的標準偏差）[Coefficient of Variation: CV]

$$CV = \frac{s}{\bar{x}} = \frac{2.07 \times 10^{-6}}{8.36 \times 10^{-4}} = 2.48 \times 10^{-4} = 0.00248 \quad \text{となる。}$$

サンプリングの種類（2段、層別、集落、系統など）と性質

問題3 次の文章はサンプリングに関する説明である。それぞれどのサンプリングなのか適切なものを下欄の選択肢から選び、その記号を解答欄に記入せよ。ただし、各選択肢を複数回用いることはない。

1) 5台の機械で部品を製造している。それぞれの機械でつくられた部品を10個ずつランダムに選んで、全体として50個サンプルで調査した。 　(1)

2) 1箱24本入の原料が500箱納入された、この中からランダムに20箱サンプリングし、その20箱それぞれから7本ずつをランダムに抽出して評価した。
　(2)

3) 1日の生産分が倉庫にパレットに積まれて置かれている。これを出荷検査するために、すべての製品の中からランダムに選んだ。 　(3)

4) プレス工場で製造される部品の寸法を管理するために、1時間間隔で3個ずつサンプリングして測定している。 　(4)

5) 12個入りのメロンの箱が100箱ある。この糖度を調査するためランダムに5箱選んだ。選んだ箱の中身12個×5箱＝合計60個すべてに関して調査した。
　(5)

選択肢
ア．層別サンプリング 　　イ．集落サンプリング
ウ．系統サンプリング 　　エ．単純ランダムサンプリング
オ．2段サンプリング

● **解答欄** ●

(1)	(2)	(3)	(4)	(5)

解説

　データをとる目的は、サンプルの値そのものを知るためではなく、もとの集団「母集団（無限母集団、有限母集団）」の姿・性質を正しく推定して、「処置・行動」をとるためである。このもとの集団とサンプルとを結びつけてくれるのがサンプリングである。したがって、サンプリングは、この目的に適するように、「信頼でき」、「精度が十分で」、「かたよりがなく」、「迅速に」、「経済的に」ということが大切である。すなわち、最小の費用で必要な精度が得られるように、得られる情報の価値の方が、サンプリングして測定を行うコストよりも経済的に意味がなければならない。

① ランダムサンプリングの方法

a. 対象母集団を攪拌・混合させてからサンプリングする方法
b. 乱数表を用いる方法
c. 乱数サイコロなどで乱数を発生させ、その乱数を用いる方法

(参考) ランダム（Random）：無作為
　　　 ランダマイズ（Randomize）：無作為化

② サンプリングの種類

a. 単純ランダムサンプリング

　　母集団全体からランダムにサンプリングする方法。

　　技術的、統計的に全く予備知識のないときに用いられる。一般に手間がかかりサンプル量も増加する。

イメージ図

順番に番号を付けて乱数に基づいて
必要数をサンプリングする。
▲ □ ◎ ○ △ ×

期待値と標準偏差

$$E(\bar{x}) = \mu, \quad \mu = \frac{1}{N}\sum_{i=1}^{N} x_i$$

$$V(\bar{x}) = \frac{N-n}{N-1} \times \frac{\sigma^2}{n}$$

$$\sigma^2 = \frac{1}{N}\sum_{i=1}^{N}(x_i - \mu)^2$$

解答

(1)	(2)	(3)	(4)	(5)
ア	オ	エ	ウ	イ

b. 系統サンプリング

　　時間的、あるいは空間的に、一定間隔でサンプルする方法。

　　生産工程でよく用いられる。ランダムスタートであること、データに周期性がある場合は、サンプリング間隔が周期と一致しないようにすることが重要である。

　　特性の変化がランダムとみなせる間隔に設定することがポイントである。

イメージ図

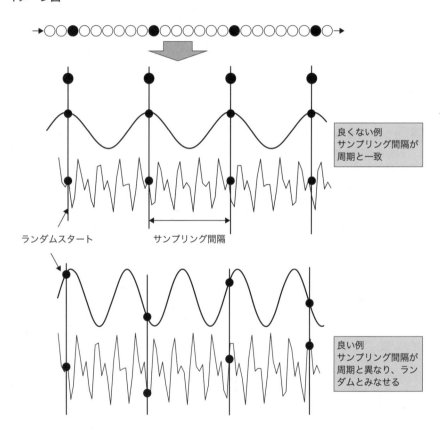

　　系統サンプリングは、各系列を層と考え、層内の変化がランダムであれば、近似的に層別サンプリングとみなせる。

c. 2段サンプリング

単純ランダムのサンプリングでの手間を削減する方法で、**母集団をロットと副ロットに分けてそれぞれでランダムにサンプリングする方法。**

$\bar{n} > 1$の場合、2段サンプリングは単純ランダムサンプリングより精度が悪い。

イメージ図

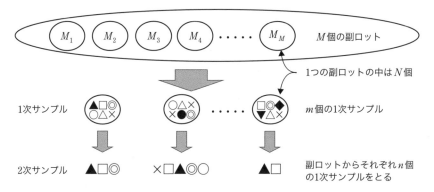

期待値と標準偏差

$$E(\bar{x}) = \mu \qquad \mu = \frac{1}{MN}\sum_{i}^{M}\sum_{j}^{N}x_{ij} \qquad \hat{\mu} = \bar{x} = \frac{1}{mn}\sum_{i}^{m}\sum_{j}^{n_i}x_{ij}$$

$$V(\bar{x}) = \frac{1}{N^2}\left\{M^2\frac{M-m}{M-1}\times\frac{\sigma_b^2}{m} + \frac{1}{m}\sum_{i}^{m}\left(N_i^2\frac{N_i-n_i}{N_i-1}\times\frac{\sigma_w^2}{n_i}\right)\right\}$$

Mは1次サンプルの大きさ、nは2次サンプルの大きさ

σ_b^2は1次単位間の分数、σ_w^2は1次単位内の分数

nを一定 $N_i = \bar{N}$, $n_i = \bar{n}$ にすると

$$V(\bar{x}) = \frac{M-m}{M-1}\times\frac{\sigma_b^2}{m} + \frac{\bar{N}-\bar{n}}{\bar{N}-1}\times\frac{\sigma_w^2}{\bar{n}} \qquad (\text{有限修正が必要な場合})$$

$$V(\bar{x}) = \frac{\sigma_b^2}{m} + \frac{\sigma_w^2}{\bar{n}}, \quad \left(\frac{m}{M} < 0.10, \ \frac{\bar{n}}{\bar{N}} < 0.10 \text{ で無限母集団とみなせる場合}\right)$$

d. 層別サンプリング

母集団を層別して各層からサンプリングする方法で、2 段サンプリングの特殊な場合（$M = m$）、層別した副ロットすべてからサンプリングする方法。

イメージ図

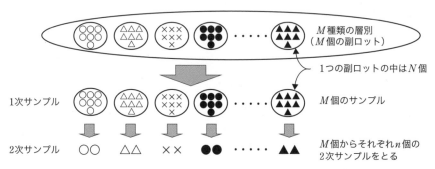

1次サンプル

2次サンプル

M種類の層別
（M個の副ロット）

1つの副ロットの中はN個

M個のサンプル

M個からそれぞれn個の
2次サンプルをとる

n_i の割当て方で比例サンプリング、ネイマンサンプリング、デミングサンプリングなどがある。

層別サンプリングは、単純ランダムサンプリングより精度が良く、$\sigma_b^2 = 0$ となっても単純ランダムサンプリングと同じ制度である。

期待値と標準偏差（2 段サンプリングの式で $m = M$ とする）

$$E(\bar{x}) = \mu \qquad \hat{\mu} = \bar{x} = \frac{1}{Mn} \sum_i^M \sum_j^{n_i} x_{ij}$$

$$V(\bar{x}) = \frac{\bar{N} - \bar{n}}{\bar{N} - 1} \times \frac{\sigma_w^2}{M\bar{n}} \quad \text{（有限修正が必要な場合）}$$

$$V(\bar{x}) = \frac{\sigma_w^2}{M\bar{n}} \quad \left(\frac{\bar{n}}{N} < 0.10 \text{ で無限母集団とみなせる場合} \right)$$

比例サンプリング　　　　：各層の大きさ M 個に比例して、一定の比率で n 個を各層からサンプリングする方法。

ネイマンサンプリング：各層内のばらつきの大きさに比例して、サンプリングを決定する方法。

デミングサンプリング：ネイマンサンプリングの考え方にサンプリングコストを考慮したサンプリング方法。

e. 集落サンプリング

母集団をいくつかの層に分け、その層の中からランダムにいくつかの層をサンプリングし、とった層の中のすべてをサンプルとしてデータをとる方法。この場合の層を集落といい、これは、社会調査を行う場合、市、町、村などを集落としているからである。

集落サンプリングは、$n = N$ とした2段サンプリングである。

イメージ図

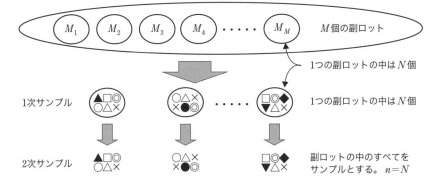

期待値と標準偏差（2段サンプリングの式で $n = N$ とする）

$$\hat{\mu} = \bar{x} = \frac{M}{Nm} \sum_i^m \sum_j^{n_i} x_{ij} = \frac{M}{Nm} \sum_i^m x_i$$

$$V(\bar{x}) = \frac{M - m}{M - 1} \times \frac{\sigma_b^2}{m} \quad \text{（有限修正が必要な場合）}$$

$$V(\bar{x}) = \frac{\sigma_b^2}{m} \quad \left(\frac{m}{M} < 0.10 \text{ で無限母集団とみなせる場合} \right)$$

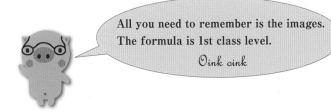

All you need to remember is the images.
The formula is 1st class level.

Oink oink

③ サンプリング法のサンプリング費用と精度を含めた比較（実務事例）

　添加剤の製造工程で出荷形態は一定量を袋詰めして、その 120 袋を 1 箱に入れ、250 箱をロットとして出荷している。このときの箱内のばらつき $\sigma_w = 80$, $\sigma_b = 30$ である。箱を開封して元に戻す費用が 1000 円、袋から出して再包装する費用は 100 円として、ロットの母平均の推定精度は $\sigma = 10$ 以下としたい。

　このときのそれぞれのサンプリング法の比較をする。

　上記より

$$\begin{cases} M = 250 \\ N = 120 \end{cases} \quad \begin{cases} \sigma_b = 30 \\ \sigma_w = 80 \end{cases} \quad \begin{cases} k_1 = 1000 \text{ 円} \\ k_2 = 100 \text{ 円} \end{cases}$$

となる。

a. ランダムサンプリング

$$V(\bar{x}) = \frac{\sigma^2}{n} \qquad \sigma^2 = \sigma_b{}^2 + \sigma_w{}^2$$

より

$$n \geqq \frac{\sigma^2}{V(\bar{x})} = \frac{\sigma_b{}^2 + \sigma_w{}^2}{V(\bar{x})} \qquad \frac{30^2 + 80^2}{10^2} = \frac{900 + 6400}{100} = 73$$

$$m = \frac{n}{M} \qquad \text{サンプリング費用は } T = k_1 m + k_2 mn \text{ である。}$$

　そして、m と n の考えられる組み合わせで費用の最小と最大は、

（最小）　$m = 1,\ n = 73$　　$T_{\min} = 1000 \times 1 + 100 \times 1 \times 73 = 8300$ 円

（最大）　$m = 73,\ n = 1$　　$T_{\max} = 1000 \times 73 + 100 \times 73 \times 1 = 80300$ 円

このとき、無限母集団とみなせるかの確認と $V(\bar{x})$ の確認

$$\frac{\bar{n}}{M\bar{N}} < 0.10 \Rightarrow \frac{73}{250 \times 120} = \frac{73}{30000} = 0.00243 < 0.10$$

$$V(\bar{x}) = \frac{\sigma^2}{n} \Rightarrow \frac{30^2 + 80^2}{73} = \frac{900 + 6400}{73} = 100 \to 10^2$$

b. 2段サンプリング

$$V(\bar{x}) = \frac{\sigma_b{}^2}{m} + \frac{\sigma_w{}^2}{m\bar{n}} \qquad T = k_1 m + k_2 m\bar{n}$$

より

$$\bar{n} = \sqrt{\frac{k_1}{k_2}} \frac{\sigma_w}{\sigma_b} \qquad \sqrt{\frac{1000}{100}} \times \frac{80}{30} = 8.432 \to 9$$

$$m = \frac{1}{V(\bar{x})} \left(\sigma_b{}^2 + \frac{\sigma_w{}^2}{\bar{n}} \right) \qquad \frac{1}{10^2} \times \left(30^2 + \frac{80^2}{9} \right) = 16.11 \to 17$$

n, m の値を整数でまるめているので、2 段サンプリングの場合の最小費用は、$V(\bar{x}) \leqq 10^2$ の条件と合わせて計算結果の n, m の周辺を探る必要がある。

n	m	費用（円）	$V(\bar{x})$	採/否
8	16	28,800	10.3^2	✕
8	17	30,600	10.0^2	◯
8	18	32,400	9.7^2	◯
9	16	30,400	10.0^2	◎
9	17	32,300	9.7^2	◯
9	18	34,200	9.5^2	◯
10	16	32,000	9.8^2	◯
10	17	34,000	9.5^2	◯
10	18	36,000	9.3^2	◯

上記表より、$n = 9$, $m = 16$ が最小費用で $V(\bar{x})$ の条件にも合致する。無限母集団とみなせるかの確認をする。

$$\frac{m}{M} < 0.10 \Rightarrow \frac{16}{250} = 0.064 < 0.10 \qquad \frac{\bar{n}}{N} < 0.10 \Rightarrow \frac{120}{9} = 0.075 < 0.10$$

c. 層別サンプリング

$$V(\bar{x}) = \frac{\sigma_w^2}{M\bar{n}}$$

$$M\bar{n} = \frac{\sigma_w^2}{V(\bar{x})} \qquad \frac{80^2}{10^2} = \frac{6400}{100} = 64$$

層別サンプリングは全ての M からのサンプリングであるから $m = M$

$$\bar{n} = \frac{M\bar{n}}{M} = \frac{M\bar{n}}{m} \qquad \frac{64}{250} = 0.256 \rightarrow 1$$

費用は $T = k_1 m + k_2 mn$

$$T = 1000 \times 250 + 100 \times 250 \times 1 = 275000 \text{ 円}$$

無限母集団とみなせるかの確認をする。

$$\frac{\bar{n}}{N} < 0.10 \Rightarrow \frac{1}{120} = 0.00833 < 0.10$$

$$V(\bar{x}) = \frac{\sigma_w^2}{M\bar{n}} \qquad \frac{80^2}{250 \times 1} = \frac{6400}{250} = 25.6 \rightarrow 5.06^2$$

d. 集落サンプリング

$$V(\bar{x}) = \frac{\sigma_b^2}{m}$$

$$m = \frac{\sigma_b^2}{V(\bar{x})} \qquad \frac{30^2}{10^2} = \frac{900}{100} = 9$$

集落サンプリングは1次サンプリング m 個の中の全てが2次サンプルであるので

$n = N$

費用は $T = k_1 m + k_2 mn$

$T = 1000 \times 9 + 100 \times 9 \times 120 = 117000$ 円

無限母集団とみなせるかの確認をする。

$$\frac{m}{M} < 0.10 \Rightarrow \frac{9}{250} = 0.036 < 0.10$$

$$V(\bar{x}) = \frac{\sigma_b{}^2}{m} \qquad \frac{30^2}{9} = \frac{900}{9} = 100 \to 10^2$$

④ ワークサンプリング法（Work Sampling Method：WS法）

　ワークサンプリングは、人の動き、機械の稼働状況をそれらが構成する要素単位に分けて、瞬間的な観測をランダムな感覚で多数回繰り返して行い、そこから得られたデータを統計的に処理する方法である。

ワークサンプリングの主な目的
 a. 人、機械などの稼働率の分析（**稼働分析**）
 b. 標準時間設定などの基礎データの取得と分析
 c. 人、機械、材料、作業方法などに関する問題点の発見（**定性的な調査**）
 d. 稼働、移動、停滞などの時間的割合の調査、改善（**定量的な調査**）
 e. 標準データと比較するなど、ムラの改善（**ばらつきの調査**）

ワークサンプリングの長所
 a. 瞬間的観測であるので、1人の観測者で数多くの作業者、機械など同時に観測することが可能である。
 b. 作業者が観測者に対して意識しないで、平常通りの状況で観測できる。
 c. 観測者の疲労が少なく、誰でもできる。

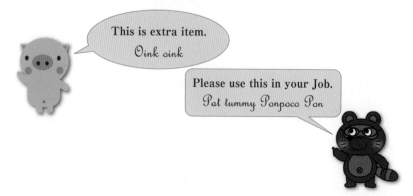

This is extra item.
Oink oink

Please use this in your Job.
Pat tummy Ponpoco Pon

1-2 QC七つ道具・新QC七つ道具

	キーワード	自己チェック
Q7	パレート図	
	特性要因図	
	チェックシート	
	ヒストグラム	
	散布図	
	グラフ（管理図は別項目）	
	層別	
N7	親和図法	
	連関図法	
	系統図法	
	マトリックス図法	
	アローダイアグラム法	
	PDPC法	
	マトリックスデータ解析法	

Seven QC tools
Seven management tools for QC

Q7 （QC 七つ道具）

問題1　次の手法名に対して選択肢のイメージ図の中から最も適切なものを選び、その記号を解答欄に記入せよ。ただし、各選択肢を複数回用いることはない。

1) 特性要因図　　　　　(1)
2) グラフ　　　　　　　(2)
3) チェックシート　　　(3)
4) パレート図　　　　　(4)
5) 散布図　　　　　　　(5)
6) ヒストグラム　　　　(6)

選択肢

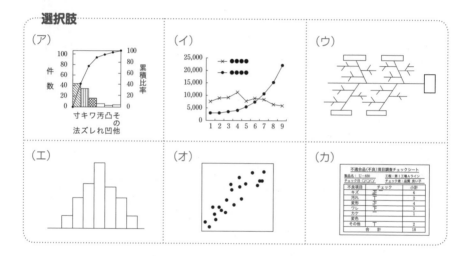

Seven QC Tools
Who-hoo-ho

● **解答欄** ●

(1)	(2)	(3)	(4)	(5)	(6)

パレート図、特性要因図、チェックシート、ヒストグラム、散布図、グラフ、層別

解　説

手　法	特徴と目的、活用のポイント、注意点
層　別	データをそのデータのもつ特徴（5W1H など）から、共通点などに着目して色々なグループ（層）に分ける。「分けることはわかること」といわれる。
特性要因図	要因（原因）と特性（結果）の関係を整理する手法。 要因（原因）と特性（結果）の関係を逆転させないこと。 大骨は 4M にこだわる必要はない。固有技術を重視。
グラフ	データを図形に表して、数量の大きさを比較したり、数量が変化する状態をわかりやすくするためにつくる（軸の途中で省略しないこと）。
チェックシート	データが簡単にチェックするだけで整理して集められる。また点検確認がもれなく合理的にできる手法。5W1H の明確化。
パレート図	データを現象別、原因別に分類して 2〜3 項目に絞り込む（重点指向する）ための手法。 パレートの原理：20-80 の法則、2-8 の法則 比較する場合、基になる有限母集団の大きさを同じにすること。
散布図	対になった 2 種類のデータの関係を調べる手法。 対のデータは 30 組以上であること。
ヒストグラム	データのばらつく姿（分布の形）と中心位置、ばらつきの大きさを調べ規格値、目標値と比較する手法。 区間の幅はデータの測定単位（最小のキザミ）の整数倍。
管理図	折れ線グラフに統計的に計算した管理限界線を引いて、工程などが安定状態か否かを判断し、統計的安定状態にしてその状態を維持管理するのに用いる手法。 好ましい異常の原因も好ましいからと放置せず、原因を探り役立てること。

（参考）　整数倍とは、測定単位が 10 のとき、10, 20, 30 であり、
　　　　　測定単位が 0.1 のとき、0.1, 0.2, 0.3 である。

● 解答 ●

(1)	(2)	(3)	(4)	(5)	(6)
ウ	イ	カ	ア	オ	エ

N7（新QC七つ道具）

問題2 次の手法名に対して選択肢のイメージ図の中から最も適切なものを選び、その記号を解答欄に記入せよ。ただし、各選択肢を複数回用いることはない。

1) アロー・ダイアグラム法　(1)
2) 系統図法　(2)
3) 親和図法　(3)
4) PDPC法　(4)
5) マトリックス図法　(5)
6) 連関図法　(6)

選択肢

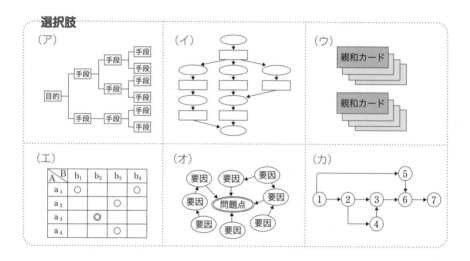

Seven Management Tools for QC

Who-hoo-hoo

● 解答欄 ●

(1)	(2)	(3)	(4)	(5)	(6)

解説

手 法	特徴と目的、活用のポイント、注意点
親和図法	混沌とした状態の中から収集した言語データを相互の親和性によって統合し、解決すべき問題を明確にする方法。 右脳（直観、感情）を活用、右脳に依存すること。
連関図法	複雑な要因のからみ合う問題（事象）について、その因果関係を明らかにして、適切な解決策を見出す方法。 要因（原因） → 特性（結果）の矢を記入。 ループをつくらないこと。
系統図法	目的を果たす最適手段を系統的に追求する方法。系統図法は、樹木状に枝分かれさせて表したもので樹形図とも呼ばれる。 通常、目的－手段であるが、特性－原因（要因）でも活用できる。
マトリックス図法	行と列に要素を配置して、それぞれの交点に着眼し、多元的に問題点を明確にする方法。 この要素の配置の違いによる図の形が分類されて、L 型、T 型、Y 型などがある。
アローダイアグラム法	最適の日程計画をたて、効率よく進捗を管理する方法。 PERT ともいわれる。 ループをつくらないこと。 クリティカルパスを管理すること。
PDPC 法	事態の進展とともにいろいろな結果が想定される問題について、望ましい結果に至るプロセスを定める方法。 過程決定計画図とも呼ばれる。 幅広い知見からできるだけ多くのメンバーで作成すること。
マトリックスデータ解析法	複雑に絡み合った問題の構造を解明するため、変数間の相関関係を手がかりに少数個の変数をみつけ、個体間の違いを明確に要約する手法で、多変量解析法の主成分分析である。

● 解答 ●

(1)	(2)	(3)	(4)	(5)	(6)
カ	ア	ウ	イ	エ	オ

ギリシャ文字一覧

CAP 大文字	lower 小文字	Sound 読み方	Name of the letter アルファベット表記
A	α	アルファ	alpha
B	β	ベータ	beta
Γ	γ	ガンマ	gamma
Δ	δ	デルタ	delta
E	ε	イプシロン（エプシロン）	epsilon
Z	ζ	ゼータ（ツェータ）	dzeta, zeta
H	η	エータ（イータ）	eta
Θ	θ	シータ（テータ）	theta
I	ι	イオタ（アイオタ）	iota
K	κ	カッパ	kappa
Λ	λ	ラムダ	lambda
M	μ	ミュー	my, mu
N	ν	ニュー	ny, nu
Ξ	ξ	クサイ （クザイ、グザイ、クシー）	xi
O	o	オミクロン	omicron
Π	π	パイ（ピー）	pi
P	ρ	ロー	rho
Σ	σ	シグマ	sigma
T	τ	タウ	tau
Υ	υ	ユプシロン（ウプシロン）	ypsilon, upsilon
Φ	ϕ	ファイ（フィー、ファー）	phi
X	χ	カイ（キー）	khi, chi
Ψ	ψ	プサイ （サイ、プシー、ブシー）	psi
Ω	ω	オメガ	omega

1-3 確率分布

キーワード	自己チェック
確率分布の種類	
分散の加法性	
正規分布（確率計算を含む）	
二項分布（確率計算を含む）	
ポアソン分布（確率計算を含む）	
統計量の分布（確率計算を含む）	
期待値と分散	
大数の法則と中心極限定理	

Probability distribution

Oink oink

確率分布の種類

問題1 次の文章において、□□□内に入る最も適切なものを下欄の選択肢から選び、その記号を解答欄に記入せよ。ただし、各選択肢を複数回用いることはない。(8)、(9)は順不同でよい。

1) 一般的に計量値のデータの分布は、中央が ⎡ (1) ⎤ 左右にすそをひいた左右 ⎡ (2) ⎤ の分布となる。このような分布は確率密度関数 $f(x)$ をもつ確率分布で ⎡ (3) ⎤ と呼ばれ、数学者ガウス（Carolus Fridericus Gauss 1777-1855）によって発見された。この分布の平均値が μ、分散が σ^2（標準偏差 σ）の ⎡ (3) ⎤ を ⎡ (4) ⎤ と書かれることがある。⎡ (3) ⎤ する母集団のことを ⎡ (5) ⎤ と呼ばれている。

2) 計数値の分布で品質管理に使われる主なものに ⎡ (6) ⎤ と ⎡ (7) ⎤ がある。不適合品率（不良率）、不適合品数（不良個数）は ⎡ (6) ⎤ に従い、不適合数（欠点数）、単位当たりの不適合数（欠点数）は ⎡ (7) ⎤ に従う。これらの分布は、不適合品率、不適合数により分布の形も異なり、⎡ (6) ⎤ は ⎡ (8) ⎤ かつ ⎡ (9) ⎤ であれば ⎡ (3) ⎤ に近似できる。また、⎡ (10) ⎤ ならば、実用的に ⎡ (7) ⎤ として扱ってよいといわれる。そして、⎡ (7) ⎤ は ⎡ (11) ⎤ の条件を満足できれば ⎡ (3) ⎤ として扱うことができる。

選択肢

ア．一様分布	イ．二項分布	ウ．ポアソン分布
エ．正規分布	オ．$nP \geqq 5$	カ．$P \leqq 0.1$
キ．$m \geqq 5$	ク．$n(1-P) \geqq 5$	ケ．$N(\mu,\ \sigma^2)$
コ．低く	サ．高く	シ．対称
ス．非対称	セ．正規母集団	ソ．無限母集団
タ．有限母集団		

● 解答欄 ●

(1)	(2)	(3)	(4)	(5)	(6)	(7)	(8)	(9)	(10)	(11)

一様分布、二項分布、ポアソン分布、超幾何分布、正規分布、
指数分布、ガンマ分布、ワイブル分布

解　説

種類	分布の名称	分布の概要
全	一様分布 (Uniform Distribution)	ある区間 (a〜b) 内のすべてにおいて同じ値である分布である。サイコロを無限回振ったとき、ルーレットを無限界回したときのそれぞれの出目の確率はすべて同じとなる。このような分布を一様分布と呼ぶ。
計数値（離散値）	二項分布 (Binomial Distribution)	事象 A の起こる確率 P の試行を、独立に n 回行うとき、事象 A の起こる回数 X の分布である。 不適合品率 P の工程から n 個のサンプルをとったときに含まれる不適合品 X 個の発生確率の分布である。同様に成功率なども同じ分布である。
計数値（離散値）	ポアソン分布 (Poisson Distribution)	二項分布の $N \to \infty$、$X \to 0$ と極限にした分布である。不適合数、単位当たりの不適合数などの分布である。
計数値（離散値）	超幾何分布 (Hypergeometric Distribution)	二項分布は無限母集団からの復元抽出であるが、超幾何分布は有限母集団からの非復元抽出（抽出したサンプルを戻さない）を考えた分布である。
計量値（連続値）	正規分布 (Normal Distribution)	計量値（連続値）の最も代表的な分布で、左右対称の釣鐘型をした分布でガウスとも呼ぶ。 分布の形は定数 μ と σ で定まる。
計量値（連続値）	指数分布 (Exponential Distribution)	事象の生起確率が一定という条件の下で、その事象が発生するまでの時間の分布である。事故の発生間隔、電球の寿命、下水管の耐用年数、銀行窓口への来客間隔などの分布に用いられる。
計量値（連続値）	ガンマ分布 (Gamma Distribution)	指数分布を一般化した分布で、ある事象の発生率が $1/\beta$ で与えられる事象が複数回（α 回）起きるまでの待ち時間分布と考えることができる。ウイルスの潜伏期間、人の体重の分布、電子部品の寿命などの分布に用いられる。
計量値（連続値）	ワイブル分布 (Weibull Distribution)	事象の生起確率が対象とする期間内において変化する場合、その事象が発生するまでの時間を確率変数とみなすと、その確率変数が従う分布は指数分布ではなくワイブル分布となる。 信頼性の最も代表的な分布である。

● 解答 ●

(1)	(2)	(3)	(4)	(5)	(6)	(7)	(8)	(9)	(10)	(11)
サ	シ	エ	ケ	セ	イ	ウ	オ	ク	カ	キ

品質管理で用いられる代表的な分布の確率関数と期待値・分散

分布の名称	確率関数 $f(x)$	期待値 $E(x)$	分散 $V(x)$
離散一様分布	$\dfrac{1}{N}$ $x = 1, 2, \cdots N$	$\dfrac{N+1}{2}$	$\dfrac{N^2-1}{12}$
連続一様分布	$\dfrac{1}{b-a}$ $a \leqq x \leqq b$	$\dfrac{a+b}{2}$	$\dfrac{(b-a)^2}{12}$
二項分布	${}_nC_x\, p^x(1-p)^{n-x}$ $x = 1, 2, \cdots n$	np	$np(1-p)$
ポアソン分布	$e^{-m}\dfrac{m^x}{x!}$ $x = 1, 2, \cdots \quad m > 0$	m	m
超幾何分布	$\dfrac{{}_MC_x \cdot {}_{N-M}C_{n-x}}{{}_NC_n}$ $x = 1, 2, \cdots n$ $x \leqq M \quad n - x \leqq N - M$	$\dfrac{nM}{N}$	$\dfrac{nM}{N}\left(1-\dfrac{M}{N}\right)\dfrac{N-n}{N-1}$
正規分布	$\dfrac{1}{\sqrt{2\pi}\,\sigma}e^{-\frac{(x-\mu)^2}{2\sigma^2}}$ $-\infty \leqq \mu \leqq \infty \quad \sigma > 0$	μ	σ^2
指数分布	$\lambda e^{-\lambda x}$ $0 \leqq x \leqq \infty$	$\dfrac{1}{\lambda}$	$\dfrac{1}{\lambda^2}$
ガンマ分布	$\dfrac{x^{\alpha-1}e^{-\frac{x}{\beta}}}{\beta^\alpha \Gamma(\alpha)}$ $0 \leqq x \leqq \infty$	$\alpha\beta$	$\alpha\beta^2$
ワイブル分布	$\dfrac{bx^{b-1}}{a^b}e^{-\left(\frac{x}{a}\right)^b}$ $0 \leqq x \leqq \infty$	$a\Gamma\left(\dfrac{b+1}{a}\right)$	$a^2\left[\Gamma\left(\dfrac{b+2}{b}\right)-\left\{\Gamma\left(\dfrac{b+1}{b}\right)\right\}^2\right]$

Distribution function, expected
value, and variance used in QC

Oink oink

主な分布について解説する。

① 一様分布（Uniform Distribution）

離散一様分布と連続一様分布があるが、理解しやすい離散一様分布について解説する。
サイコロを無限回振ったときのそれぞれの出目の確率を考える。

それぞれの確率は $\frac{1}{6}$ で同じであり一様分布となる。

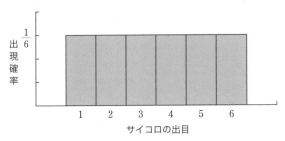

サイコロの出目の一様分布

② 二項分布（Binomial Distribution）

製造工程で生産される品物の母不適合品率が P（無限母集団とみなせる）、そこから
n 個ランダムに抽出した中に不適合品が x 個入っている確率 $Pr(x)$ は、

$$Pr(x) = {}_nC_x p^x (1-p)^{n-x} = \frac{n!}{x!(n-x)!} p^x (1-p)^{n-x}$$

であり、この確率分布を二項分布という、

！は階乗と呼び、$x!$ で $x = 5$ の場合 $5! = 5 \times 4 \times 3 \times 2 \times 1 = 120$ である。
（なお $0! = 1$）

$n = 30$ で P を 0.05，0.1，0.2，0.3，0.4，0.5 と変えた場合を次に示す。

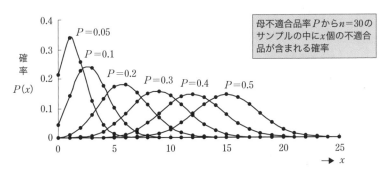

母不適合品率 P から $n = 30$ の
サンプルの中に x 個の不適合
品が含まれる確率

いろいろな P に対する二項分布

③ ポアソン分布（Poisson Distribution）

二項分布の $np = m$ を一定にして $n \to \infty$ の極限の分布であり、次の式で示される。

$$Pr(x) = e^{-m} \frac{m^x}{x!} \qquad x = 1, 2, \cdots\cdots \qquad m > 0$$

ただし、e は自然対数の底で、$e = 2.71828\cdots$である。

製品1個とか一定量の物の中に発生する不適合数、例えば、車のドアの塗装のピンホールの不適合数とか、メッキ部品1個の中の傷の数などである。

m を 0.5, 1, 2, 3, 5, 8 と変えた場合を次に示す。

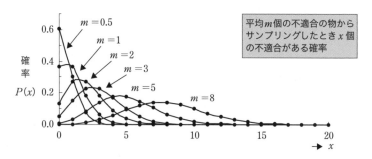

いろいろな m に対するポアソン分布

④ 各分布の関係と正規近似

計数値を取り扱う場合、主に二項分布とポアソン分布を用いる。しかし、確率計算をする場合、左右対称ではなく、既に示した計算式の通りで複雑な計算となる。そこで、計量値の分布の代表的な正規分布に近似すると、計算など統計的処理が容易となる。

二項分布のグラフの $n = 30, p = 0.2$ 以上、ポアソン分布のグラフの $m = 5$ 以上をみると、左右対称で正規分布とみなせそうであることがわかる。

下記にその正規分布への近似条件と、各分布間の近似条件を整理して示す。

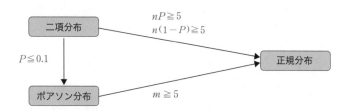

⑤ 正規分布（Normal Distribution）

計量値（連続値）で最も重要な確率分布であり、応用の範囲は限りなく広く、色々な分野のモデル化に用いられている。

正規分布は、定数 μ と σ によって分布の形が定まり $N(\mu, \sigma^2)$ と書くことがある。そして確率密度関数 $f(x)$ は次の式で示される。

$$f(x) = \frac{1}{\sqrt{2\pi}\,\sigma} e^{-\frac{(x-\mu)^2}{2\sigma^2}} \qquad -\infty < x < \infty \qquad \sigma > 0$$

母平均 μ　母分散 σ^2（母標準偏差 σ）の正規分布

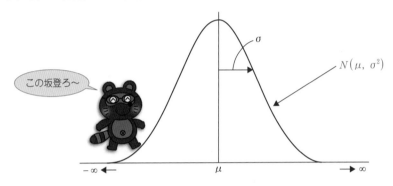

この坂登ろ〜

⑥ 二項分布の正規分布近似

二項分布は $nP \geqq 5,\ n(1-P) \geqq 5$ が成り立てば正規分布近似（正規近似）できる。

変換の種類	データ変換	正規分布近似
直接近似	$p = \dfrac{x}{n}$	$p \sim N\left(p, \dfrac{P(1-P)}{n}\right)$
	$p^* = \dfrac{x+0.5}{n+1}$	$p^* \sim N\left(p, \dfrac{P(1-P)}{n}\right)$
	$p^* = \dfrac{x+1}{n+2}$	
ロジット変換	$L(p^*) = \ln\dfrac{p^*}{1-p^*}$	$L(p^*) \sim N\left(L(P), \dfrac{1}{nP(1-P)}\right)$
逆正弦変換	$Z \sim N\left(\sin^{-1}\sqrt{P}, \dfrac{1}{4n}\right)$ (rad 単位)	$Z \sim N\left(\sin^{-1}\sqrt{P}, \dfrac{1}{4n}\right)$

分散の加法性

問題2 次のそれぞれの平均値と標準偏差を求めて、 　　　　内に対応した解答欄に計算結果を記入せよ。

1) 原板 A と B を1枚ずつ貼り合わせて合板を製造している。A, B それぞれの厚さは次の通りである。接着材の厚さは無視できるものとして、A, B を貼り合わせた合板の厚さとそのばらつき（標準偏差）を求めよ。

原板 A の厚さ… $N(8.0, 0.27^2)$、原板 B の厚さ… $N(12.0, 0.73^2)$

$A + B$ の合板の厚さ　$N(\boxed{\quad (1) \quad}, \boxed{\quad (2) \quad})$

2) 清涼飲料を製造している工程で充填後、箱詰め前に重さを管理している。1本当たりの重さ T は、$N(T)(310, 2.7^2)$ である。また、ペットボトルの重さ P は、ふたを含めて $N(P)(30, 1.87^2)$ であることが解っている。

① 1本の充填量 X のばらつきを含めて求めよ。

「1本の充填量 X」＝「1本の重さ T」－「ペットボトルの重さ P」

1本の充填量 X は、$N(X)(\boxed{\quad (3) \quad}, \boxed{\quad (4) \quad})$

② 1ダースの充填量の平均値と、その平均値のばらつきを求めよ。

「1ダースの充填量 Y」＝「1本の充填量 X」× 12本

「1ダースの充填量の平均値 $\bar{X}$」＝「1ダース充填量 Y」÷ 12

1本当たりの充填量の平均値 $\bar{X}$ は $N(\bar{X})(\boxed{\quad (5) \quad}, \boxed{\quad (6) \quad})$

I want to subtract the variance.

Oink oink

It can not be possible.
It can only add.

Pat tummy Ponpoco Pon

● **解答欄** ●

(1)	(2)	(3)	(4)	(5)	(6)

解 説

確率変数 X_1, X_2, X_3, $\cdots X_n$ が互いに独立である場合、

$$E(z) = E(X_1) + E(X_2) + E(X_3) \cdots + E(X_n) = \mu_{X_1} + \mu_{X_2} + \mu_{X_3} \cdots + \mu_{X_n}$$

（期待値は独立でなくても成立する）

$$V(z) = V(X_1) + V(X_2) + V(X_3) \cdots + V(X_n) = \sigma^2_{X_1} + \sigma^2_{X_2} + \sigma^2_{X_3} \cdots + \sigma^2_{X_n}$$

（分散の加法性という）

この計算は公差の計算において活用される。

また、$\sigma(z) = \sigma_{X_1} + \sigma_{X_2} + \sigma_{X_3} \cdots + \sigma_{X_n}$ と勘違いしないこと。

分散 (V) の加法性であって標準偏差 (σ) の加法性とは違う。

そして、これは記号がマイナス $(Z = X_1 - X_2 \cdots)$ であっても分散に関してはプラスである。

平均値の場合は、

$$E(\bar{X}) = E\left(\sum_i^n \left(\frac{1}{n}\right) X_i\right) = \sum_i^n \left(\frac{1}{n}\right) E(X_i) = n\left(\frac{1}{n}\right)\mu = \mu$$

$$V(\bar{X}) = V\left(\sum_i^n \left(\frac{1}{n}\right) X_i\right) = \sum_i^n \left(\frac{1}{n}\right)^2 V(X_i) = n\left(\frac{1}{n}\right)^2 \sigma^2 = \frac{\sigma^2}{n}$$

設問 1) は

$$E(Z) = E(A) + E(B) = 8.0 + 12.0 = 20.0$$

$$V(Z) = V(A) + V(B) = 0.27^2 + 0.73^2 = 0.778^2$$

$$N(20.0, 0.778^2)$$

設問 2) は

① $E(X) = E(T) - E(P) = 310 - 30 = 280$

$V(Z) = V(T) + V(P) = 2.7^2 + 1.87^2 = 3.28^2$

$N(X)(280, 3.28^2)$

② $E(\bar{X}) = \mu = 280$

$V(\bar{X}) = \frac{\sigma^2}{n} = \frac{3.28^2}{12} = 0.947^2$

$N(\bar{X})(280, 0.947^2)$

● 解答 ●

(1)	(2)	(3)	(4)	(5)	(6)
20.0	0.778^2	280	3.28^2	280	0.947^2

正規分布（確率計算を含む）

問題3 次の確率分布に関する文章において、□□□内に入る数値を求めて記入せよ。

1) ある製品の電流値の規格値は、350 ± 50 mA である。この電流値は正規分布に従い、母標準偏差は 16.8 mA であることがわかっている。最近、下限規格から外れる製品が発生しているので、この電流値を測定した結果、平均値は 332 mA であった。（母標準偏差は変化していないものとする）下限規格外れの確率は、□(1)□である。

2) この母標準偏差において規格外れ品の発生確率を最小にするには、平均値を□(2)□とした場合であり、このときの規格外れ品の発生する確率は、□(3)□である。

3) また、この母標準偏差において下限規格から外れる確率を 0.5 %以下とできる平均値は、□(4)□である。

4) A さんの成績は 73 点で、このときの平均点は 80 点、標準偏差は 20 点であった。A さんの偏差値は、□(5)□である。

● 解答欄 ●

(1)	(2)	(3)	(4)	(5)

正規分布（確率計算を含む）、規準化、標準化、規準正規分布、標準正規分布、正規分布表、偏差値

解説

1) 規格値は、350 ± 50 mA より下限規格は、

$350 - 50 = 300$、これを x とし、

$x = 300$, $\mu = 332$, $\sigma = 16.8$ なので、これを規準化（標準化）して正規分布表（p.38 参照）から確率 P を求める。

$$K_p = \frac{x - \mu}{\sigma} = \frac{300 - 332}{16.8} = -1.90 \qquad P = 0.0287 (= 2.87 \%)$$

2) 両側規格があり、規格外れを最も少なくできるのは、平均値 = 規格の中心値である。

このときの不良の発生確率を求めるには、平均値 = 規格の中心値とすると $x = 300$, $\mu = 350$, $\sigma = 16.8$ なので、これを規準化して正規分布表から確率 P を求める。

$$K_{p_1} = \frac{x - \mu}{\sigma} = \frac{300 - 350}{16.8} = -2.98 \qquad P_1 = 0.0014 (= 0.14 \%)$$

$$K_{p_2} = \frac{x - \mu}{\sigma} = \frac{400 - 350}{16.8} = 2.98 \qquad P_2 = 0.0014 (= 0.14 \%)$$

$$P = P_1 + P_2 = 0.0014 + 0.0014 = 0.0028 (= 0.28 \%)$$

3) $P = 0.5 \% = 0.005$ とする x を求める。

$P = 0.5 \% = 0.005$ のときの $K_p = 2.576$

P から K_p を求める表（p.39 参照）で、P の 0.00* と * = 5 の交点を読む。

$$K_p = \frac{x - \mu}{\sigma} = \frac{300 - \mu}{16.8} = -2.576$$

$$\mu = x - (K_p \times \sigma) = 300 - (-2.576 \times 16.80) = 343.3$$

4) $z = \frac{x - \mu}{\sigma} \times 10 + 50 = \frac{73 - 80}{20} \times 10 + 50 = 46.5$

解答

(1)	(2)	(3)	(4)	(5)
0.0287	350	0.0028	343.3	46.5

規準正規分布（標準正規分布）

正規分布は母平均 μ、母標準偏差 σ を $N(\mu, \sigma^2)$ で表す。これを母平均 $\mu = 0$、母標準偏差 $\sigma = 1$ となるように規準化（標準化）し、$N(0, 1^2)$ の規準正規分布（標準正規分布）としている。

この規準正規分布の確率を計算した正規分布表（p.38 参照）があるので、正規分布の確率はこの正規分布表を用いて求める。

規準化のイメージ図

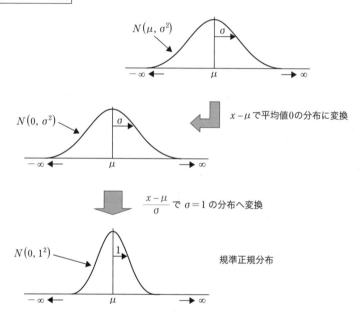

$x - \mu$で平均値0の分布に変換

$\dfrac{x - \mu}{\sigma}$ で $\sigma = 1$ の分布へ変換

規準正規分布

This is standardization.

（正規分布表の見方：K_p から P を求める）

K_p は表の周辺の数値を組み合わせて読んでその交点の値が確率 P となる。

また、正規分布表は上側の片側のみであるが、正規分布は左右対称であるので、そのことを利用して求める。

下記に事例を示す。

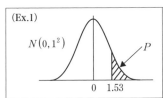 **(Ex.1)** $N(0, 1^2)$	確率 P を求める。 正規分布表の $K_p = 1.53$ を読み取る。 K_p を縦にみて $1.5*$ と横の $* = 3$ の交点をみると .0630 である。 ゆえに $P = 0.0630$（$= 6.3$ %）となる。
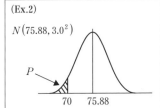 **(Ex.2)** $N(75.88, 3.0^2)$	確率 P を求める。 $N(0, 1^2)$ を規準化する。 $$K_p = \frac{x-\mu}{\sigma} = \frac{70-75.88}{3.0} = -1.96$$ 正規分布表は左右対称なので $K_p = 1.96$ を読み取る。 K_p を縦にみて $1.9*$ と横の $* = 6$ の交点をみると .0250 である。 ゆえに $P = 0.0250$（$= 2.5$ %）となる。
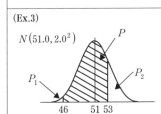 **(Ex.3)** $N(51.0, 2.0^2)$	確率 P を求める。 P_1, P_2 を規準化して 1 から差引いて P を求める。 $$K_{p_1} = \frac{46.0-51.0}{2.0} = -2.5 \rightarrow P_1 = 0.0062$$ $$K_{p_2} = \frac{53.0-51.0}{2.0} = 1.0 \rightarrow P_2 = 0.1587$$ $P = 1 - P_1 - P_2 = 1 - 0.0062 - 0.1587 = 0.8351$（$= 83.51$ %）

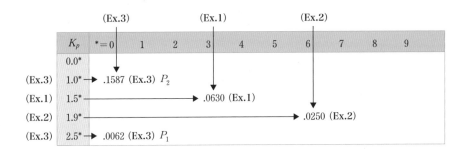

正規分布表

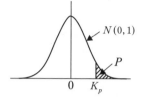

$$K_p \rightarrow P = Pr\{u \geqq K_p\} = \frac{1}{\sqrt{2\pi}} \int_{K_p}^{\infty} e^{-\frac{x^2}{2}} dx$$

K_p	*=0	1	2	3	4	5	6	7	8	9
0.0*	.5000	.4960	.4920	.4880	.4840	.4801	.4761	.4721	.4681	.4641
0.1*	.4602	.4562	.4522	.4483	.4443	.4404	.4364	.4325	.4286	.4247
0.2*	.4207	.4168	.4129	.4090	.4052	.4013	.3974	.3936	.3897	.3859
0.3*	.3821	.3783	.3745	.3707	.3669	.3632	.3594	.3557	.3520	.3483
0.4*	.3446	.3409	.3372	.3336	.3300	.3264	.3228	.3192	.3156	.3121
0.5*	.3085	.3050	.3015	.2981	.2946	.2912	.2877	.2843	.2810	.2776
0.6*	.2743	.2709	.2676	.2643	.2611	.2578	.2546	.2514	.2483	.2451
0.7*	.2420	.2389	.2358	.2327	.2296	.2266	.2236	.2206	.2177	.2148
0.8*	.2119	.2090	.2061	.2033	.2005	.1977	.1949	.1922	.1894	.1867
0.9*	.1841	.1814	.1788	.1762	.1736	.1711	.1685	.1660	.1635	.1611
1.0*	.1587	.1562	.1539	.1515	.1492	.1469	.1446	.1423	.1401	.1379
1.1*	.1357	.1335	.1314	.1292	.1271	.1251	.1230	.1210	.1190	.1170
1.2*	.1151	.1131	.1112	.1093	.1075	.1056	.1038	.1020	.1003	.0985
1.3*	.0968	.0951	.0934	.0918	.0901	.0885	.0869	.0853	.0838	.0823
1.4*	.0808	.0793	.0778	.0764	.0749	.0735	.0721	.0708	.0694	.0681
1.5*	.0668	.0655	.0643	.0630	.0618	.0606	.0594	.0582	.0571	.0559
1.6*	.0548	.0537	.0526	.0516	.0505	.0495	.0485	.0475	.0465	.0455
1.7*	.0446	.0436	.0427	.0418	.0409	.0401	.0392	.0384	.0375	.0367
1.8*	.0359	.0351	.0344	.0336	.0329	.0322	.0314	.0307	.0301	.0294
1.9*	.0287	.0281	.0274	.0268	.0262	.0256	.0250	.0244	.0239	.0233
2.0*	.0228	.0222	.0217	.0212	.0207	.0202	.0197	.0192	.0188	.0183
2.1*	.0179	.0174	.0170	.0166	.0162	.0158	.0154	.0150	.0146	.0143
2.2*	.0139	.0136	.0132	.0129	.0125	.0122	.0119	.0116	.0113	.0110
2.3*	.0107	.0104	.0102	.0099	.0096	.0094	.0091	.0089	.0087	.0084
2.4*	.0082	.0080	.0078	.0075	.0073	.0071	.0069	.0068	.0066	.0064
2.5*	.0062	.0060	.0059	.0057	.0055	.0054	.0052	.0051	.0049	.0048
2.6*	.0047	.0045	.0044	.0043	.0041	.0040	.0039	.0038	.0037	.0036
2.7*	.0035	.0034	.0033	.0032	.0031	.0030	.0029	.0028	.0027	.0026
2.8*	.0026	.0025	.0024	.0023	.0023	.0022	.0021	.0021	.0020	.0019
2.9*	.0019	.0018	.0018	.0017	.0016	.0016	.0015	.0015	.0014	.0014
3.0*	.0013	.0013	.0013	.0012	.0012	.0011	.0011	.0011	.0010	.0010

（注記）本書では K_p としているが、他に K_ε, u, x などとしている表もある。
Excel の関数は、NORMSDIST(x) である。

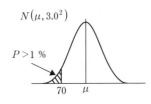

正規分布表で確率から K_p を求める。

(Ex.2) では 70 以下が 2.5 % である。

この場合の 70 以下が 1 % 以下となる μ を求める。

$P = 1\ \% = 0.01 \rightarrow K_p = 2.326$

下表 P の 0.0* と * = 1 の交点をみると 2.326 である。

$$K_p = \frac{x - \mu}{\sigma} = \frac{70 - \mu}{3.0} = -2.326$$

$$\mu = x - (K_p \times \sigma) = 70 - (-2.326 \times 3.0) = 76.978$$

$$P \rightarrow K_p = \frac{1}{\sqrt{2\pi}} \int_{K_p}^{\infty} e^{-\frac{x^2}{2}} dx = P$$

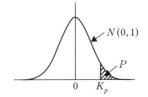

P から K_p を求める表

P	* = 0	1	2	3	4	5	6	7	8	9
0.00*	∞	3.090	2.878	2.748	2.652	**2.576**	2.512	2.457	2.409	2.366
0.0*	∞	2.326	2.054	1.881	1.751	**1.645**	1.555	1.476	1.405	1.341
0.1*	**1.282**	1.227	1.175	1.126	1.080	**1.036**	.994	.954	.915	.878
0.2*	.842	.806	.772	.739	.706	**.674**	.643	.613	.583	.553
0.3*	.524	.496	.468	.440	.412	**.385**	.358	.332	.305	.279
0.4*	.253	.228	.202	.176	.151	**.126**	.100	.075	.050	.025

偏差値（Standard Score）について

正規分布の規準化は平均値を 0，標準偏差を 1 としたが、偏差値は、平均値を 50、標準偏差を 10 として、ある値が母集団の中でどれくらいの位置にいるかを表す値である。日本では 1970 年頃から学力偏差値として広く用いられている。

ある値 (x) ＝得点数、試験の成績（学力偏差値の場合）

母平均値 (μ) ＝平均点数、試験の平均点数（学力偏差値の場合）

偏差値 (z) ＝学力偏差値

$$z = \frac{x - \mu}{\sigma} \times 10 + 50$$

二項分布（確率計算を含む）、ポアソン分布（確率計算を含む）

問題4 次の計算を □□□□ 内に適切な式および数値を記入して解答せよ。

不適合品率 10 ％の母集団から得たサンプル 10 個に含まれる不適合品が x 個発生する確率を、直接計算で $x = 0, 1, 2$ について計算せよ。

$$Pr(x) = {}_nC_x\, p^x\, (1-p)^{n-x} = \frac{n!}{x!(n-x)!}\, p^x\, (1-p)^{n-x}$$

● 解答欄 ●

$x = 0$ 個 $Pr(x_0) =$
$x = 1$ 個 $Pr(x_1) =$
$x = 2$ 個 $Pr(x_2) =$

問題5 次の計算を □□□□ 内に適切な式および数値を記入して解答せよ。

母不適合数 $m = 3$ の母集団から一定単位に含まれる不適合数 x 個の確率 $Pr(x)$ を直接計算で $x = 0, 1, 2$ について計算せよ。

$$Pr(x) = e^{-m}\, \frac{m}{x!} \qquad x = 1, 2, \cdots$$

ただし、e は自然対数の底で、$e = 2.71828 \cdots$ である。

● 解答欄 ●

$x = 0$ 個 $Pr(x_0) =$
$x = 1$ 個 $Pr(x_1) =$
$x = 2$ 個 $Pr(x_2) =$

二項分布、ポアソン分布、近似条件

解説＆解答

① 二項分布での確率

正規分布に近似条件の $nP \geqq 5$ かつ $n(1-P) \geqq 5$ であれば、正規分布に近似できる。しかし、本問題は、

$nP = 10 \times 0.1 = 1$, $n(1-P) = 10 \times (1-0.1) = 9$ であり、

正規分布に近似できないので、直接計算をする。

$x = 0$ 個　$Pr(x_0) = \dfrac{10!}{0!(10-0)!} 0.1^0 (1-0.1)^{10-0} = 1 \times 1 \times 0.9^{10} = 0.348678$

$x = 1$ 個　$Pr(x_1) = \dfrac{10!}{1!(10-1)!} 0.1^1 (1-0.1)^{10-1} = \dfrac{10 \times 9 \times \cdots \times 1}{1 \times 9 \times 8 \times \cdots \times 1} \times 0.1^1 \times 0.9^9$

$\qquad\qquad\qquad = \dfrac{10}{1} \times 0.1 \times 0.387420 = 0.387420$

$x = 2$ 個

$\qquad Pr(x_2) = \dfrac{10!}{2!(10-2)!} 0.1^2 (1-0.1)^{10-2} = \dfrac{10 \times 9 \times \cdots \times 1}{2 \times 1 \times 8 \times 7 \times \cdots \times 1} \times 0.1^2 \times 0.9^8$

$\qquad\qquad = \dfrac{10 \times 9}{2} \times 0.01 \times 0.430467 = 0.19371$

② ポアソン分布での確率

二項分布と同様に $m \geqq 5$ であれば正規分布に近似できるので、近似して扱われる。しかし、本問は、$m = 3$ であり正規分布に近似できないので、直接計算する。

母不適合数（母欠点数）$m = 3$ の母集団から一定単位に含まれる不適合数（欠点）x 個の確率 $Pr(x)$ を求める。

$\qquad Pr(x) = e^{-m} \dfrac{m^x}{x!}$

$x = 0$ 個　$Pr(x_0) = e^{-3} \dfrac{3^0}{0!} = 0.049787 \times 1 = 0.049787$

$x = 1$ 個　$Pr(x_1) = e^{-3} \dfrac{3^1}{1!} = 0.049787 \times 3 = 0.149361$

$x = 2$ 個　$Pr(x_2) = e^{-3} \dfrac{3^2}{2!} = 0.049787 \times \dfrac{9}{2 \times 1} = 0.224042$

（参考）$0! = 1$　　$0.1^0 = 1$

統計量の分布（確率計算を含む）

問題6 次の文章において、 [   ] 内に入る最も適切なものを下欄の選択肢
から選び、その記号を解答欄に記入せよ。ただし、各選択肢を複数回用いるこ
とはない。

統計的方法は、母集団から得たサンプルのデータで [(1)] を求め、母数のパ
ラメータの値を推定して母集団に対して必要なアクションをとることである。

母集団の分布が正規分布の場合、この母集団のことを [(2)] といい、分布の
平均 μ と分布の標準偏差 σ で [(3)] が決まる。

母集団の分布が二項分布であれば、分布の形は、母集団の不適合品率
[(4)]、サンプルの大きさ n で決まる。

母集団の分布がポアソン分布であれば、分布の形は、母集団の不適合数
[(5)] で決まる。

正規母集団から得られた統計量の平均値は [(6)]、標準偏差は s の記号を用
いて表す。

正規母集団 $N(\mu, \sigma^2)$ からランダムに n 個をサンプリングしたサンプルから
得た平均値の分布は [(7)] に従う。

また、平方和 S は、$\chi^2 = \dfrac{S}{\sigma^2}$ とおけば、χ^2 は自由度 $\phi = n - 1$ の [(8)] に
従う。

選択肢

ア．無限母集団   イ．有限母集団   ウ．正規母集団   エ．統計量

オ．分布の形   カ．正規   キ．P ク．m

ケ．n コ．χ^2分布   サ．$\bar{x}$ シ．$N\left(\mu, \dfrac{\sigma^2}{\sqrt{n}}\right)$

ス．$N\left(\mu, \dfrac{\sigma^2}{n}\right)$

● 解答欄 ●

(1)	(2)	(3)	(4)	(5)	(6)	(7)	(8)

解説

下記に、正規母集団の分布と n 個のサンプルから得た統計量の分布の関係を図で示す。

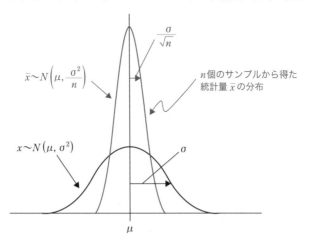

$$\frac{\sigma}{\sqrt{n}}$$

$$\bar{x}\sim N\left(\mu, \frac{\sigma^2}{n}\right)$$

n 個のサンプルから得た
統計量 $\bar{x}$ の分布

$$x\sim N(\mu, \sigma^2)$$

σ

μ

母数と統計量の表

区　分			母　数		統計量	
計量値	正規分布	中心	母平均	μ	平均値	$\bar{x}$
			―	―	中央値（メディアン）	$\tilde{x}$
		ばらつき	―	―	（偏差）平方和	S
			母分散	σ^2	（不偏）分散	V
			母標準偏差	σ	標準偏差	s
			―	―	範囲	R
			―	―	変動係数	CV
計数値	二項分布		母不良率	P	不良率	p
	ポアソン分布		母欠点数	m	欠点数	c

● 解答 ●

(1)	(2)	(3)	(4)	(5)	(6)	(7)	(8)
エ	ウ	オ	キ	ク	サ	ス	コ

期待値と分散、大数の法則と中心極限定理

問題7 次の文章において、□□□□内に入る最も適切なものを下欄の選択肢から選び、その記号を解答欄に記入せよ、ただし、各選択肢を複数回用いることはない。

期待値とは、ある試行を行ったとき、その結果として得られる数値の □(1)□ のことである。例えば、N 回の試行によって得られる数値 x が x_1, x_2, x_3, $\cdots$, x_n である場合の期待値 $E(x)$ は、$E(x) =$ □(2)□ である。

このように期待値は、確率変数の分布の平均、すなわち分布の □(3)□ を示す。これに対して、ばらつきは、期待値 μ からの偏差 □(4)□ である。

しかし、この偏差 □(4)□ の期待値は、$E((X - \mu)) = 0$ となってしまうので、$(X - \mu)^2$ の期待値が用いて、$V(x) = E((X - \mu)^2)$ で表される。これを □(5)□ と呼んでいる。

大数の法則とは、サンプルを □(6)□ すれば □(7)□ がよくなり、母数に近づくことである。

すなわち、□(8)□ では、サンプルを □(6)□ すれば、平均値 x は母平均 μ に、分散 V は母分散 σ^2 にそれぞれ収束することである。

また、二項分布では、サンプルを □(6)□ すれば不適合品率は、母不適合品率に収束する。

中心極限定理とは、すべての確率分布から得るデータ数を □(6)□ すると、サンプルの平均値は □(8)□ に近似できることである。

選択肢

ア．推定精度	イ．平均値	ウ．分散
エ．正規分布	オ．多く	カ．中心位置
キ．$\bar{x} = \dfrac{1}{N}\displaystyle\sum_{i=1}^{N} x_i$	ク．$\sqrt{V(x)}$	ケ．$(X - \mu)$

● 解答欄 ●

(1)	(2)	(3)	(4)	(5)	(6)	(7)	(8)

期待値、偏差、偏差平方和、自由度、分散、大数の法則、中心極限定理

解　説

①　期待値とは

1回の観測で期待される値のことであり、平均値を期待値とされることがある。記号は $E(x)$ で表される.

②　分散とは

偏差平方和（S）を自由度（$n-1$）で割った値である。

③　大数の法則－1

サンプル数 n を限りなく大きくすると、$\bar{x}$ のばらつきが限りなく小さくなる。そして、平均値 $\bar{x}$ は母平均 μ に限りなく近づくこと。

$$E(\bar{x}) = \mu \qquad V(\bar{x}) = \frac{\sigma^2}{n} \qquad n \to \infty \qquad V(\bar{x}) = \frac{\sigma^2}{n} \Rightarrow \frac{\sigma^2}{\infty} \to 0$$

$\bar{x}$ のばらつきが限りなく小さく　　　$\bar{x} \Rightarrow \mu$

④　大数の法則－2

サンプル数 n を限りなく大きくすると、p_n の分布は P に限りなく近づくこと。

n 個のサンプルの不適合品の数 x 個は、ばらつく（サンプル都度不適合品数 x 個は異なる）。ここで、n を ∞ とみなせる有限母集団を考えてみる。

n を ∞ とみなせる有限母集団は全数の情報である。

全数であれば、$N = n$ であるからその不適合品数も $X = x$ であり、$P = \dfrac{X}{N} = p = \dfrac{x}{n}$

$$E(x_i) = p \qquad V(x_i) = p(1-p) \qquad n \to \infty \qquad E(x_i) = p \Rightarrow P$$

⑤　中心極限定理

一様分布、二項分布、ポアソン分布などどのような分布でも n 数を多くすることによって正規分布に近似できることで統計手法の基本となっている。

● 解答 ●

(1)	(2)	(3)	(4)	(5)	(6)	(7)	(8)
イ	キ	カ	ケ	ウ	オ	ア	エ

記号 $\sqrt{}$ は「ルート」「平方根」と呼ぶ。

2乗の逆で $\sqrt{9}=3$ なので、3の2乗すなわち、$3^2=3\times3=9$ である。

● 電卓で $\sqrt{9}=3$ を求める。

$\boxed{9}$ を押す。9の表示が出る。$\boxed{\sqrt{}}$ を押す。表示が3となり $\sqrt{9}$ の解が求まる。

（注） 電卓によっては先に $\boxed{\sqrt{}}$ を押し、数値を押して $\boxed{=}$ を押すといった電卓もあるので、電卓の取扱説明書を確認することをお勧めする。

Excel では、SQRT 関数を使う。＝ SQRT(50.8369) とすれば、713 となる。

● 筆算で求める方法

$\sqrt{50.8369}$ を筆算で求める。

```
          7.□
  7   √50.8369
  7     49
─────    ───
 14□    1.83
```

① 最初に小数点から2ケタずつ区切り線を入れる。

② 左の2桁の数に近い平方数を求める。50に近い平方数は、
　 $7\times7=49$ です。

③ 普通の割り算のように7と49を左のように書き、さらに左側に7を書く。

```
          7.1 3
  7   √50.8369
  7     49
─────    ───
 141    1.83
   1    1.41
─────   ─────
1423    4269
   3    4269
        ─────
            0
```

④ 右側の2桁の83を下におろす。

⑤ 左側の和に1桁加えた値との積で183に近い数を求める。
　 14□×□の□を求める。
　 この場合1である。
　 $141\times1=141$ で183より小さい最も近い数となる。

⑥ この1を左のように書き加える。

⑦ これを繰り返す。（左参照）

⑧ 7.13 が求められる。

1-4 計量値の検定と推定

キーワード	自己チェック
検定・推定とは	
1つの母平均に関する検定と推定	
1つの母分散に関する検定と推定	
2つの母分散の比に関する検定と推定	
2つの母平均の差に関する検定と推定	
データに対応がある場合の検定と推定	

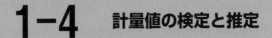

Hypothesis test and Estimation of Discrete variable

Oink oink

検定・推定とは

問題 1 次の文章において、□□□内に入る最も適切なものを下欄の選択肢から選び、その記号を解答欄に記入せよ。ただし、各選択肢を複数回用いることはない。(3)、(4) および(7)、(8) は順不同でよい。

1) 検定とは、統計的仮説検定といわれる。母集団に対して証明したい仮説、受け入れたい仮説を □(1)□ と呼び、記号は □(2)□ で表される。これに対して、否定したいこと、受け入れたくない仮説を □(3)□ 、または、□(4)□ と呼び、記号は、□(5)□ で表される。

2) 検定は、誤って判定する可能性がある。この誤りには、次の 2 種類がある。

□(3)□ が成り立っているにもかかわらず、これを棄却する誤りを □(6)□ の誤りといい、この確率を □(7)□ または、□(8)□ と呼び、記号は、□(9)□ で表される。

□(3)□ が成り立っていないにもかかわらず、これを棄却しない誤りを □(10)□ の誤りといい、この確率は、記号 □(11)□ で表される。

選択肢

ア. α	イ. β	ウ. $1-\beta$	エ. σ
オ. μ	カ. 帰無仮説	キ. ゼロ仮説	ク. 対立仮説
ケ. 第1種	コ. 第2種	サ. H_0	シ. H_1
ス. 有意水準	セ. 危険率		

Next are the exercises to calculate.

Who-hoo-ho

● **解答欄** ●

(1)	(2)	(3)	(4)	(5)	(6)	(7)	(8)	(9)	(10)	(11)

Keyword　Explanation

検定、推定、仮説、帰無仮説、対立仮説、棄却域、採択域、
第1種の誤り、第2種の誤り、有意水準、危険率、検出力、α、β、
点推定、区間推定、信頼区間、不偏性、不偏推定量、最良不偏推定量

解　説

① 検 定

検定（Test）は、仮説検定（Test of hypothesis）と呼ばれる。

帰無仮説（Null hypothesis）は、記号 H_0 で表し、ゼロ仮説ともいわれている。字の如く帰ることのない仮説、帰したくない仮説 Null（空白、零、無効、無価値）であり、「証明したいこと」、「主張したいこと」の逆の仮説である。

対立仮説（Alternative hypothesis Maintained hypothesis, Research hypothesis）は記号 H_1 で表し、「証明したいこと」、「主張したいこと」を設定する。

さらに対立仮説は、両側仮説と片側仮説に分けられ、両側検定（両側仮説検定）、片側検定（片側仮説検定）と呼ばれる。

そして、立てた仮説の母集団に応じた分布に対して、棄却域（Reject region）と採択域（Acceptance region）を決める。

棄却域：H_0 のもとでほとんどあり得ない領域 H_1 が成り立っているといえる領域

採択域：H_0 のもとであり H_0 であろう領域（棄却域以外の領域）

検定では、次の2種類の誤りをしてしまうことがある。

第1種の誤り（Error of the first kind, Type Ⅰ error）記号 α で表される。

帰無仮説 H_0 が成り立っているにもかかわらず、これを棄却する誤り。

言い換えれば、帰無仮説 H_0 が真実であるのに、誤って H_1 であると判定してしまう確率で、有意水準（Level of significance）とか危険率、また、あわてものの誤り（Error of commission）とも呼ばれる。一般にこの確率は5％が用いられる。

第2種の誤り（Error of the second kind, Type Ⅱ error）記号 β で表される。

帰無仮説 H_0 が成り立っていないにもかかわらず、これを棄却しない誤り。

ぼんやりものの誤り（Error of omission）とも呼ばれる。

検定では、対立仮説 H_1 が正しいとき、それを検出できることが重要である。この確率は $1-\beta$ となり、検出力（Power of test）という。

● 解答 ●

(1)	(2)	(3)	(4)	(5)	(6)	(7)	(8)	(9)	(10)	(11)
ク	シ	カ	キ	サ	ケ	ス	セ	ア	コ	イ

仮説と検定結果の関係

検定結果 / 真の値		H_0 が真実	H_1 が真実
H_1 を棄却（H_0 を採択） （H_0 を棄却できなかった）	H_0	正しい判定 （$1 - \alpha$）	第 2 種の誤り （β）：一般には不明
H_0 を棄却（H_1 を採択）	H_1	第 1 種の誤り （α）：$\alpha = 5\,\%$	正しい判定 （$1 - \beta$）：検出力

② 推 定

　推定（Estimation）とは、母集団（Population）から得たサンプル（Sample）から統計量（Statistic）を求めて母数（Population parameter）を推定することである。

　このときの統計量を推定量（Estimator）と呼び、この推定量によって母数を推定する点推定（Point estimation）と、信頼率と呼ばれる保証された確率で母数を含む区間を推定する区間推定（Interval estimation）がある。

点推定　：点推定値（推定量）は、サンプルをとる都度その値は異なる。この推定量と真の値との違い（$\hat{\mu} - \mu$）をかたより（bias）と呼ぶ。このかたよりのないことを**不偏性**（Unbiasedness）、$\hat{\mu}$ の期待値が μ に一致する推定量が**不偏推定量**（Unbiased estimator）である。この不偏推定量のうち、分散が最小なものを**最良不偏推定量**（Best unbiased estimator）と呼ぶ。

区間推定：信頼率は、一般に 95 %が用いられ、記号では（$1 - \alpha$）となる。検定の場合は片側検定が存在したが、推定においては、点推定値を挟んでの両側の区間である。この区間のことを**信頼区間**（Confidence interval）といい、点推定値を挟んで信頼下限と信頼上限を呼ばれる**信頼限界**（Confidence limits）で表される。

Let's learn many keywords.

Who-hoo-hoo

③ 検定と推定の手順

a. 検定の手順

手順1　仮説の設定

H_0：帰無仮説　　○＝◎

H_1：対立仮説　　○≠◎　　　　○＞◎　　　　○＜◎

手順2　有意水準と棄却域の決定

$\alpha = 0.05$（5 ％）または $\alpha = 0.01$（1 ％）

棄却域は分布と有意水準で決める。

手順3　グラフの作成

測定値と平均値とばらつき具合と異常値などがないかを確認する。

手順4　検定統計量の計算

検定する対象のデータで使用する分布を決めて、設定した仮説に応じた統計量を計算する。

手順5　判定

手順2で決めた棄却域の条件に対して、棄却するのは H_0 である。

1. H_0 が棄却できたときは、有意水準 α で異なるとか差があると断定できる。

2. H_0 が棄却できないときは、同じであるとか差がないと断定できない。

「異なるとはいえない」とか「差があるとはいえない」と表現する。

(注記)　H_0 が棄却できないときに同じであると結論づけるのは誤りである。

b. 推定の手順

手順1　点推定

データ（サンプルから得た）から求めた統計量→点推定量と明記すること。

手順2　区間推定

「点推定値」±「検定に用いる分布の数値表の信頼率の値」×「点推定量の分散の推定値」

信頼率は、一般的に 95 ％信頼区間が用いられる。

1つの母平均に関する検定と推定〈u 検定と推定・σ 既知〉

問題2 次の 内に入る記号または数値を記入し、検定と推定をせよ。

ある製品の出力は、製品が完成後その出力を測定し、$\bar{x}$-R 管理図を使って管理され、安定状態である。平均値は、5.10 mV、標準偏差は、0.083 mV である。

今回この出力を上げる改善を行った。結果は次の通りである。

この改善で出力の平均値が上がったかどうかを有意水準 5 ％で検定し、改善後の母平均の信頼率 95 ％で推定せよ（ただし，標準偏差は変化しないものとする）。

データ表　　　　　　　　単位（mV）

5.25	5.37	5.32	5.11	5.17	5.20	5.18	5.22	5.35

1) 検　定

手順1　仮説の設定

H_0：帰無仮説 　　(1)　　 ⑴は記号式を解答欄に記入

H_1：対立仮説 　　(2)　　 ⑵は記号式を解答欄に記入

手順2　有意水準と棄却域の決定　$\alpha =$ 　(3)

$R : u_0 \geqq u(2\alpha) = u(\,\underline{\quad(4)\quad}\,)$

手順3　検定統計量の計算

$\bar{x} =$ 　(5)　 mV

$u_0 =$ 　(6)

手順4　判定

$u_0 =$ 　(6)　 　(7)　 　(8)

⑺は「＞」または「＜」を解答欄に記入

2) 推　定

手順1　点推定

$\hat{\mu} = \bar{x} =$ 　(5)　 mV

手順2　区間推定（信頼率 95 ％）

$\hat{\mu} = \bar{x} -$ 　(5)　 $-$ 　(9)　 $=$ 　(10)　 mV

$\hat{\mu} = \bar{x} +$ 　(5)　 $+$ 　(9)　 $=$ 　(11)　 mV

● 解答欄 ●

(1)	(2)	(3)	(4)	(5)	(6)	(7)	(8)	(9)	(10)	(11)

u 検定と推定、σ 既知

解説

$\bar{x}$-R 管理図を使って管理されており、安定状態であることから正規分布と仮定できるので、σ 既知として計量値の検定の u 検定を用いる。u 表（正規分布表）は p.38 を参照。

a. 検定

手順1　仮説の設定

H_0：帰無仮説　　　$\mu = \mu_0$　　　（$\mu_0 = 5.10$）

H_1：対立仮説　　　$\mu > \mu_0$

手順2　有意水準と棄却域の決定

$\alpha = 0.05$（5 %）　　　$R : u_0 \geqq u(2\alpha) = u(0.10) = 1.645$

手順3　グラフの作成

右図参照　　考察：飛び離れたデータはなさそうである

手順4　検定統計量を計算

$$\bar{x} = \frac{\sum x_i}{n} = \frac{5.25 + 5.37 + 5.32 + 5.11 + 5.17 + 5.20 + 5.18 + 5.22 + 5.35}{9}$$

$$= \frac{47.17}{9} = 5.241$$

$$u_0 = \frac{\bar{x} - \mu_0}{\sigma / \sqrt{n}} = \frac{5.241 - 5.10}{0.083 / \sqrt{9}} = \frac{0.141}{0.0277} = 5.090$$

手順5　判定

$u_0 = 5.090 > u(0.10) = 1.645$

H_0 は棄却され、有意水準 5 %で出力は大きくなったといえる。

b. 推定

手順1　点推定

$\hat{\mu} = \bar{x} = 5.241$ mV

手順2　区間推定（信頼率 95 %）

$$\hat{\mu}_L = \bar{x} - u(0.05)\frac{\sigma}{\sqrt{n}} = 5.241 - 1.96 \times \frac{0.083}{\sqrt{9}} = 5.241 - 0.0542 = 5.187 \text{ mV}$$

$$\hat{\mu}_U = \bar{x} + u(0.05)\frac{\sigma}{\sqrt{n}} = 5.241 + 1.96 \times \frac{0.083}{\sqrt{9}} = 5.241 + 0.0542 = 5.295 \text{ mV}$$

● 解答 ●

(1)	(2)	(3)	(4)	(5)	(6)	(7)	(8)	(9)	(10)	(11)
$\mu = \mu_0$	$\mu > \mu_0$	0.05	0.10	5.241	5.090	$>$	1.645	0.0542	5.187	5.295

1つの母平均に関する検定と推定〈t検定と推定・σ未知〉

問題3 次の ☐ 内に入る記号または数値を記入し、検定と推定をせよ。

　化学工場で装置の老朽化に伴い改修を行った。この改修で収量が従来の平均値と違いがあるかを有意水準5％で検定し、母平均を信頼率95％で推定せよ。なお、従来の収量の平均値は、19.52であった。

データ表　　　　　　　　　　　　　　　　　　　単位省略

| 20.98 | 20.20 | 20.33 | 20.26 | 19.76 | 20.48 | 21.27 | 18.57 | 20.61 | 19.03 |

1) 検 定

　手順1　仮説の設定

　　　　H_0：帰無仮説　　☐(1)☐　(1)は記号式を解答欄に記入

　　　　H_1：対立仮説　　☐(2)☐　(2)は記号式を解答欄に記入

　手順2　有意水準と棄却域の決定　　$\alpha = 0.05$

　　　　$R : |t_0| \geqq t(\phi, \alpha) = t(\boxed{(3)}, 0.05)$

　　　　$\phi = n - 1$

　手順3　検定統計量の計算

　　　　$\bar{x} = \boxed{(4)}$

　　　　$V = \boxed{(5)}$

　　　　$t_0 = \boxed{(6)}$

　手順4　判定

　　　　$|t_0| = \boxed{(6)}$　　$\boxed{(7)}$　$t(\boxed{(3)}, 0.05) = \boxed{(8)}$

　　　　(7)は「＞」または「＜」を解答欄に記入

2) 推 定

　手順1　点推定

　　　　$\hat{\mu} = \bar{x} = \boxed{(4)}$

　手順2　区間推定（信頼率95％）

　　　　$\hat{\mu}_L = \boxed{(4)} - \boxed{(9)} = \boxed{(10)}$

　　　　$\hat{\mu}_U = \boxed{(4)} + \boxed{(9)} = \boxed{(11)}$

● 解答欄 ●

(1)	(2)	(3)	(4)	(5)	(6)	(7)	(8)	(9)	(10)	(11)

t 検定と推定、σ 未知

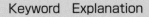

解　説

問題文より母集団は 1 つで σ 未知であるので、計量値の検定で t 分布を用いた t 検定を用いる（t 分布は表は巻末 p.278 を参照）。

a.　検　定

手順 1　仮説の設定

　　　　H_0：帰無仮説　　　$\mu = \mu_0$　　　（$\mu_0 = 19.52$）

　　　　H_1：対立仮説　　　$\mu \neq \mu_0$

手順 2　有意水準と棄却域の決定

　　　　$\alpha = 0.05$（5 %）　　$R : |t_0| \geq t(\phi, \alpha) = t(9, 0.05) = 2.262$

手順 3　グラフの作成

　　　　右図参照　　考察：飛び離れたデータはなさそうである

手順 4　検定統計量を計算

$$\bar{x} = \frac{\sum x_i}{n} = \frac{201.49}{10} = 20.149$$

$$S = \sum x_i^2 - \frac{\left(\sum x_i\right)^2}{n} = 4066.0357 - \frac{(201.49)^2}{10} = 6.2137$$

$$V = \frac{S}{n-1} = \frac{6.2137}{10-1} = 0.69041$$

$$t_0 = \frac{\bar{x} - \mu_0}{\sqrt{V/n}} = \frac{20.149 - 19.52}{\sqrt{0.69041/10}} = \frac{0.629}{0.2628} = 2.393$$

手順 5　判定

　　　　$|t_0| = 2.393 > t(9, 0.05) = 2.262$

　　　　H_0 は棄却され、有意水準 5 %で収量は従来と異なるといえる。

b.　推　定

手順 1　点推定

　　　　$\hat{\mu} = \bar{x} = 20.149$

手順 2　区間推定（信頼率 95 %）

$$\hat{\mu}_L = \bar{x} - t(\phi, \alpha)\sqrt{\frac{V}{n}} = 20.149 - 2.262 \times \sqrt{\frac{0.69041}{10}} = 20.149 - 0.594 = 19.555$$

$$\hat{\mu}_U = \bar{x} + t(\phi, \alpha)\sqrt{\frac{V}{n}} = 20.149 + 2.262 \times \sqrt{\frac{0.69041}{10}} = 20.149 + 0.594 = 20.743$$

● 解答 ●

(1)	(2)	(3)	(4)	(5)	(6)	(7)	(8)	(9)	(10)	(11)
$\mu=\mu_0$	$\mu\neq\mu_0$	9	20.149	0.69041	2.393	$>$	2.262	0.594	19.555	20.743

1つの母分散に関する検定と推定

問題4 次の ▢ 内に入る記号または数値を記入し検定と推定をせよ。

取引先から A 部品の母標準偏差を 0.05^2（mm）^{2} 未満にせよとの要求があり、成型条件を変更して検討した結果のデータは下記の通りである。取引先の要望になっているかを有意水準 5 ％で検定し、母標準偏差を信頼率 95 ％で推定せよ。

データ表　　　　　　　単位（mm）

7.60	7.61	7.57	7.55	7.60	7.59	7.58	7.63	7.65	7.62

1）検定

手順1　仮説の設定

H_0：帰無仮説　　▢(1)　　(1)は記号式を解答欄に記入

H_1：対立仮説　　▢(2)　　(2)は記号式を解答欄に記入

手順2　有意水準と棄却域の決定　$\alpha = 0.05$

$R : \chi_0^2 \leq \chi^2(\phi,\ \boxed{(3)}\ ) = \chi^2(9,\ \boxed{(4)}\ )$

(3)は記号式を解答欄に記入

手順3　検定統計量の計算

$S = \boxed{(5)}$

$\chi_0^2 = \boxed{(6)}$

手順4　判定

$\chi_0^2 = \boxed{(6)}\quad \boxed{(7)}\quad \chi^2(9,\ \boxed{(4)}\ ) = \boxed{(8)}$

(7)は「＞」または「＜」を解答欄に記入

2）推定

手順1　点推定

$\hat{\sigma}^2 = \dfrac{S}{n-1} = \dfrac{\boxed{(5)}}{10-1} = \boxed{(9)}$ （mm）^{2}

手順2　区間推定（信頼率 95 ％）

$\hat{\sigma}_L^2 = \dfrac{S}{\chi^2(\phi, \alpha/2)} = \dfrac{\boxed{(5)}}{\chi^2\left(9, 0.05/2\right)} = \dfrac{\boxed{(5)}}{19.02} = \boxed{(10)}$ （mm）^{2}

$\hat{\sigma}_U^2 = \dfrac{S}{\chi^2(\phi, 1-\alpha/2)} = \dfrac{\boxed{(5)}}{\chi^2\left(9, 1-0.05/2\right)} = \dfrac{\boxed{(5)}}{2.70} = \boxed{(11)}$ （mm）^{2}

● **解答欄** ●

(1)	(2)	(3)	(4)	(5)	(6)	(7)	(8)	(9)	(10)	(11)

解　説

問題文より母集団は1つでばらつき（標準偏差）に対する検定であるので、χ^2分布を用いたχ^2検定を用いる。（χ^2分布表は巻末 p.277 を参照）

a. 検　定

手順1　仮説の設定

H_0：帰無仮説　　$\sigma^2 = \sigma_0^2$　　　$(\sigma_0^2 = 0.05^2)$

H_1：対立仮説　　$\sigma^2 < \sigma_0^2$

手順2　有意水準と棄却域の決定　$\alpha = 0.05$

$R : \chi_0^2 \leqq \chi^2(\phi, 1-\alpha) = \chi^2(9, 0.95) = 3.33$

手順3　グラフの作成

右図参照　　考察：飛び離れたデータはなさそうである。

手順4　検定統計量を計算

$$S = \sum x_i^2 - \frac{\left(\sum x_i\right)^2}{n} = 577.6078 - \frac{(76.0)^2}{10} = 0.0078$$

$$\chi_0^2 = \frac{S}{\sigma_0^2} = \frac{0.0078}{0.05^2} = \frac{0.0078}{0.0025} = 3.12$$

手順5　判定

$\chi_0^2 = 3.12 < \chi^2(9, 0.95) = 3.33$

H_0 は棄却され、有意水準5％で A 部品の寸法のばらつきは$0.05^2\,(\text{mm})^2$より小さいといえる。

b. 推　定

手順1　点推定

$$\hat{\sigma}^2 = \frac{S}{n-1} = \frac{0.0078}{10-1} = 0.0008666 = 0.0294^2\,(\text{mm})^2$$

手順2　区間推定（信頼率95％）

$$\hat{\sigma}_L^2 = \frac{S}{\chi^2\left(\phi, \alpha/2\right)} = \frac{0.0078}{\chi^2\left(9, 0.05/2\right)} = \frac{0.0078}{19.02} = 0.000410 = 0.0202^2\,(\text{mm})^2$$

$$\hat{\sigma}_U^2 = \frac{S}{\chi^2\left(\phi, 1-\alpha/2\right)} = \frac{0.0078}{\chi^2\left(9, 1-0.05/2\right)} = \frac{0.0078}{2.70} = 0.0028889 = 0.0537^2\,(\text{mm})^2$$

● 解答 ●

(1)	(2)	(3)	(4)	(5)	(6)	(7)	(8)	(9)	(10)	(11)
$\sigma^2=\sigma_0^2$	$\sigma^2<\sigma_0^2$	$1-\alpha$	0.95	0.0078	3.12	$<$	3.33	0.0294^2	0.0202^2	0.0537^2

2つの母分散の比に関する検定と推定

問題5 次の ☐☐☐ 内に入る記号または数値を記入し、検定と推定をせよ。

接点の購入先により接触抵抗のばらつきが異なるかどうかを検討したい。A社、B社からのそれぞれの測定結果は下記データ表の通りである。なお、規格値は 50 mΩ以下であり、平均値を検討する必要はない。

データ表　　　　　　　　　　　　単位（mΩ）

A社	7.05	7.23	6.95	7.05	7.13	7.35	7.49	7.20	7.31	6.77	6.90
B社	8.56	7.96	9.00	8.88	8.30	8.12	7.77	7.80	8.31		

検　定

手順1　仮説の設定

H_0：帰無仮説　　☐(1)☐　　⑴は記号式を解答欄に記入

H_1：対立仮説　　☐(2)☐　　⑵は記号式を解答欄に記入

手順2　有意水準と棄却域の決定　　$\alpha = 0.05$

$$R : F_0 \geqq F(\phi_M, \phi_D, \boxed{(3)}) = (8, 10, \boxed{(4)})$$

⑶は記号式を解答欄に記入

ϕ_M は、F_0 の計算で分子の分散（V_A と V_B で大きい方）の自由度。

ϕ_D は、F_0 の計算で分母の分散（V_A と V_B で小さい方）の自由度。

手順3　検定統計量の計算

$S_A = \boxed{(5)}$
$S_B = \boxed{(6)}$
$V_A = \boxed{(7)}$
$V_B = \boxed{(8)}$

手順4　判定

$$F_0 = \frac{\boxed{(8)}}{\boxed{(7)}} = \boxed{(9)} \quad \boxed{(10)} \quad \boxed{(11)}$$

⑽は「＞」または「＜」を解答欄に記入

● **解答欄** ●

(1)	(2)	(3)	(4)	(5)	(6)	(7)	(8)	(9)	⑽	⑾

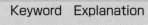
解　説

問題文より母集団は 2 つでばらつき（標準偏差）に対する検定であるので、F 分布を用いた F 検定を用いる。（F 分布表は巻末 p.279 ～ 281 を参照）

検　定

手順 1　仮説の設定

H_0：帰無仮説　　　　$\sigma_A^2 = \sigma_B^2$

H_1：対立仮説　　　　$\sigma_A^2 \neq \sigma_B^2$

手順 2　有意水準と棄却域の決定　$\alpha = 0.05$

$R : F_0 \geqq F(\phi_M, \phi_D, \alpha/2) = (8, 10, 0.025) = 3.85$

ϕ_M は、F_0 の計算で分子の分散（V_A と V_B で大きい方）の自由度とする。

ϕ_D は、F_0 の計算で分母の分散（V_A と V_B で小さい方）の自由度とする。

手順 3　グラフの作成

右図参照　考察：飛び離れたデータはなさそうである。

手順 4　検定統計量の計算

$$S_A = \sum x_i^2 - \frac{(\sum x_i)^2}{n} = 559.6589 - \frac{(78.43)^2}{11} = 0.453$$

$$S_B = \sum x_i^2 - \frac{(\sum x_i)^2}{n} = 621.583 - \frac{(74.7)^2}{9} = 1.573$$

$$V_A = \frac{S_A}{\phi_A} = \frac{0.453}{11-1} = 0.0453$$

$$V_B = \frac{S_B}{\phi_B} = \frac{1.573}{9-1} = 0.19663$$

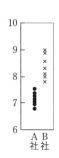

手順 5　判定

$$F_0 = \frac{V_B}{V_A} = \frac{0.19663}{0.0453} = 4.34 > F(8, 10, 0.025) = 3.85$$

H_0 は棄却され、有意水準 5 ％で接点の接触抵抗のばらつきは、A 社と B 社では異なるといえる。

● 解答 ●

(1)	(2)	(3)	(4)	(5)	(6)	(7)	(8)	(9)	(10)	(11)
$\sigma_A^2 = \sigma_B^2$	$\sigma_A^2 \neq \sigma_B^2$	$\alpha/2$	0.025	0.453	1.573	0.0453	0.19663	4.34	$>$	3.85

2つの母平均の差に関する検定と推定

問題6 次の 内に入る記号または数値を記入し、検定と推定をせよ。

　ある製品の出力を向上するための設計変更を行った。下記は、従来品と新規開発品のデータである。設計変更によって出力が向上しているかの母平均の検定を行い、母平均の差の推定をせよ。

データ表 単位（mW）

従来品（A）	1.38	1.28	1.05	1.27	1.33	1.15	1.22	1.48	
新規開発品（B）	1.33	1.63	1.57	1.47	1.31	1.52	1.22	1.44	1.38	1.23

1）検 定

　手順1　仮説の設定

H_0：帰無仮説　　　$\mu_A = \mu_B$

H_1：対立仮説　　 (1) 　(1)は記号式を解答欄に記入

　手順2　有意水準と棄却域の決定　　$\alpha = 0.05$

$R：|t_0| \geq t(\phi_A + \phi_B,\ \boxed{(2)}\ ) = t(16,\ \boxed{(3)}\ )$

(2)は記号を解答欄に記入

　手順3　検定統計量の計算

$\bar{x}_A = 1.270$　　　　$\bar{x}_B = 1.410$

$S_A = 0.1252$　　　$S_B = 0.1764$

$V = \boxed{(4)}$

$t_0 = \boxed{(5)}$

　手順4　判定

$|t_0| = \boxed{(5)}\quad \boxed{(6)}\quad t(16,\ \boxed{(3)}\ ) = (\ \boxed{(7)}\ )$

(6)は「＞」または「＜」を解答欄に記入

2）推 定

　手順1　点推定

$\hat{\delta} = \mu_B - \mu_A = \bar{x}_B - \bar{x}_A = \boxed{(8)}\ \text{mW}$

　手順2　区間推定

$\hat{\delta}_L = \boxed{(8)} - \boxed{(9)} = \boxed{(10)}\ \text{mW}$

$\hat{\delta}_U = \boxed{(8)} + \boxed{(9)} = \boxed{(11)}\ \text{mW}$

● 解答欄 ●

(1)	(2)	(3)	(4)	(5)	(6)	(7)	(8)	(9)	(10)	(11)

2つの母平均の差に関する検定と推定、t 検定、ウエルチの検定、同時推定、プール、等価自由度、サタースウェイトの方法

解　説

　問題文より母集団は2つで平均値の差の推定で σ 未知データ、データに対応なしの場合の検定である。この場合、t 検定とウエルチの検定があるが、ここでは、t 検定を用いて解説する。(t 分布表は巻末 p.278 を参照)

a. 検　定

手順1　仮説の設定

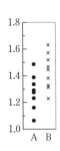

H_0：帰無仮説　　$\mu_A = \mu_B$

H_1：対立仮説　　$\mu_A < \mu_B$

手順2　有意水準と棄却域の決定　$\alpha = 0.05$

$R : |t_0| \geqq t(\phi_A + \phi_B, 2\alpha) = t(16, 0.10) = 1.746$

手順3　グラフの作成

　　　右図参照　考察：飛び離れたデータはなさそうである。

手順4　検定統計量の計算

　　　(平均値、平方和の求め方は、問題3, 4, 5 と同じなので、式は省略する)

$\bar{x}_A = 1.270$　　　　$\bar{x}_B = 1.410$

$S_A = 0.1252$　　　$S_B = 0.1764$

2組のデータから分散 σ^2 を同時推定し、プールした分散を求める。

$$V = \frac{S_A + S_B}{n_A + n_B - 2} = \frac{0.1252 + 0.1764}{8 + 10 - 2} = 0.01885$$

$$t_0 = \frac{\bar{x}_B - \bar{x}_A}{\sqrt{V\left(\dfrac{1}{n_A} + \dfrac{1}{n_B}\right)}} = \frac{1.410 - 1.270}{\sqrt{0.01885 \times \left(\dfrac{1}{8} + \dfrac{1}{10}\right)}} = 2.1497 \to 2.150$$

手順5　判定

$|t_0| = 2.150 > t(16, 0.10) = 1.746$

H_0 は棄却され、有意水準5％で新規開発品の出力は従来品より向上したといえる。

● 解答 ●

(1)	(2)	(3)	(4)	(5)	(6)	(7)	(8)	(9)	(10)	(11)
$\mu_A < \mu_B$	2α	0.10	0.01885	2.150	>	1.746	0.140	0.138	0.002	0.278

解説のつづき

b. 推　定

手順1　点推定

$$\hat{\delta} = \mu_B - \mu_A = \bar{x}_B - \bar{x}_A = 0.140 \text{ mW}$$

手順2　区間推定（信頼率 95 %）

$$\hat{\delta}_L = (\bar{x}_B - \bar{x}_A) - t(\phi_A + \phi_B, \alpha)\sqrt{V\left(\frac{1}{n_A} + \frac{1}{n_B}\right)}$$

$$= (1.410 - 1.270) - 2.12 \times \sqrt{0.01885 \times \left(\frac{1}{8} + \frac{1}{10}\right)} = 0.140 - 0.138 = 0.002 \text{ mW}$$

$$\hat{\delta}_U = (\bar{x}_B - \bar{x}_A) + t(\phi_A + \phi_B, \alpha)\sqrt{V\left(\frac{1}{n_A} + \frac{1}{n_B}\right)}$$

$$= (1.410 - 1.270) + 2.12 \times \sqrt{0.01885 \times \left(\frac{1}{8} + \frac{1}{10}\right)} = 0.140 + 0.138 = 0.278 \text{ mW}$$

---

① 「ウエルチの検定を用いるかの判定条件」 と 「ウエルチの検定」 について

ウエルチの検定を用いる条件は

a. 2 つのサンプルサイズ n_A と n_B の比が 2 倍以上

b. 2 つの分散 V_A と V_B の比が 2 倍以上

といった条件である。（QC 検定）

実務における活用は下記を推奨する

a. 「2 つの母分散の比に関する検定と推定」を行い、その結果で判定することを推奨する。これは分散に関する F 検定を行うことによって、分散に差があるかどうかといった 1 つの情報が得られる。

b. 分散に差がある場合、すなわちばらつきが異なる場合に、母平均が異なるかといった検定などの検討をすることに意味があるかをよく考えること。意味がなければ、無駄な検討を止めてばらつきを同じにする方策を立てることが先決であろう。

イメージ図

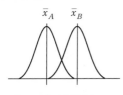

$\sigma_A{}^2 = \sigma_B{}^2$ である場合
$\bar{x}_A$ と $\bar{x}_B$ の差の検討は意味がある

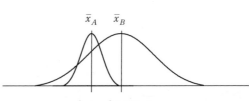

$\sigma_A{}^2 \neq \sigma_B{}^2$ の条件で
$\bar{x}_A$ と $\bar{x}_B$ の差を検討する意味は？

2 つのサンプルサイズ n_A と n_B の比が 2 倍以上にはウエルチ（Welch）の検定は有効的である。

② ウエルチの検定について

本題の t 検定との違いは、統計量の求め方が異なるので、下記に解説する。

棄却域を求める自由度 ϕ をサタースウェイト（Satterthwaite）の方法で求めた等価自由度 ϕ^* を用いる。

$R : |t_0| \geqq t(\phi_A + \phi_B, 2\alpha)$ ではなく、$R : |t_0| \geqq t(\phi^*, 2\alpha)$

（注記）α は本題が 2α であるから 2α としているが、$H_1 : \mu_A = \mu_B$ のときは α である。

ϕ^* の求め方：サタースウェイトの方法

$$\frac{\left(\dfrac{V_A}{n_A} + \dfrac{V_B}{n_B}\right)^2}{\phi^*} = \frac{\left(\dfrac{V_A}{n_A}\right)^2}{\phi_A} + \frac{\left(\dfrac{V_B}{n_B}\right)^2}{\phi_B}$$

$$\phi^* = \frac{\left(\dfrac{V_A}{n_A} + \dfrac{V_B}{n_B}\right)^2}{\dfrac{\left(\dfrac{V_A}{n_A}\right)^2}{\phi_A} + \dfrac{\left(\dfrac{V_B}{n_B}\right)^2}{\phi_B}}$$

$$t_0 = \frac{\bar{x}_B - \bar{x}_A}{\sqrt{\dfrac{V_A}{n_A} + \dfrac{V_B}{n_B}}}$$

区間推定は

$$\hat{\delta} = \bar{x}_B - \bar{x}_A \pm t(\phi^*, \alpha)\sqrt{\left(\dfrac{V_A}{n_A} + \dfrac{V_B}{n_B}\right)}$$

Difficult/confusing (@_@)
Is this necessary?
Pat tummy Ponpoco Pon

データに対応がある場合の検定と推定

問題7 次の□□□□内に入る記号または数値を記入し、検定と推定をせよ。

ある特殊抵抗がはんだ付けで抵抗値が変化しているかもしれないとの懸念がある。はんだ付け前後で測定した結果は、下記データ表の通りである。はんだ付けで抵抗値が変化しているかの検定を行い、差の推定をせよ。

データ表 単位（Ω）

はんだ付け前	844.9	822.7	835.7	827.3	830.0	824.5	818.2	828.3	827.2	841.2
はんだ付け後	844.7	820.6	835.3	825.7	831.1	823.2	816.8	828.4	826.9	839.0

1) 検 定

   手順1 仮説の設定

H_0：帰無仮説　　　$\delta = 0$

H_1：対立仮説　　□(1)□　(1)は記号式を解答欄に記入

   手順2 有意水準と棄却域の決定　$\alpha = 0.05$

$R：|t_0| \geq t(\phi, \boxed{(2)}) = t(9, \boxed{(3)})$

(2)は記号解答欄に記入

   手順3 検定統計量の計算

$\bar{d} = \boxed{(4)}$

$S_d = 10.081$

$V_d = \boxed{(5)}$

$t_0 = \boxed{(6)}$

   手順4 判定

$|t_0| = \boxed{(6)} \quad \boxed{(7)} \quad t(9, \boxed{(3)}) = \boxed{(8)}$

(7)は「>」または「<」を解答欄に記入

2) 推 定

   手順1 点推定

$\hat{\delta} = \bar{d} = \boxed{(4)}$ Ω

   手順2 区間推定

$\hat{\delta}_L = \boxed{(4)} - \boxed{(9)} = \boxed{(10)}$ Ω

$\hat{\delta}_U = \boxed{(4)} + \boxed{(9)} = \boxed{(11)}$ Ω

● 解答欄 ●

(1)	(2)	(3)	(4)	(5)	(6)	(7)	(8)	(9)	(10)	(11)

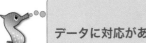

Keyword Explanation

データに対応がある場合の検定と推定

解説

問題文より対応のあるデータであるので、対応のある場合の解析を行う。

計算表

											合計
はんだ付け前	844.9	822.7	835.7	827.3	830.0	824.5	818.2	828.3	827.2	841.2	
はんだ付け後	844.7	820.6	835.3	825.7	831.1	823.2	816.8	828.4	826.9	839.0	
前−後 (d)	0.2	2.1	0.4	1.6	−1.1	1.3	1.4	−0.1	0.3	2.2	8.3
(前−後)^2 $(d)^2$	0.04	4.41	0.16	2.56	1.21	1.69	1.96	0.01	0.09	4.84	16.97

a. 検 定

手順1 仮説の設定

H_0：帰無仮説　　　　$\delta = 0$

H_1：対立仮説　　　　$\delta \neq 0$

手順2 有意水準と棄却域の決定　　$\alpha = 0.05$　（t 分布表は巻末 p.278 参照）

$R : |t_0| \geqq t(\phi, \alpha) = t(9, 0.05) = 2.262$

手順3 検定統計量の計算　　　　上記計算表を活用して計算する。

（平均値、平方和の求め方は、問題 3, 4, 5 と同じなので、式は省略する）

$\bar{d} = 0.83$　　　$S_d = 10.081$　　　$V_d = 1.1201$

$$t_0 = \frac{\bar{d}}{\sqrt{V_d / n}} = \frac{0.83}{\sqrt{1.1201 / 10}} = 2.48$$

手順4 判定

$|t_0| = 2.48 > t(9, 0.05) = 2.262$

抵抗値は、はんだ付けで変化しているといえる。

b. 推 定

手順1 点推定

$\hat{\delta} = \bar{d} = 0.83\ \Omega$

手順2 区間推定

$$\hat{\delta}_L = \bar{d} - t(\phi, \alpha)\sqrt{\frac{V_d}{n}} = 0.83 - 2.262 \times \sqrt{\frac{1.1201}{10}} = 0.83 - 0.757 = 0.073\ \Omega$$

$$\hat{\delta}_U = \bar{d} + t(\phi, \alpha)\sqrt{\frac{V_d}{n}} = 0.83 + 2.262 \times \sqrt{\frac{1.1201}{10}} = 0.83 + 0.757 = 1.587\ \Omega$$

● 解答 ●

(1)	(2)	(3)	(4)	(5)	(6)	(7)	(8)	(9)	(10)	(11)
$\delta \neq 0$	α	0.05	0.83	1.1201	2.48	$>$	2.262	0.757	0.073	1.587

計量値の検定と推定のまとめ

検定の区分	対立仮説	棄却値	検定統計量	推定式
u 検定 $\mu=\mu_0$ σ 既知	$\mu \neq \mu_0$	$\|u_0\| \geqq u(\alpha)$	$u_0 = \dfrac{\bar{x}-\mu_0}{\sigma/\sqrt{n}}$	$\bar{x} \pm u(\alpha)\dfrac{\sigma}{\sqrt{n}}$
	$\mu > \mu_0$	$u_0 \geqq u(2\alpha)$		
	$\mu < \mu_0$	$u_0 \leqq -u(2\alpha)$		
t 検定 $\mu=\mu_0$ σ 未知	$\mu \neq \mu_0$	$\|t_0\| \geqq t(\phi, \alpha)$	$\|t_0\| = \dfrac{\bar{x}-\mu_0}{\sqrt{V/n}}$	$\bar{x} \pm t(\phi,\alpha)\sqrt{\dfrac{V}{n}}$
	$\mu > \mu_0$	$t_0 \geqq t(\phi, 2\alpha)$		
	$\mu < \mu_0$	$t_0 \leqq -t(\phi, 2\alpha)$		
χ^2 検定 $\sigma^2=\sigma_0^2$	$\sigma^2 \neq \sigma_0^2$	$\chi_0^2 \geqq \chi^2(\phi, \alpha/2)$ $\chi_0^2 \leqq \chi^2(\phi, 1-\alpha/2)$	$\chi_0^2 = \dfrac{S}{\sigma_0^2}$	$\sigma_L^2 = \dfrac{S}{\chi^2(\phi,\alpha/2)}$
	$\sigma^2 > \sigma_0^2$	$\chi_0^2 \geqq \chi^2(\phi, \alpha)$		
	$\sigma^2 < \sigma_0^2$	$\chi_0^2 \geqq \chi^2(\phi, 1-\alpha)$		$\sigma_U^2 = \dfrac{S}{\chi^2(\phi,1-\alpha/2)}$
F 検定 $\sigma_A^2=\sigma_B^2$	$\sigma_A^2 \neq \sigma_B^2$	$F_0 \geqq F(\phi_M, \phi_D, \alpha/2)$	$F_0 = \dfrac{V_M}{V_D}$	V_Mは V_A と V_B で大きい方 ϕ_Mは、V_M の自由度 V_Dは V_A と V_B で小さい方 ϕ_Dは、V_D の自由度 $F_0 = \dfrac{V_M}{V_D}$ $F_L = \dfrac{F_0}{F\left(\phi_M, \phi_D; \dfrac{\alpha}{2}\right)}$ $F_U = F_0 \times F\left(\phi_D, \phi_M; \dfrac{\alpha}{2}\right)$
	$\sigma_A^2 \geqq \sigma_B^2$	$F_0 \geqq F(\phi_A, \phi_B, \alpha)$	$F_0 = \dfrac{V_A}{V_B}$	
	$\sigma_A^2 \leqq \sigma_B^2$	$F_0 \geqq F(\phi_B, \phi_A, \alpha)$	$F_0 = \dfrac{V_B}{V_A}$	
t 検定 $\mu_A=\mu_B$	$\mu \neq \mu_0$	$\|t_0\| \geqq t(\phi, \alpha)$	$t_0 = \dfrac{\bar{x}_B - \bar{x}_A}{\sqrt{V\left(\dfrac{1}{n_A}+\dfrac{1}{n_B}\right)}}$	$(\bar{x}_B - \bar{x}_A)$ $\pm t(\phi_A+\phi_B, \alpha)\sqrt{V\left(\dfrac{1}{n_A}+\dfrac{1}{n_B}\right)}$
	$\mu > \mu_0$	$t_0 \geqq t(\phi, 2\alpha)$		
	$\mu < \mu_0$	$t_0 \leqq -t(\phi, 2\alpha)$		
ウエルチの検定 $\mu_A=\mu_B$	$\mu \neq \mu_0$	$\|t_0\| \geqq t(\phi^*, \alpha)$	$t_0 = \dfrac{\bar{x}_B - \bar{x}_A}{\sqrt{\dfrac{V_A}{n_A}+\dfrac{V_B}{n_B}}}$	$(\bar{x}_B - \bar{x}_A)$ $\pm t(\phi^*, \alpha)\sqrt{\left(\dfrac{V_A}{n_A}+\dfrac{V_B}{n_B}\right)}$ ϕ^* の説明は、p.63 参照
	$\mu > \mu_0$	$t_0 \geqq t(\phi^*, 2\alpha)$		
	$\mu < \mu_0$	$t_0 \leqq -t(\phi^*, 2\alpha)$		
t 検定 データに対応があるとき	$\delta \neq 0$	$\|t_0\| \geqq t(\phi, \alpha)$	$t_0 = \dfrac{\bar{d}}{\sqrt{V_d/n}}$	$\bar{d} \pm t(\phi, \alpha)\sqrt{\dfrac{V_d}{n}}$
	$\delta > 0$	$t_0 \geqq t(\phi, 2\alpha)$		
	$\delta < 0$	$t_0 \leqq -t(\phi, 2\alpha)$		

1-5 計数値の検定と推定

キーワード	自己チェック
母不適合品率に関する検定と推定	
2つの母不適合品率の違いに関する検定と推定	
母不適合数に関する検定と推定	
2つの母不適合数に関する検定と推定	
分割表による検定	

Hypothesis test and Estimation of Continuous variable

Who-hoho-hoo

母不適合品率に関する検定と推定

問題1 次の文章において、_____内に入る最も適切なものを下欄の選択肢から選び、その記号を解答欄に記入せよ。

電極の変形不良の改善を行った。従来の変形品の発生は、7.6％である。改善した試作を250個行った結果、変形品は11個であった。母不適合品率（母不良率）は少なくなったかを検定し、改善後の母不適合品率（母不良率）を推定せよ。

1）検　定

手順1　仮説の設定

$$H_0：帰無仮説 \quad P \quad \boxed{(1)} \quad P_0 \quad (P_0 = 0.076)$$
$$H_1：対立仮説 \quad P \quad \boxed{(2)} \quad P_0$$

手順2　正規分布への近似条件の確認

$$nP = \boxed{(3)} \quad \boxed{(4)} \quad 5 \qquad n(1-P) = \boxed{(5)} \quad \boxed{(4)} \quad 5$$

正規分布への近似条件は成り立っている。

手順3　有意水準と棄却域の決定　$\alpha = 0.05$

$$R：u_0 \leqq -u(\boxed{(6)}) = -1.645$$

手順4　検定統計量の計算

$$p = \boxed{(7)}$$
$$u_0 = \boxed{(8)}$$

手順5　判定

$$u_0 = \boxed{(8)} < -1.645$$

2）推　定

手順1　点推定

$$\hat{P} = p = \boxed{(7)} \rightarrow \boxed{(9)} \text{ \%}$$

手順2　区間推定（信頼区間95％）

$$\hat{P}_L = \boxed{(10)} \text{ \%}$$
$$\hat{P}_U = \boxed{(11)} \text{ \%}$$

選択肢

ア．0.044	イ．0.076	ウ．1.645	エ．1.86	オ．－1.909
カ．4.4	キ．6.94	ク．7.6	ケ．19	コ．231
サ．<	シ．>	ス．=	セ．α	ソ．2α

● **解答欄** ●

(1)	(2)	(3)	(4)	(5)	(6)	(7)	(8)	(9)	(10)	(11)

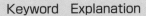

母不適合品率に関する検定と推定

解 説

母不適合品率（母不良率）に関する検定と推定

a. 検 定

手順1　仮説の設定

$$H_0：帰無仮説 \quad P = P_0 \quad (P_0 = 0.076)$$

$$H_1：対立仮説 \quad P < P_0$$

手順2　正規分布への近似条件の確認

$$nP = 250 \times 0.076 = 19 > 5$$

$$n(1-P) = 250 \times (1-0.076) = 250 \times 0.924 = 231 > 5$$

正規分布への近似条件は成り立っている。

手順3　有意水準と棄却域の決定　$\alpha = 0.05$（u 表（正規分布表は p.38 参照））

$$R：u_0 \leqq -u(2\alpha) = -u(0.10) = -1.645$$

手順4　検定統計量の計算

$$p = \frac{x}{n} = \frac{11}{250} = 0.044$$

$$u_0 = \frac{p - P_0}{\sqrt{P_0(1-P_0)/n}} = \frac{0.044 - 0.076}{\sqrt{0.076 \times (1-0.076)/250}} = -1.909$$

手順5　判定

$$u_0 = -1.909 < -u(2\alpha) = -u(0.10) = -1.645$$

H_0 は棄却され、有意水準 5 ％で改善により変形の母不適合品率（母不良率）は少なくなったといえる。

b. 推 定

手順1　点推定

$$\hat{P} = p = \frac{x}{n} = \frac{11}{250} = 0.044 \rightarrow 4.4 \ \%$$

手順2　区間推定（信頼区間 95 ％）

$$\hat{P}_L = p - u(\alpha)\sqrt{\frac{p(1-p)}{n}} = 0.044 - 1.96 \times \sqrt{\frac{0.044 \times (1-0.044)}{250}} = 0.018580 \rightarrow 1.86 \ \%$$

$$\hat{P}_U = p + u(\alpha)\sqrt{\frac{p(1-p)}{n}} = 0.044 + 1.96 \times \sqrt{\frac{0.044 \times (1-0.044)}{250}} = 0.069419 \rightarrow 6.94 \ \%$$

● 解答 ●

(1)	(2)	(3)	(4)	(5)	(6)	(7)	(8)	(9)	(10)	(11)
ス	サ	ケ	シ	コ	ソ	ア	オ	カ	エ	キ

2つの母不適合品率の違いに関する検定と推定

問題2 次の文章において、□□□内に入る最も適切なものを下欄の選択肢から選び、その記号を解答欄に記入せよ。ただし、各選択肢を複数回用いることはない。

倉庫保管部材の配管に錆が発見された。A倉庫とB倉庫で差があるかを次の確認結果から検定し、A倉庫とB倉庫の母不適合品率（母不良率）の差を推定せよ。

A倉庫保管部材の配管 330 本チェックして錆発生 35 本
B倉庫保管部材の配管 200 本チェックして錆発生 9 本

1）検 定

手順1　仮説の設定

H_0：帰無仮説　　P_A　□(1)□　P_B
H_1：対立仮説　　P_A　□(2)□　P_B

手順2　正規分布への近似条件の確認

$A : n_A P_A = 35 > 5$　　　$n_A(1 - P_A) = 330 - 35 = 295 > 5$
$B : n_B P_B = 9 > 5$　　　$n_B(1 - P_B) = 200 - 9 = 191 > 5$
正規分布への近似条件は成り立っている。

手順3　有意水準と棄却域の決定　$\alpha = 0.05$

$R : |u_0| \geqq u(\boxed{(3)}) = 1.96$

手順4　検定統計量の計算

$p_A = \boxed{(4)}$　　$p_B = \boxed{(5)}$　　$\bar{P} = \boxed{(6)}$　　$u_0 = \boxed{(7)}$

手順5　判定

$u_0 = \boxed{(7)}$　　$\boxed{(8)}$　1.960

2）推 定

手順1　点推定

$\widehat{(P_A - P_B)} = \boxed{(9)}$ ％

手順2　区間推定（信頼区間 95 ％）

$\widehat{(P_A - P_B)}_L = \boxed{(10)}$ ％　　　$\widehat{(P_A - P_B)}_U = \boxed{(11)}$ ％

選択肢

ア．0.0450　　イ．0.0830　　ウ．0.1061　　エ．1.645　　オ．1.72
カ．2.472　　キ．11.96　　ク．6.11　　ケ．10.50　　コ．＝
サ．≠　　シ．＞　　ス．＜　　セ．α　　ソ．2α

● 解答欄 ●

(1)	(2)	(3)	(4)	(5)	(6)	(7)	(8)	(9)	(10)	(11)

解 説

2つの母不適合品率（母不良率）の違いに関する検定と推定

a. 検 定

手順1　仮説の設定

H_0：帰無仮説　　　$P_A = P_B$

H_1：対立仮説　　　$P_A \neq P_B$

手順2　正規分布への近似条件の確認（問題と同じであり、ここでは省略する）

手順3　有意水準と棄却域の決定　　$\alpha = 0.05$（u 表（正規分布表は p.38 を参照））

$$R : |u_0| \geq u(\alpha) = u(0.05) = 1.96$$

手順4　検定統計量の計算

$$p_A = \frac{35}{330} = 0.1061 \quad p_B = \frac{9}{200} = 0.0450 \quad \bar{p} = \frac{x_A + x_B}{n_A + n_B} = \frac{35 + 9}{330 + 200} = 0.0830$$

$$u_0 = \frac{p_A - p_B}{\sqrt{\bar{p}(1 - \bar{p})\left(\dfrac{1}{n_A} + \dfrac{1}{n_B}\right)}} = \frac{0.1061 - 0.0450}{\sqrt{0.0830(1 - 0.0830)\left(\dfrac{1}{330} + \dfrac{1}{200}\right)}} = 2.472$$

手順5　判定

$$u_0 = 2.472 > u(\alpha) = u(0.05) = 1.96$$

H_0 は棄却され、有意水準5％でA倉庫とB倉庫の保管部材の錆発生の母不適合品率（母不良率）は異なるといえる。

b. 推 定

手順1　点推定

$$\widehat{(P_A - P_B)} = p_A - p_B = 0.1061 - 0.0450 = 0.0611 \rightarrow 6.11\ \%$$

手順2　区間推定（信頼区間95％）

$$\widehat{(P_A - P_B)}_L = (p_A - p_B) - u(\alpha)\sqrt{\frac{p_A(1 - p_A)}{n_A} + \frac{p_B(1 - p_B)}{n_B}}$$

$$= (0.1061 - 0.0450) - 1.96 \times \sqrt{\frac{0.1061 \times (1 - 0.1061)}{330} + \frac{0.0450 \times (1 - 0.0450)}{200}}$$

$$= 0.0611 - 1.96 \times 0.02241 = 0.017176 \rightarrow 1.72\ \%$$

$$\widehat{(P_A - P_B)}_U = (p_A - p_B) + u(\alpha)\sqrt{\frac{p_A(1 - p_A)}{n_A} + \frac{p_B(1 - p_B)}{n_B}}$$

$$= 0.0611 + 1.96 \times 0.02241 = 0.105024 \rightarrow 10.50\ \%$$

● 解答 ●

(1)	(2)	(3)	(4)	(5)	(6)	(7)	(8)	(9)	(10)	(11)
コ	サ	セ	ウ	ア	イ	カ	シ	ク	オ	ケ

母不適合数に関する検定と推定

問題3 次の文章において、□□□□内に入る最も適切なものを下欄の選択肢から選び、その記号を解答欄に記入せよ。

K電材㈱では、絶縁抵抗値の劣化はキズが大きく影響するので、ロール単位でキズの数を数えて管理し、その管理図では、平均63個で安定している。現状より劣化防止のために新材料で試作した結果、1ロールで47個のキズであった。新材料でキズの数が低減できたかを検定せよ。選択肢の重複使用は可とする。

1) 検 定

手順1　仮説の設定

H_0：帰無仮説　　λ　[(1)]　λ_0　（$\lambda_0 = 63$）

H_1：対立仮説　　λ　[(2)]　λ_0

手順2　正規分布への近似条件の確認

$\lambda_0 = 63$　[(3)]　[(4)]

正規分布への近似条件は成り立っている。

手順3　有意水準と棄却域の決定　　$\alpha = 0.05$

$R : u_0 \leqq - u(\boxed{(5)}) = - \boxed{(6)}$

手順4　検定統計量の計算

$u_0 = - \boxed{(7)}$

手順5　判定

$u_0 = - \boxed{(7)} \quad \boxed{(8)} \quad - u(\boxed{(5)}) = - \boxed{(6)}$

2) 推 定

手順1　点推定

$\hat{\lambda} = x = \boxed{(9)}$

手順2　区間推定（信頼区間95%）

$\hat{\lambda}_L = \boxed{(10)}$

$\hat{\lambda}_U = \boxed{(11)}$

選択肢

ア. 1.645	イ. 1.96	ウ. 2.016	エ. 5	オ. 10
カ. 33.6	キ. 47	ク. 60.4	ケ. =	コ. ≠
サ. <	シ. >	ス. α	セ. 2α	

● 解答欄 ●

(1)	(2)	(3)	(4)	(5)	(6)	(7)	(8)	(9)	(10)	(11)

母不適合数に関する検定と推定

解 説

母不適合数（母欠点数）に関する検定と推定

a. 検 定

手順1 仮説の設定

H_0：帰無仮説　　　$\lambda = \lambda_0$　（$\lambda_0 = 63$）

H_1：対立仮説　　　$\lambda < \lambda_0$

手順2 正規分布への近似条件の確認

$\lambda_0 = 63 > 5$

正規分布への近似条件は成り立っている。

手順3 有意水準と棄却域の決定　$\alpha = 0.05$（u 表（正規分布表）は p.38 を参照）

$R : u_0 \leqq -u(2\alpha) = -u(0.10) = -1.645$

手順4 検定統計量の計算

$$u_0 = \frac{x - \lambda_0}{\sqrt{\lambda_0}} = \frac{47 - 63}{\sqrt{63}} = -2.01581 \rightarrow -2.016$$

手順5 判定

$u_0 = -2.016 < -u(2\alpha) = -u(0.10) = -1.645$

H_0 は棄却され、有意水準 5 ％新材料によりキズの母不適合数は少なくなったといえる。

b. 推 定

手順1 点推定

$$\hat{\lambda} = x = 47$$

手順2 区間推定（信頼区間 95 ％）

$$\hat{\lambda}_L = 47 - 1.96 \times \sqrt{47} = 33.5629 \rightarrow 33.6$$

$$\hat{\lambda}_U = 47 + 1.96 \times \sqrt{47} = 60.437 \rightarrow 60.4$$

● 解答 ●

(1)	(2)	(3)	(4)	(5)	(6)	(7)	(8)	(9)	(10)	(11)
ケ	サ	シ	エ	セ	ア	ウ	サ	キ	カ	ク

2つの母不適合数に関する検定と推定

問題4 次の文章において、□□□□内に入る最も適切なものを下欄の選択肢から選び、その記号を解答欄に記入せよ。

　MK 電機㈱では、はんだ付基板を製造している。1ケ月のはんだ付不適合数が装置 A では 830、装置 B では 713 であった。装置で違いがあるかどうかを検定し、ついで装置間の母不適合数の差を推定せよ。選択肢の重複使用は可とする。

1) 検 定

手順1　仮説の設定

H_0：帰無仮説　　λ_A □(1)□ λ_B

H_1：対立仮説　　λ_A □(2)□ λ_B

手順2　正規分布への近似条件の確認

$\lambda_A = 830$ □(3)□　□(4)□

$\lambda_A = 713$ □(3)□　□(4)□

正規分布への近似条件は成り立っている。

手順3　有意水準と棄却域の決定　$\alpha = 0.05$

$R : u_0 \geqq u($ □(5)□ $) = $ □(6)□

手順4　検定統計量の計算

$u_0 = $ □(7)□

手順5　判定

$u_0 = $ □(7)□ □(8)□ $u($ □(5)□ $) = $ □(6)□

2) 推 定

手順1　点推定

$(\widehat{\lambda_A - \lambda_B}) = $ □(9)□

手順2　区間推定

$(\widehat{\lambda_A - \lambda_B})_L = $ □(10)□

$(\widehat{\lambda_A - \lambda_B})_U = $ □(11)□

選択肢

ア. 1.645	イ. 1.96	ウ. 2.979	エ. 5	オ. 10
カ. 40	キ. 117	ク. 194	ケ. =	コ. ≠
サ. <	シ. >	ス. α	セ. 2α	

● **解答欄** ●

(1)	(2)	(3)	(4)	(5)	(6)	(7)	(8)	(9)	(10)	(11)

２つの母不適合数に関する検定と推定

解　説

２つの母不適合数（母欠点数）に関する検定と推定

a. 検 定

手順１　仮説の設定

H_0：帰無仮説　　　$\lambda_A = \lambda_B$

H_1：対立仮説　　　$\lambda_A \neq \lambda_B$

手順２　正規分布への近似条件の確認

$\lambda_A = 830 > 5$, $\lambda_B = 713 > 5$

正規分布への近似条件は成り立っている。

手順３　有意水準と棄却域の決定　　$\alpha = 0.05$（u 表（正規分布表）は p.38 を参照）

$R : u_0 \geq u(\alpha) = u(0.05) = 1.96$

手順４　検定統計量の計算

$$u_0 = \frac{x_A - x_B}{\sqrt{x_A + x_B}} = \frac{830 - 713}{\sqrt{830 + 713}} = 2.9785 \rightarrow 2.979$$

手順５　判定

$u_0 = 2.979 > u(\alpha) = u(0.05) = 1.96$

H_0 は棄却され、有意水準 5 ％で装置 A と装置 B では母不適合数は異なるといえる。

b. 推 定

手順１　点推定

$$\left(\widehat{\lambda_A - \lambda_B}\right) = x_A - x_B = 117$$

手順２　区間推定（信頼区間 95 ％）

$$\left(\widehat{\lambda_A - \lambda_B}\right)_L = 117 - 1.96 \times \sqrt{830 + 713} = 40.009 \rightarrow 40$$

$$\left(\widehat{\lambda_A - \lambda_B}\right)_U = 117 + 1.96 \times \sqrt{830 + 713} = 193.9908 \rightarrow 194$$

解答

(1)	(2)	(3)	(4)	(5)	(6)	(7)	(8)	(9)	(10)	(11)
ケ	コ	シ	エ	ス	イ	ウ	シ	キ	カ	ク

分割表による検定

問題5 次の表中の空欄と ☐ 内に入る数値を記入し、検定せよ。

LED の生産工程で明るさを A, B, C の 3 ランクに分けている。No.1 〜 No.4 の生産ラインで差があるかを分割表で検定せよ。

下表は選別結果の表（x_{ij} 表）である。x_{ij} 表に加えて $t_{ij} = \dfrac{T_{i\bullet} \times T_{\bullet j}}{T_{\bullet\bullet}}$ を計算して x_{ij} の横に計算結果 t_{ij} を記入する。それぞれ合計が同じであることを確認する。

x_{ij} 表/t_{ij} 表

ランク／生産工程	A	A' t_{ij}	B	B' t_{ij}	C	C' t_{ij}	計
♯1	818	785.8	787	794.5	777	801.7	2382
♯2	713	734.7	767	742.8	747	749.5	2227
♯3	830		932		941		
♯4	810		720		770		
計	3171	3171	3206	3206	3235	3235	9612

x_{ij} 表/t_{ij} 表のそれぞれの対応するセルを引いて、$(x_{ij} - t_{ij})$ を求めて $(x_{ij} - t_{ij})$ 表をつくる。次に、$(x_{ij} - t_{ij})$ 2乗して t_{ij} 表で割って $\{(x_{ij} - t_{ij})^2/t_{ij}\}$ を求めて $\{(x_{ij} - t_{ij})^2/t_{ij}\}$ の欄に記入する。

$x_{ij} - t_{ij}$ 表/$(x_{ij} - t_{ij})^2/t_{ij}$ 表

ランク／生産工程	A	A' $(x_{ij}-t_{ij})^2/t_{ij}$	B	B' $(x_{ij}-t_{ij})^2/t_{ij}$	C	C' $(x_{ij}-t_{ij})^2/t_{ij}$	計	
♯1	32.2	1.32	-7.5	0.07	-24.7	0.76	0	2.15
♯2	-21.7	0.64	24.2	0.79	-2.5	0.01	0	1.44
♯3							0	
♯4							0	
計	0		0		0		0	

$(x_{ij} - t_{ij})^2/t_{ij}$ の総合計が $\chi_0{}^2$ である。

自由度は（データ数 -1）ではなく、（縦の数（生産工程数）-1）×（横の数（ランクの数）-1）

すなわち　　$\phi = (4 - 1) \times (3 - 1) = $ ☐

$\chi_0{}^2 = $ ☐ $> \chi^2($ ☐ $, 0.05) = $ ☐

であり、有意水準 5 ％でランク A, B, C の数量は、生産工程 #1, #2, #3, #4 によって異なるといえる。

76

解答&解説

$$x_{ij}\text{表}/t_{ij}\text{表}$$

生産工程＼ランク	A	A' t_{ij}	B	B' t_{ij}	C	C' t_{ij}	計
♯1	818	785.8	787	794.5	777	801.7	2382
♯2	713	734.7	767	742.8	747	749.5	2227
♯3	830	891.7	932	901.6	941	909.7	2703
♯4	810	758.8	720	767.1	770	774.1	2300
計	3171	3171	3206	3206	3235	3235	9612

x_{ij} 表/t_{ij} 表のそれぞれの対応するセルを引いて、$(x_{ij} - t_{ij})$ を求めて $(x_{ij} - t_{ij})$ 表をつくる。次に、$(x_{ij} - t_{ij})$ 2 乗して t_{ij} 表で割って $\{(x_{ij} - t_{ij})^2/t_{ij}\}$ を求めて $\{(x_{ij} - t_{ij})^2/t_{ij}\}$ の欄に記入する。

$$x_{ij} - t_{ij}\text{表}/(x_{ij} - t_{ij})^2/t_{ij}\text{表}$$

生産工程＼ランク	A	A' $(x_{ij} - t_{ij})^2/t_{ij}$	B	B' $(x_{ij} - t_{ij})^2/t_{ij}$	C	C' $(x_{ij} - t_{ij})^2/t_{ij}$	計
♯1	32.2	1.32	−7.5	0.07	−24.7	0.76	0	2.15
♯2	−21.7	0.64	24.2	0.79	−2.5	0.01	0	1.44
♯3	−61.7	4.27	30.4	1.03	31.3	1.08	0	6.38
♯4	51.2	3.45	−47.1	2.89	−4.1	0.02	0	6.36
計	0	9.68	0	4.78	0	1.87	0	16.33

$(x_{ij} - t_{ij})^2/t_{ij}$ の総合計が χ_0^2 である。

自由度は（データ数－1）ではなく、縦の数（生産工程数－1）× 横の数（ランクの数－1）

すなわち　　$\phi = (4 - 1) \times (3 - 1) = 6$

$\chi_0^2 = 16.33 > \chi^2(6, 0.05) = 12.59$　（χ^2 分布表は巻末 p.277 を参照）

であり、有意水準 5 ％でランク A, B, C の数量は、生産工程 #1, #2, #3, #4 によって異なるといえる。

計数値の検定と推定のまとめ

帰無仮説	対立仮説	棄却域	検定統計量	推定式
	正規近似条件		$nP \geqq 5,\ n(1-P) \geqq 5$	
$P = P_0$	$P \neq P_0$	$|u_0| \geqq u(\alpha)$		
	$P > P_0$	$u_0 \geqq u(2\alpha)$	$u_0 = \dfrac{p - P_0}{\sqrt{P_0(1-P_0)/n}}$	$p \pm u(\alpha)\sqrt{\dfrac{p(1-p)}{n}}$
	$P < P_0$	$u_0 \leqq -u(2\alpha)$		

帰無仮説	対立仮説	棄却域	検定統計量	推定式
	正規近似条件 A, B とともに		$nP \geqq 5,\ n(1-P) \geqq 5$	
$P_A = P_B$	$P_A \neq P_B$	$|u_0| \geqq u(\alpha)$		$\widehat{(p_A - p_B)}$
	$P_A > P_B$	$u_0 \geqq u(2\alpha)$	$u_0 = \dfrac{p_A - p_B}{\sqrt{\bar{p}(1-\bar{p})\left(\dfrac{1}{n_A} + \dfrac{1}{n_B}\right)}}$	下記参照
	$P_A < P_B$	$u_0 \leqq -u(2\alpha)$		

$$\widehat{(P_A - P_B)} = (p_A - p_B) \pm u(\alpha)\sqrt{\frac{p_A(1-p_A)}{n_A} + \frac{p_B(1-p_B)}{n_B}}$$

帰無仮説	対立仮説	棄却域	検定統計量	推定式
	正規近似条件		$n\lambda \geqq 5$	
$\lambda = \lambda_0$	$\lambda \neq \lambda$	$|u_0| \geqq u(\alpha)$		
	$\lambda > \lambda_0$	$u_0 \geqq u(2\alpha)$	$u_0 = \dfrac{x - \lambda_0}{\sqrt{\lambda_0/n}}$	$\dfrac{x}{n} \pm u(\alpha)\sqrt{\dfrac{x}{n}}$
	$\lambda < \lambda_0$	$u_0 \leqq -u(2\alpha)$		

帰無仮説	対立仮説	棄却域	検定統計量	推定式
	正規近似条件		$n_A x_A \geqq 5,\ n_B x_B \geqq 5$	
$\lambda_A = \lambda_B$	$P \neq P_0$	$|u_0| \geqq u(\alpha)$		$\widehat{(\lambda_A - \lambda_B)}$
	$P > P_0$	$u_0 \geqq u(2\alpha)$	$u_0 = \dfrac{x_A - x_B}{\sqrt{\dfrac{n_A x_A + n_B x_B}{n_A + n_B}\left(\dfrac{1}{n_A} + \dfrac{1}{n_B}\right)}}$	下記参照
	$P < P_0$	$u_0 \leqq -u(2\alpha)$		

$$\widehat{(\lambda_A - \lambda_B)} = (x_A - x_B) \pm u(\alpha)\sqrt{\frac{x_A}{n_A} + \frac{x_B}{n_B}}$$

p.72 と p.74 の母不適合数に関する問題は $n = 1$ である。

78

1-6 管理図と工程能力指数

キーワード	自己チェック
管理図の考え方、使い方	
Xbar-R 管理図　（$\bar{X}$-R 管理図）	
Xbar-s 管理図　（$\bar{X}$-s 管理図）	
X-R_S 管理図	
np 管理図、p 管理図	
c 管理図、u 管理図	
工程能力指数の計算と評価方法	

Control chart, Shewhart control chart
C_p（Process capability）

Who-hoho-ho

管理図の考え方、使い方

問題1 次の文章で正しいものには〇、正しくないものには×を選び解答欄に記入せよ。

1) 管理図はシューハート管理図、3シグマ法管理図ともいわれている。 (1)

2) 管理図限界線は、第1種の誤りと第2種の誤りを見分けるためのものである。 (2)

3) 管理図を使用目的により分類すると、現状把握、要因解析で用いる解析用管理図と、問題解決が完了し、標準化をして維持管理に用いる管理用管理図に分けられる。 (3)

4) "キズ、欠け"などの不適合数（欠点数）を数えて作成する管理図は、c管理図、u管理図が適切である。 (4)

5) 寸法、重さなどの特性値で作成する管理図は、p管理図、np管理図が適切である。 (5)

6) 1日1個しかデータが取れない場合は管理図の作成はできない。 (6)

7) 管理限界線の計算結果がマイナスとなったとき、係数表に値がない場合の管理限界線は0（ゼロ）とする。 (7)

8) $\bar{X}\text{-}R$管理図では、群間変動が$\bar{X}$管理図に、群内変動がR管理図で示される。 (8)

9) 点の並び方の連による異常判定は、中心線（CL）ではなく、メディアン線を用いる。 (9)

10) p管理図、np管理図では、LCLの下に打たれた点は、不良が少なく良いことなので、異常と判定しない。 (10)

● **解答欄** ●

(1)	(2)	(3)	(4)	(5)	(6)	(7)	(8)	(9)	(10)

Keyword Explanation

管理図の考え方、使い方、偶然原因、異常原因、解析用管理図、
管理用管理図、管理線、UCL、CL、LCL、群内変動、群間変動

解 説

解答が「×」で問題文が正しくないものに対して補足する。

2) 管理限界線は、「偶然原因」と「異常原因」を見分けるためのものである。

5) $\bar{X}\text{-}R$ 管理図、$Me\text{-}R$ 管理図など計量値の管理図である。

6) $X\text{-}R_S$ 管理図の作成が可能である。

7) 0（ゼロ）ではなく「考えない」である。

10) 好ましい異常と考えてその原因を探って好ましい状況が維持できるようにすべき
である。

① 管理図の概略図と用語

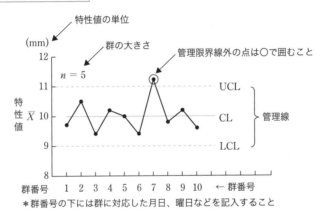

特性値の単位

群の大きさ

管理限界線外の点は〇で囲むこと

群番号 ← 群番号

＊群番号の下には群に対応した月日、曜日などを記入すること

UCL（Upper Control Limit）：上部管理限界（上方管理限界）
CL （Central Line）：中心線 ｝ 管理線
LCL （Lower Control Limit）：下部管理限界（下方管理限界）

● 解答 ●

(1)	(2)	(3)	(4)	(5)	(6)	(7)	(8)	(9)	(10)
○	×	○	○	×	×	×	○	○	×

② 偶然原因と異常原因

偶然原因：避けることのできない、やむを得ない原因
　　　　　突き止められない原因、不可避原因
異常原因：避けようと思えば避けることのできる原因
　　　　　突き止められる原因、見逃せない原因

③ 解析用管理図と管理用管理図

使用目的による管理図の分類

a. 解析用管理図：工程解析に使用し、異常原因を追究、処置対策を行う。
b. 管理用管理図：解析用管理図で工程が安定状態と判断できたら、その状態を維持・管理するために用いる。

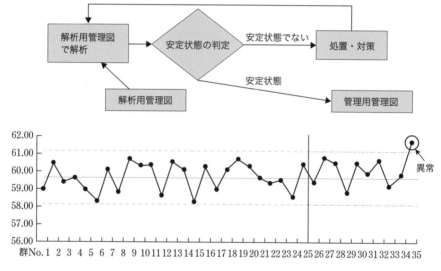

解析用管理図から管理用管理図への移行の概略図

④ **群内変動と群間変動**

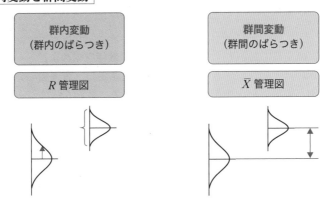

⑤ **管理図選定のためのフローチャート**

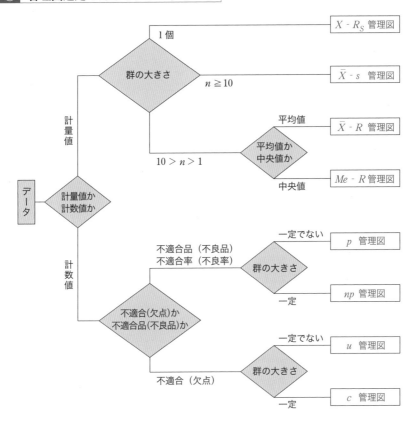

$\bar{X}$-R 管理図、$\bar{X}$-s 管理図、X-R_S 管理図

問題2 次の文章において、□□□ 内に入る数値を求めよ。

1) 抵抗値を毎日 5 個ランダムに選んで 25 日間測定し、管理図を作成するための計算結果、毎日の平均値の合計が 209.40 Ω で、毎日 5 個のデータの範囲 R の合計は、17.2 Ω であった。この管理図の管理線を求めよ。

R 管理図 　　$CL = $ □(1)□

　　　　　　　$LCL = $ □(2)□

　　　　　　　$UCL = $ □(3)□

$\bar{X}$ 管理図 　$CL = $ □(4)□

　　　　　　　$LCL = $ □(5)□

　　　　　　　$UCL = $ □(6)□

2) 空間距離を、毎日 15 個ランダムに選んで 25 日間測定した結果、毎日の平均値の合計が 178.25 で、毎日 15 個のデータの標準偏差 s の 25 日間の合計は、20.75 であった。この管理図の管理線を求めよ。

s 管理図 　　$CL = $ □(7)□

　　　　　　　$LCL = $ □(8)□

　　　　　　　$UCL = $ □(9)□

$\bar{X}$ 管理図 　$CL = $ □(10)□

　　　　　　　$LCL = $ □(11)□

　　　　　　　$UCL = $ □(12)□

3) 廃液の pH を毎日 1 回測定して管理している。最近の 20 日間の測定結果で管理図を作成して解析した。20 日間の pH の合計は 152 であった。データは、1 日 1 個のデータであるので、範囲 R は、そのデータと次のデータの差（移動範囲）の絶対値を求めた 19 個のデータの合計 5.82 であった。

R_S 管理図 　$CL = $ □(13)□

　　　　　　　$LCL = $ □(14)□

　　　　　　　$UCL = $ □(15)□

X 管理図 　　$CL = $ □(16)□

　　　　　　　$LCL = $ □(17)□

　　　　　　　$UCL = $ □(18)□

※管理図係数表は p.92 を参照。

● 解答欄省略 ●

解答＆解説

1) **$\bar{X}$-R 管理図**

R 管理図
$$CL = \bar{R} = \frac{\sum R}{k} = \frac{17.2}{25} = 0.688 \rightarrow 0.69$$
$$LCL = D_3\bar{R} = 考えない$$
$$UCL = D_4\bar{R} = 2.114 \times 0.688 = 1.4544 \rightarrow 1.45$$

$\bar{X}$ 管理図
$$CL = \bar{\bar{X}} = \frac{\sum \bar{X}}{k} = \frac{209.40}{25} = 8.376$$
$$LCL = \bar{\bar{X}} - A_2\bar{R} = 8.376 - 0.577 \times 0.688 = 7.979$$
$$UCL = \bar{\bar{X}} + A_2\bar{R} = 8.376 + 0.577 \times 0.688 = 8.773$$

2) **$\bar{X}$-s 管理図**

s 管理図
$$CL = \bar{c} = \frac{\sum s}{k} = \frac{20.75}{25} = 0.830$$
$$LCL = B_3\bar{s} = 0.428 \times 0.830 = 0.35524 \rightarrow 0.355$$
$$UCL = B_4\bar{s} = 1.572 \times 0.830 = 1.30476 \rightarrow 1.305$$

$\bar{X}$ 管理図
$$CL = \bar{\bar{X}} = \frac{\sum \bar{X}}{k} = \frac{178.25}{25} = 7.13$$
$$LCL = \bar{\bar{X}} - A_3\bar{s} = 7.13 - 0.789 \times 0.830 = 6.47513 \rightarrow 6.475$$
$$UCL = \bar{\bar{X}} + A_2\bar{s} = 7.13 + 0.789 \times 0.830 = 7.78487 \rightarrow 7.785$$

3) **X-R_S 管理図**

R_S 管理図
$$CL = \bar{R}_S = \frac{\sum R_S}{k-1} = \frac{5.82}{19} = 0.3063 \rightarrow 0.306$$
$$LCL = 考えない$$
$$UCL = D_4\bar{R}_S = 3.267 \times 0.3063 = 1.0068 \rightarrow 1.00$$

X 管理図
$$CL = \bar{X} = \frac{\sum X}{k} = \frac{152}{20} = 7.6$$
$$LCL = \bar{X} - E_2\bar{R}_S = 7.6 - 2.659 \times 0.3063 = 6.7855483 \rightarrow 6.786$$
$$UCL = \bar{X} + E_2\bar{R}_S = 7.6 + 2.659 \times 0.3063 = 8.4144517 \rightarrow 8.414$$

np 管理図、p 管理図

問題3 次の文章において、□□□ 内に入る数値を求めよ。

1) M電設㈱では、照明器具を製造している。反射板の変色不良品 (不適合品) を np 管理図で解析するために、20日間の変色不良品を調査した。毎日チェックした反射板は500枚で一定で、20日間の変色不良 (不適合品) の合計は83枚であった。この np 管理図の管理線を求めよ。

$\sum np =$ 不適合品数の合計 $=$ ☐ (1)

$\sum n =$ チェック品の合計 $=$ 群の大きさ (n) $\times$ 群の数 (k) $=$ ☐ (2)

$\bar{p} = \dfrac{\sum np}{\sum n} =$ ☐ (3)

$CL =$ ☐ (4)

$LCL =$ ☐ (5)

$UCL =$ ☐ (6)

2) K青果㈱では、トマトの表面状態を箱詰前に検査している。毎日の検査個数は、800個と1000個の場合がある。最近25日間の検査個数の合計は、22600個、不適合品 (不良品) 個数の合計は、287個であった。この p 管理図の管理線を求めよ。

$\sum np =$ 不適合品数の合計 $=$ ☐ (7)

$\sum n =$ 検査個数の合計 $=$ ☐ (8)

$\bar{p} = \dfrac{\sum np}{\sum n} =$ ☐ (9) $\rightarrow$ ☐ (10) %

$CL =$ ☐ (11) %

$n = 800$ のとき

$LCL =$ ☐ (12) %

$UCL =$ ☐ (13) %

$n = 1000$ のとき

$LCL =$ ☐ (14) %

$UCL =$ ☐ (15) %

● **解答欄省略** ●

解答&解説

1) np 管理図

$$\sum np = 83 \qquad \sum n = n \times k = 500 \times 20 = 10000$$

$$\bar{p} = \frac{\sum np}{\sum n} = \frac{83}{500 \times 20} = 0.0083$$

$$CL = n\bar{p} = 500 \times 0.0083 = 4.15$$

$$LCL = n\bar{p} - 3\sqrt{n\bar{p}(1-\bar{p})} = 4.15 - 3 \times \sqrt{4.15 \times (1 - 0.0083)}$$

$$= -1.936 \rightarrow 考えない$$

$$UCL = n\bar{p} + 3\sqrt{n\bar{p}(1-\bar{p})} = 4.15 + 3 \times \sqrt{4.15 \times (1 - 0.0083)}$$

$$= 10.23605 \rightarrow 10.2$$

2) p 管理図

$$\sum np = 287 \qquad \sum n = 22600$$

$$CL = \bar{p} = \frac{\sum np}{\sum n} = \frac{287}{22600} = 0.012699 \rightarrow 1.27\,\%$$

$n = 800$ のとき

$$LCL = \bar{p} - 3\sqrt{\bar{p}(1-\bar{p})/n_i} = 0.0127 - 3 \times \sqrt{0.0127 \times (1 - 0.0127)/800}$$

$$= 0.000823 \rightarrow 0.08\,\%$$

$$UCL = \bar{p} + 3\sqrt{\bar{p}(1-\bar{p})/n_i} = 0.0127 + 3 \times \sqrt{0.0127 \times (1 - 0.0127)/800}$$

$$= 0.024577 \rightarrow 2.46\,\%$$

$n = 1000$ のとき

$$LCL = \bar{p} - 3\sqrt{\bar{p}(1-\bar{p})/n_i} = 0.0127 - 3 \times \sqrt{0.0127 \times (1 - 0.0127)/1000}$$

$$= 0.002077 \rightarrow 0.21\,\%$$

$$UCL = \bar{p} + 3\sqrt{\bar{p}(1-\bar{p})/n_i} = 0.0127 + 3 \times \sqrt{0.0127 \times (1 - 0.0127)/1000}$$

$$= 0.023323 \rightarrow 2.33\,\%$$

***c* 管理図、*u* 管理図**

問題4　次の文章において、□□□□内に入る数値を求めよ。

1) 保護シートの検査で気泡の数を数えている。最近 20 日間の気泡の合計数は、425 個であった。この管理図の管理線を求めよ。なお、保護シートの大きさは一定である。

$$\sum c = \text{不適合数の合計} = \boxed{\quad(1)\quad}$$

$$\bar{c} = \frac{\sum c}{k} = \boxed{\quad(2)\quad}$$

$$CL = \boxed{\quad(3)\quad}$$

$$LCL = \boxed{\quad(4)\quad}$$

$$UCL = \boxed{\quad(5)\quad}$$

2) MK 電子㈱では、特殊素子の電極を製造している。表面のピンホールが特性に影響するので、その数を数えて管理している。電極の大きさは 25 サイズと 30 サイズの 2 種類である。最近 25 日間のピンホール数の合計数、235 個で、サイズの合計は 690 サイズであった。この管理図の管理線を求めよ。

$$\sum u = \text{不適合数の合計} = \boxed{\quad(6)\quad}$$

$$\sum n_i = \text{サイズの合計} \quad = \boxed{\quad(7)\quad}$$

$$\bar{u} = \frac{\sum u}{\sum n_i} = \boxed{\quad(8)\quad}$$

$$CL = \boxed{\quad(9)\quad}$$

25 サイズのとき

$$LCL = \boxed{\quad(10)\quad}$$

$$UCL = \boxed{\quad(11)\quad}$$

30 サイズのとき

$$LCL = \boxed{\quad(12)\quad}$$

$$UCL = \boxed{\quad(13)\quad}$$

● 解答欄省略 ●

解答&解説

1) 　c 管理図

$\sum c =$ 不適合数の合計 $= 425$

$\bar{c} = \dfrac{\sum c}{k} = \dfrac{425}{20} = 21.25$

$CL = \bar{c} = 21.25$

$LCL = \bar{c} - 3\sqrt{\bar{c}} = 21.25 - 3 \times \sqrt{21.25}$

$\qquad = 7.420683 \rightarrow 7.42$

$UCL = \bar{c} + 3\sqrt{\bar{c}} = 21.25 + 3 \times \sqrt{21.25}$

$\qquad = 35.07932 \rightarrow 35.08$

2) 　u 管理図

$\sum u =$ 不適合数の合計 $= 235$

$\sum n_i =$ サイズの合計 $= 690$

$\bar{u} = \dfrac{\sum u}{\sum n_i} = \dfrac{235}{690} = 0.34058$

$CL = \bar{u} = 0.34058$

25 サイズのときの LCL と UCL を求める。

$LCL = \bar{u} - 3\sqrt{\bar{u}/n_i} = 0.34058 - 3 \times \sqrt{0.34058/25}$

$\qquad = -0.00958 \rightarrow$ 考えない

$UCL = \bar{u} + 3\sqrt{\bar{u}/n_i} = 0.34058 + 3 \times \sqrt{0.34058/25}$

$\qquad = 0.69073 \rightarrow 0.691$

30 サイズのときの LCL と UCL を求める。

$LCL = \bar{u} - 3\sqrt{\bar{u}/n_i} = 0.34058 - 3 \times \sqrt{0.34058/30}$

$\qquad = 0.02093 \rightarrow 0.021$

$UCL = \bar{u} + 3\sqrt{\bar{u}/n_i} = 0.34058 + 3 \times \sqrt{0.34058/30}$

$\qquad = 0.66023 \rightarrow 0.660$

工程能力指数の計算と評価方法

問題5 次の文章において、□□□内に入る最も適切なものを下欄の選択肢から選び、その記号を解答欄に記入せよ。ただし、各選択肢を複数回用いることはない。

1) D社では、取引先から要求された規格値 50 〜 100 の特殊製品 A の製造をしている。現状の工程能力 C_p は 1.03 であり、評価は □(1)□ であるので、全数検査で対応している。このときの不適合品の発生確率は、□(2)□ である。

2) しかし、取引先から規格上限外れの不適合品が約 1.5 ％発生しているとの連絡が入った。

3) C_p が 1.03 で標準偏差を求めると □(3)□ である。取引先でも標準偏差は同じと考えると、取引先での平均値は □(4)□ と、規格の中心からずれていると推測できる。

4) このときのかたよりを考慮した工程能力指数を求めると □(5)□ となり、この工程能力は □(6)□ していると判定できる。

> Maybe you should also learn
> "P_p (Process performance index)".
> "C_p" is the process capability index.
>
> *Oink oink*

選択肢

ア．0.1 ％	イ．0.2 ％	ウ．0.73	エ．3.09	オ．8.09
カ．16.18	キ．75	ク．82.4	ケ．十分	コ．まずまず
サ．不足	シ．非常に不足			

● **解答欄** ●

(1)	(2)	(3)	(4)	(5)	(6)

Keyword Explanation
工程能力指数の計算と評価方法、C_p、C_{pk}

解 説

工程能力指数と正規分布の確率を求める問題の組み合わせの応用問題である。

工程能力指数 C_p は規格の中心と分布の中心がほぼ同じ場合に用いるので、$C_p = 1.03$、規格値 $50 \sim 100$ であれば、標準偏差 σ は、

$$C_p = \frac{S_U - S_L}{6s} \Rightarrow 1.03 = \frac{100 - 50}{6s} \qquad \hat{\sigma} = s = \frac{100 - 50}{6 \times 1.03} = 8.09$$

規格の中心と分布の中心を同じと考える。

$$\hat{\mu} = \frac{100 + 50}{2} = 75$$

正規分布表から確率を求めるために規準化する。（正規分布表は p.38 参照）

$$k_{p1} = \frac{x - \mu}{\sigma} = \frac{100 - 75}{8.09} = 3.09 \qquad k_{p2} = \frac{x - \mu}{\sigma} = \frac{50 - 75}{8.09} = -3.09$$

$$P_1 = 0.0010 \ (0.1\ \%) \qquad P_2 = 0.0010 \ (0.1\ \%)$$

$$P = P_1 + P_2 = 0.0010 + 0.0010 = 0.0020 \ (0.2\ \%)$$

$$P = 1.5\ \% の K_p を正規分布表から探すと、K_p = 2.17, P = 0.0150 である。$$

$$K_p = \frac{x - \mu}{\sigma} \Rightarrow 2.17 = \frac{100 - \mu}{8.09} \qquad \hat{\mu} = 100 - 2.17 \times 8.09 = 82.44 \to 82.4$$

$$C_{pk} = \frac{S - \bar{x}}{3s} = \frac{100 - 82.4}{3 \times 8.09} = 0.725 \to 0.73$$

（S は両側規格の場合、$\bar{x}$ に近い規格値）

工程能力指数からの工程能力の判断基準

工程能力指数	工程能力の判定	参考（不良が発生する確率）
$C_p > 1.67$	十分すぎる	0.00006 %未満
$1.67 \geq C_p > 1.33$	十分	0.00006 %以上 0.00633 %未満
$1.33 \geq C_p > 1.00$	まずまず	0.00633 %以上 0.26998 %未満
$1.00 \geq C_p > 0.67$	不足	0.26998 %以上 4.55003 %未満
$0.67 \geq C_p$	非常に不足	4.55003 %以上

● 解答 ●

(1)	(2)	(3)	(4)	(5)	(6)
コ	イ	オ	ク	ウ	サ

管理図係数表

管理図係数表

n	X	Me		$\bar{X}$	R		
	E_2	m_3	$m_3 A_2$	A_2	d_2	D_3	D_4
2	2.659	1.000	1.880	1.880	0.853	—	3.267
3	1.772	1.160	1.187	1.023	0.888	—	2.575
4	1.457	1.092	0.796	0.729	0.880	—	2.282
5	1.290	1.197	0.691	0.577	0.864	—	2.114
6	1.184	1.135	0.549	0.483	0.848	—	2.004
7	1.109	1.214	0.509	0.419	0.833	0.076	1.924
8	1.054	1.160	0.432	0.373	0.820	0.136	1.864

$\bar{X}$-s 管理図係数表

n	$\bar{X}$	s	
	A_3	B_3	B_4
10	0.975	0.284	1.716
11	0.927	0.321	1.679
12	0.886	0.354	1.646
13	0.850	0.382	1.618
14	0.817	0.406	1.594
15	0.789	0.428	1.572
16	0.763	0.448	1.552
17	0.739	0.466	1.534
18	0.718	0.482	1.518
19	0.698	0.497	1.503
20	0.680	0.510	1.490
25	0.606	0.565	1.435
30	0.552	0.604	1.396
40	0.477	0.659	1.341
50	0.426	0.696	1.304
100	0.301	0.787	1.213
20 以上	$\dfrac{3}{\sqrt{n}}\left(1+\dfrac{1}{4n}\right)$	$1-\dfrac{3}{\sqrt{2n}}$	$1+\dfrac{3}{\sqrt{2n}}$

管理図まとめ

管理線の計算式一覧表

管理図の種類			打点する値と統計量	中心線 (CL)	管理限界線 (LCL, UCL)
計量値の管理図	$\bar{X}$-R 管理図	$\bar{X}$ 管理図	$\bar{X}, \bar{\bar{X}}$	$\bar{\bar{X}}$	$\bar{\bar{X}} \pm A_2\bar{R}$
		R 管理図	$R, \bar{R}$	$\bar{R}$	$LCL = D_3\bar{R},\ UCL = D_4\bar{R}$
	$\bar{X}$-s 管理図	$\bar{X}$ 管理図	$\bar{X}, \bar{\bar{X}}$	$\bar{\bar{X}}$	$\bar{\bar{X}} \pm A_3\bar{s}$
		s 管理図	$s, \bar{s}$	$\bar{s}$	$LCL = B_3\bar{s},\ UCL = B_4\bar{s}$
	Me-R 管理図	Me 管理図	$Me, \overline{Me}$	$\overline{Me}$	$\bar{R} \pm \mathrm{m}_3A_2\bar{R}$
		R 管理図	$R, \bar{R}$	$\bar{R}$	$LCL = D_3\bar{R},\ UCL = D_4\bar{R}$
	X-R_S 管理図	X 管理図	$X, \bar{X}$	$\bar{X}$	$\bar{X} \pm E_2\overline{R_S}$ （$\bar{X} \pm 2.659\,\overline{R_S}$）
		R_S 管理図	$R_S, \overline{R_S}$	$\overline{R_S}$	$UCL = D_4\overline{R_S}$ （$3.267\,\overline{R_S}$）
計数値の管理図	np 管理図		$np, \overline{np}, \bar{p}$	$\overline{np}$	$\overline{np} \pm 3\sqrt{\overline{np}(1-\bar{p})}$
	p 管理図		$p, \bar{p}$	$\bar{p}$	$\bar{p} \pm 3\sqrt{\dfrac{\bar{p}(1-\bar{p})}{n}}$
	c 管理図		$c, \bar{c}$	$\bar{c}$	$\bar{c} \pm 3\sqrt{\bar{c}}$
	u 管理図		$u, \bar{u}$	$\bar{u}$	$\bar{u} \pm 3\sqrt{\dfrac{\bar{u}}{n}}$

異常判定ルールのまとめ

異常判定ルール	JIS Z 9021：1954	JIS Z 9021：1998	JIS Z 9020：2016
管理限界線外	有	有	有
管理限界線線上	有	―	無
長さ 7 以上の連	有	―	無
長さ 9 以上の連	（上に含む）	有	附属書（参考）
連続 6 点以上の上昇または下降	―	有	附属書（参考）
連続 7 点以上の上昇または下降	有	（上に含む）	有
連続 3 点中 2 点が 2σ〜3σ の間にある	有	有	附属書（参考）
周期性	有	有	有
連続する 5 点中 4 点が 1σ 外にある	―	有	附属書（参考）
連続 15 点以上が 1σ 内に存在	有	有	附属書（参考）
連続 8 点が 1σ 外	―	有	附属書（参考）
明らかに不規則でないパターン	―	―	有

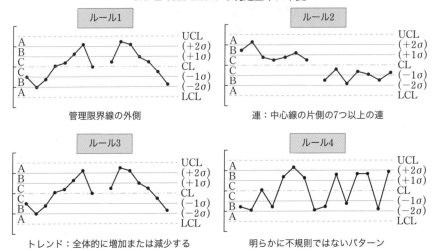

管理図の異常判定のルール

JIS Z 9020-2:2016 の判定基準に準拠

ルール1

管理限界線の外側

ルール2

連：中心線の片側の7つ以上の連

ルール3

トレンド：全体的に増加または減少する
連続する7つの点

ルール4

明らかに不規則ではないパターン

JIS Z 9020-2:2016 の附属書B（参考）に準拠

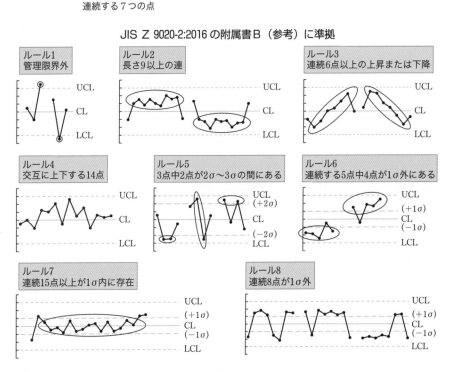

ルール1
管理限界外

ルール2
長さ9以上の連

ルール3
連続6点以上の上昇または下降

ルール4
交互に上下する14点

ルール5
3点中2点が2σ〜3σの間にある

ルール6
連続する5点中4点が1σ外にある

ルール7
連続15点以上が1σ内に存在

ルール8
連続8点が1σ外

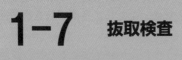

1-7 抜取検査

キーワード	自己チェック
抜取検査の考え方	
OC 曲線の見方	
計数規準型抜取検査	
計量規準型抜取検査	

Sampling inspection

Pat tummy Ponpoco Pon

抜取検査の考え方

問題1 次の文章において、 ____ 内に入る最も適切なものを下欄の選択肢から選び、その記号を解答欄に記入せよ。ただし、各選択肢を複数回用いることはない。(4)、(5)は順不同でよい。

1) 検査とは、品物またはサービスの1つ以上の特性値に対して、試験・測定をして規定要求事項と比較し、 (1) の判定をすることである。

2) 抜取検査は、母集団から (2) を構成しサンプルを抜取って検査した結果を、定められた (3) と比較して、 (2) および母集団の合格／不合格を判定する検査である。

3) 抜取検査の種類は、特性値の種類によって、 (4) と (5) に分類される。また、抜取検査方式によって1回抜取検査、2回抜取検査、多回抜取検査、逐次抜取検査、連続式抜取検査、スキップロット抜取検査などに分類される。そして、 (3) によっても区分される。

4) JISでは、計数規準型1回抜取検査（JIS Z 9002）、 (6) （JIS Z 9003, JIS Z 9004）、計数値検査に対する抜取検査手順（JIS Z 9015）がある。

The judgment will be incorrect unless random sampling is performed. "Random" is very important.

Pat tummy Ponpoco Pon

選択肢
ア. 計量値抜取検査　イ. 計数値抜取検査　ウ. ロット
エ. 合格判定基準　オ. 適合／不適合　カ. 計量規準型1回抜取検査

● 解答欄 ●

(1)	(2)	(3)	(4)	(5)	(6)

解　説

検査、抜取検査の定義、抜取検査の種類に関しては、問題文の通りである。
抜取検査に関連する主な用語を下記に整理する。(〈JIS Z 8101-2：1999〉より抜粋)

① 不適合品率 (Proportion of nonconforming items)

サンプルに関して、不適合アイテム (単位) の数を検査したアイテムの総数で除したもの

$$不適合品率 ＝ \frac{不適合アイテムの数}{検査したアイテムの数}$$

ロットに関して、母集団またはロット中の不適合アイテムの数を母集団またはロット
の総数で除したもの

$$不適合品率 ＝ \frac{母集団またはロット中の不適合アイテムの数}{母集団またはロット中のアイテムの総数}$$

② パーセント不適合品率 (Percentages of nonconforming items)

不適合品率を 100 倍したもの

③ 単位当たりの不適合数 (Nonconformities per items)

ある量の製品についての単位 (アイテム) 当たり不適合の数、不適合の数を製品の単
位 (アイテム) 数で除したもの

$$単位当たりの不適合数 ＝ \frac{不適合数}{製品の単位 (アイテム) 数}$$

④ 抜取検査方式 (Sampling plan)

定められたサンプルの大きさ、およびロットの合格判定基準を含んだ規定の方式

⑤ 合格判定個数 (Ac：Acceptance number)

計数値抜取検査の所定の抜取検査方式において、合格を許可するサンプル中に発見さ
れた不適合アイテムまたは不適合数の最大値

⑥ 不合格判定個数 (Re：Rejection number, non-acceptance number)

計数値抜取検査の所定の抜取検査方式において、不合格と判定するサンプル中に発見
された不適合品または不適合数の最小値

● 解答 ●

(1)	(2)	(3)	(4)	(5)	(6)
オ	ウ	エ	ア	イ	カ

OC 曲線の見方

問題2 次の図に関する文章において、 ![　　　] 内に入る最も適切なものを下欄の選択肢から選び、その記号を解答欄に記入せよ。ただし、各選択肢を複数回用いることはない。

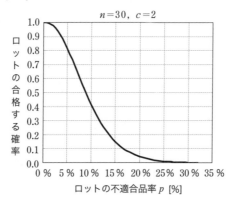

$$n = 30, \ c = 2$$

縦軸：ロットの合格する確率 （1.0, 0.9, 0.8, 0.7, 0.6, 0.5, 0.4, 0.3, 0.2, 0.1, 0.0）
横軸：ロットの不適合品率 p [%] （0 %, 5 %, 10 %, 15 %, 20 %, 25 %, 30 %, 35 %）

この図は、横軸にロットの不適合品率、縦軸にロットの合格する確率をとって、サンプルサイズ $n = 30$、合格判定個数 $c = 2$ の抜取検査方式における確率をプロットした図で、これを ___(1)___ という。

___(2)___ $\alpha = 0.05$、 ___(3)___ $\beta = 0.10$ としたとき、なるべく合格させたいロットの不適合品率の上限 p_0 は、 ___(4)___ %、なるべく不合格としたいロットの不適合品率の下限 p_1 は ___(5)___ %となる。

不適合品率 10 %のロットが合格する確率 β は ___(6)___ %、不適合品率 15 %のロットが不合格する確率は ___(7)___ %と読み取ることができる。

> **選択肢**
>
> ア. 2.5 　　　イ. 3.5 　　　ウ. 17 　　　エ. 20
>
> オ. 40 　　　カ. 80 　　　キ. 85 　　　ク. 97.5
>
> ケ. AQL 曲線　　コ. AOQ 曲線　　サ. OC 曲線　　シ. QC 曲線
>
> ス. 消費者危険　　セ. 生産者危険

● **解答欄** ●

(1)	(2)	(3)	(4)	(5)	(6)	(7)

Keyword Explanation
OC 曲線の見方、消費者危険（CR）、生産者危険（PR）

解 説

■ OC 曲線（OC curve, Operation Characteristic curve：検査特性曲線）

消費者危険（CR：Consumer's Risk）所定の検査方式において、ロットまたは工程の品質水準（例えば、不適合品率）がその抜取検査方式では不合格と指定された値のときに、合格となる確率（β）

生産者危険（PR：Producer's Risk）所定の検査方式において、ロットまたは工程の品質水準（例えば、不適合品率）がその抜取検査方式では合格と指定された値のときに、ロットまたは工程が不合格となる確率（α）

JIS では、$\alpha = 0.05$, $\beta = 0.10$ で抜取検査方式を決めている。

下記に出題の $c = 2$ の OC 曲線に $c = 0, 1, 3$ を加えて示す。C の値が小さいほど傾きが垂直に近く識別力が大きい。

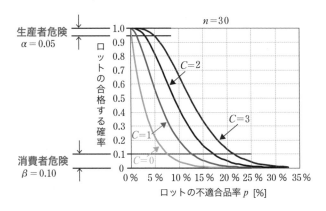

［参考］ (4)〜(7)をグラフから読み取るのではなく、計算で求めた値は、(4)p_0 は 2.78 %、(5)p_1 は 16.78 %、(6)β は 41.14 %、(7)α は 84.86 %である。

● 解答 ●

(1)	(2)	(3)	(4)	(5)	(6)	(7)
サ	セ	ス	ア	ウ	オ	キ

計数規準型抜取検査

問題3 次の文章において、□□□内に入る最も適切なものを下欄の選択肢から選び、その記号を記入し、(3)～(9)は数値を解答欄に記入せよ。ただし、各選択肢を複数回用いることはない。なお、JIS Z 9002 の抜取検査表は巻末 p.284、p.285 を参照。

1) 「JIS Z 9002-1956：計数規準型一回抜取検査」は、生産者および消費者の要求する検査特性をもつように設計した抜取検査であって、「なるべく □(1)□ させたいロットの不適合品率の上限を p_0」「なるべく □(2)□ としたいロットの不適合品率の下限を p_1」として $\alpha \fallingdotseq 0.05$, $\beta \fallingdotseq 0.10$ になるように計算して、サンプルの大きさ（n）と合格判定個数（c）を求められるようにした抜取検査表である。なお、ロットの大きさ（N）とサンプルの大きさ（n）は規定させていない。

2) $p_0 = 0.3$ %, $p_1 = 1.5$ %のとき、JIS Z 9002 を用いて抜取検査方式を求めると $n =$ □(3)□, $c =$ □(4)□ となる。したがって、検査する対象ロットから □(3)□ 個のサンプルを抜取り、試験をして不適合品が □(4)□ 個以下であればそのロットを □(1)□ と判定する。

3) $p_0 = 0.2$ %, $p_1 = 2.5$ %のとき、JIS Z 9002 を用いて抜取検査方式を求めると $n =$ □(5)□, $c =$ □(6)□ となる。したがって、検査する対象ロットから □(5)□ 個のサンプルを抜取り、試験をして不適合品が □(7)□ 個以上であればそのロットを □(2)□ と判定する。

4) $p_0 = 0.5$ %, $p_1 = 1.25$ %のとき、JIS Z 9002 を用いて抜取検査方式を求めると $n =$ □(8)□, $c =$ □(9)□ となる。

5) 計量抜取検査には、JIS Z 9003 □(10)□ （標準偏差既知の場合）と JIS Z 9004 □(10)□ （標準偏差未知の場合）がある。

⋯(1), (2), (10)の選択肢

ア．計数規準型一回抜取検査　　イ．計量規準型一回抜取検査

ウ．合格　　エ．不合格　　オ．消費者危険　　カ．生産者危険

● **解答欄** ●

(1)	(2)	(3)	(4)	(5)	(6)	(7)	(8)	(9)	(10)

解　説

「JIS Z 9002-1956：計数規準型一回抜取検査」は、売り手に対する保護と買い手に対する保護の2つを規定して、売り手の要求と買い手の要求の両方を満足するように考えられた抜取検査である。

p_0 と p_1 は、検査対象物の「受取側」と「供給側（渡す側）」が合議のうえ決められる。このとき、$p_0 < p_1$ でなければならないし、$p_1/p_0 = 4 \sim 10$ が望ましい。

下記に、問題に対する JIS Z 9002 の抜取検査表から n と C を求める方法を示す。

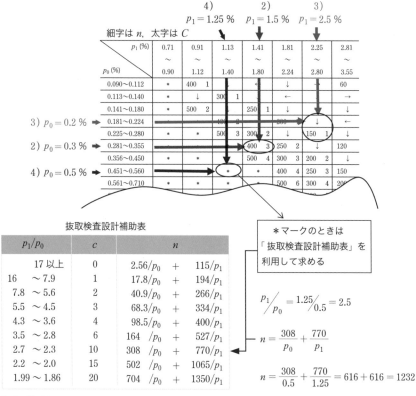

抜取検査設計補助表

p_1/p_0	c	n	
17 以上	0	$2.56/p_0$	$+$ $115/p_1$
16 ～7.9	1	$17.8/p_0$	$+$ $194/p_1$
7.8 ～5.6	2	$40.9/p_0$	$+$ $266/p_1$
5.5 ～4.5	3	$68.3/p_0$	$+$ $334/p_1$
4.3 ～3.6	4	$98.5/p_0$	$+$ $400/p_1$
3.5 ～2.8	6	$164 /p_0$	$+$ $527/p_1$
2.7 ～2.3	10	$308 /p_0$	$+$ $770/p_1$
2.2 ～2.0	15	$502 /p_0$	$+$ $1065/p_1$
1.99～1.86	20	$704 /p_0$	$+$ $1350/p_1$

＊マークのときは「抜取検査設計補助表」を利用して求める

$$\frac{p_1}{p_0} = \frac{1.25}{0.5} = 2.5$$

$$n = \frac{308}{p_0} + \frac{770}{p_1}$$

$$n = \frac{308}{0.5} + \frac{770}{1.25} = 616 + 616 = 1232$$

解答

(1)	(2)	(3)	(4)	(5)	(6)	(7)	(8)	(9)	(10)
ウ	エ	400	3	150	1	2	1232	10	イ

計量規準型抜取検査

計量値の抜取検査は、「計量規準型抜取検査」と「計量値検査のための逐次抜取方式」がある。

計量値の抜取検査は、検査対象特性値が正規分布に従っていることを前提として考えられている。

計量規準型抜取検査は、計量値の検定・推定と同じく、標準偏差が既知の場合と未知の場合の2種類が準備されている。

標準偏差既知の場合には、ロットの平均値を保証する場合とロットの不適合品率を保証する場合について決められている。

標準偏差未知の場合では、上限または下限規格値だけ規定した場合のロットの不合格品率を保証する検査について決められている。

「JIS Z 9003：1979：計量規準型一回抜取検査」

　標準偏差既知でロットの平均値を保証する場合および標準偏差既知でロットの不良率を保証する場合

「JIS Z 9004：1983：計量規準型一回抜取検査」

　標準偏差未知で上限または下限規格値だけ規定した場合

「JIS Z 9010：1999：計量値検査のための逐次抜取方式」

　不適合品パーセント、標準偏差既知

　この規格は、「JIS Z 9009：1999：計数値検査のための逐次抜取方式」を補完して、附属書では、「JIS Z 9015-1：2006：計数値検査に対する抜取検査手順」の抜取システムを補足している。

If you want to know more, refer to "JIS".

Pat tummy Ponpoco Pon

1-8 実験計画法

キーワード	自己チェック
実験計画法の考え方	
実験の仕方（フィッシャーの3原則）	
因子の種類・水準	
一元配置実験	
二元配置実験	
二元配置実験からの推定	

Design of experiments
ANOVA（Analysis of variance）

Pat tummy
Ponpoco Pon

実験計画法の考え方

問題1 次の文章において、□□□□内に入る最も適切なものを下欄の選択肢から選び、その記号を解答欄に記入せよ。ただし、各選択肢を複数回用いることはない。(5)、(6)、(7)、(8)は順不同でよい。

1) 実験計画法の統計的解析の基礎的な方法として、分散分析（ANOVA：Analysis of variance）がある。

　分散分析は、名前の通り特性値のばらつきを分散で表し、その分散を色々な ⎣ (1) ⎦ ごとに分解して、⎣ (2) ⎦ の分散に比べてどの ⎣ (1) ⎦ が影響を与えているのかを調べる方法である。

2) 分散分析における帰無仮説と対立仮説は、

H_0：⎣ (3) ⎦
H_1：⎣ (4) ⎦

である。

3) 分散分析では、要因効果の検定と、要因効果の誤差の推定を行う。

　この誤差は次の4つの条件（4つの仮定）の基に解析を行っている。

⎣ (5) ⎦, ⎣ (6) ⎦, ⎣ (7) ⎦, ⎣ (8) ⎦

| Independence | Homoscedasticity | Unbiasedness | Normality |

選択肢
ア．すべての母平均に差はない　　イ．1つでも異なった母平均が存在する
ウ．異常値　　エ．等分散性　　オ．誤差　　カ．要因（因子）
キ．正規性　　ク．独立性　　ケ．水準　　コ．不偏性

● **解答欄** ●

(1)	(2)	(3)	(4)	(5)	(6)	(7)	(8)

解　説

　実験計画法（DE：Design of Experiment）は、特性といくつかの要因との関係を調べるための実験を計画し、統計的な解析をする一連の方法論のことである。この統計的な解析の基礎的な方法として、分散分析がある。

　分散分析の概要は、問題文の通りである。

　分散分析、検定や推定などにおいて、データには誤差が伴う。一般に誤差は、

　　1)　各水準条件の設定に伴う誤差

　　2)　対象として取り上げなかった他の因子の水準のばらつきがもたらす影響

　　3)　特性値の測定誤差

などである。これらを総じて誤差と呼んでいる。

　分散分析、検定、推定では、この誤差に対する4つの仮定を基に解析を行っている。

　　①　独立性　：誤差は互いに独立である。

　　②　等分散性：誤差の母分散は一定である。どの要因でも誤差のばらつきは同じである。

　　③　不偏性　：誤差の期待値は0である。

　　④　正規性　：誤差は正規分布に従う。

である。

　①は、実験順序のランダム化で確保する。②は、実験を繰り返すことで分散分析を行う前に確認することが可能である。③, ④は、解析後、誤差の検討で統計的に確認することが可能である。なお、②〜④の仮定が若干くずれても、分散分析の結果には大きな影響がないといわれている。

　これらの仮定の確認を統計的に行うことも大切であり、「残差の検討（p.139）」で述べるが、実務では、「第1種の誤り」と「第2種の誤り」を考え、グラフなどを作成して、固有技術の観点から検討することが重要である。

● 解答 ●

(1)	(2)	(3)	(4)	(5)	(6)	(7)	(8)
カ	オ	ア	イ	エ	キ	ク	コ

実験の仕方（フィッシャーの3原則）

問題2 次の文章において、 _____ 内に入る最も適切なものを下欄の選択肢から選び、その記号を解答欄に記入せよ。ただし、各選択肢を複数回用いることはない。(6)、(7)、(8)は順不同でよい。

1) 誤差とは、真値と測定値（観測値）との差であり、実験計画では、実験誤差とも呼ばれる。この誤差は、原因や性質によって (1) と (2) に大別できる。

① (1) ：精度の概念に対応、確率的変動、ばらつき、測定精度を
   (Random error) 規定するものであり、 (3) 測定することで (4)
         を上げることができる。

② (2) ：正確度の概念に対応、かたより、バイアスであり原因
   (Systematic error) がわかれば取り除くことも可能である。また、サンプ
         リング、割付けなどをランダムにすることによって、
          (2) を (1) へ転化することが可能である。

2) 統計的方法の基準となるのは、データから推定される誤差である。ゆえに、誤った統計的判断をしないためには、この誤差を精度よく推定できるデータが得られる実験をすることである。その実験の場を次の3つの原則に従って管理することを、実験計画法の創始者 (5) は提唱した。

① (6)

② (7)

③ (8)

選択肢

ア. 反復   イ. 繰返し   ウ. 推定精度   エ. 系統誤差

オ. 偶然誤差   カ. 無作為化   キ. フィッシャー   ク. デミング

ケ. 局所管理   コ. シューハート

● **解答欄** ●

(1)	(2)	(3)	(4)	(5)	(6)	(7)	(8)

解 説

実験計画の3原則（フィッシャーの3原則）

① 反復（Replicatiom）の原理

　同じ処理の実験を同じ実験の場（同一条件）で反復することによって、誤差分散 σ^2 の評価を可能にする。データ数を多くすれば、精度と感度がよくなり、信頼性が増す。そして、実験結果のばらつきが偶然誤差によるばらつきなのか、あるいは処理の違いによって生じるのかを評価できるようになる。

② 無作為化（Randomization）の原理

　実験の場に対する処理の割付けを無作為に行うことによって、系統誤差を偶然誤差に転化し、データに伴う誤差を、確率変数として扱うことができるようになる。これを無作為化の原理という。

　無作為化は、データの統計的解析を可能にするために必須の前提条件であって、これが満たされないときには誤差に関する仮定が成り立たなかったり、処理効果と誤差との交絡が起こったりするおそれがある。無作為化は、場合によっては、二段、三段、…に分けて行われることもある。

③ 局所管理（Local control）の原理

　実験の場をいくつかの部分に分けてブロック（Block）と呼び、ブロック内で各処理を配置する（割付ける）場をプロット（Plot）と呼ぶ。ブロック間には系統的な差があってもよいが、ブロック内の偶然誤差を小さくできれば精度のよい実験となる。

　実験の場を適当なブロック因子により層別することによって、処理効果の比較の精度が向上する。これを小分けの原理または局所管理の原理といい、乱塊法配置の基礎となっている。

● 解答 ●

(1)	(2)	(3)	(4)	(5)	(6)	(7)	(8)
オ	エ	イ	ウ	キ	ア	カ	ケ

因子の種類・水準

問題3 次の文章において、□□□内に入る最も適切なものを下欄の選択肢から選び、その記号を解答欄に記入せよ。ただし、各選択肢を複数回用いることはない。

1) 特性要因図を使って特性（結果）と要因（原因）の関係を整理し、その結果判明した最も大きな影響のある要因を、主要因と呼んでいる。ここで実験計画法において影響の有無やその程度を知ろうとする要因を因子あるいは　(1)　という。

　　この因子の影響の程度を調べるために取り上げるいくつかの条件を　(2)　という。

　　例えば、強度に影響する因子に処理温度があり、その影響度を調べるために100 ℃, 200 ℃, 300 ℃と変化させる温度を　(2)　という。

2) この因子には、強度、温度、時間などのように　(2)　が連続値で表される計量的因子（定量的因子）と、計測器の種類、材料の種類などのように　(2)　が連続量で表せない計数的因子（定性的因子）に区別される。

3) また、因子には、次のような分類もある。

　A. 因子のもつ性質からの分類

　　① 　(3)　 ： 　(2)　 の効果に 　(4)　 のある因子
　　② 　(5)　 ： 　(2)　 の効果に 　(4)　 のない因子

　B. 目的による分類

　　① 　(6)　 ：最適水準を見出すことを目的としてとりあげる因子
　　② 　(7)　 ：他の因子の最適水準を見出すことを目的とする因子
　　③ 　(8)　 ：主効果のばらつきを知ることを目的とする因子
　　④ 　(9)　 ：実験の場の層別のためにとりあげられる因子

選択肢

ア．母数因子　　　イ．制御因子　　　ウ．標示因子　　　エ．水準
オ．変量因子　　　カ．集団因子　　　キ．実験因子　　　ク．再現性
ケ．ブロック因子　コ．交互作用

● 解答欄 ●

(1)	(2)	(3)	(4)	(5)	(6)	(7)	(8)	(9)

Keyword Explanation

水準、母数因子、変量因子、制御因子、標示因子、集団因子、ブロック因子

解 説

① 因子のもつ性質から分類する

母数因子：水準の効果に再現性のある因子

データの構造で、各水準の効果を未知母数（定数）と考える因子。各水準の母平均やその水準間での差を推定することに意味があり、水準平均値に再現性が要求される因子。制御因子や標示因子は通常母数因子である。

変量因子：水準の効果に再現性のない因子

データの構造で定数とは考えず、確率変数として扱うべき因子。したがって、水準平均値に再現性はなく、その偶然的ばらつきに関心をもつ因子。集団因子や誤差（因子）がこれに属する。

② 目的によって分類する

制御因子　　：実験によってその最適の水準を見出すことを目的としてとりあげる因子で、水準を指定し、選択することができる因子（母数因子としての性格をもつ）。

標示因子　　：因子についての最適水準を見出すこと自体を目的とするのではなく、その因子の水準ごとに他の因子（制御因子）の最適水準を見出すことを目的とする因子。すなわち、主効果よりは制御因子との間の交互作用についての情報を得ることを目的とする因子（化学反応における反応装置、製品の使用条件など）で、母数因子として解析される。

集団因子　　：実験でとりあげる水準を多数の水準の中からランダムに選ぶことによって、主効果のばらつきを知ることを目的とする因子で、変量因子の代表的なもの。

ブロック因子：実験の場の層別のためにとりあげられる因子で（乱塊法）、誤差のばらつきを小さくし、処理効果の比較の精度をよくすることを目的とする。母数因子として取り扱うのが適切な場合もあるが、ふつうは変量因子として取り扱われ、制御因子との間には交互作用はないと仮定される。

● 解答 ●

(1)	(2)	(3)	(4)	(5)	(6)	(7)	(8)	(9)
キ	エ	ア	ク	オ	イ	ウ	カ	ケ

一元配置実験

(問題4) 次のデータを、[   ]内に入る記号または数値を記入し、適切な分析をせよ。

特殊電子部品の消費電流を少なくする条件を探すために確認実験を 3 水準でランダムにデータをとった結果が次の表である。

なお、データは数値変換し、単位は省略している。

	データ x_{ij}				
A_1	5.2	7.6	8.0	5.8	3.4
A_2	1.0	1.3	1.7	3.4	—
A_3	2.7	3.0	3.8	2.5	—

このデータの因子 A は [(1)] 水準で、繰返しは水準によって異なっている。水準を i、繰返し数を j とすると、データ x_{ij} のデータの構造は、

$x_{ij} =$ [(2)   ]　(2)は記号式で答えよ

このデータから分散分析表を作成すると、下記の通りである。

分散分析表

要因	平方和 S	自由度 ϕ	平均平方 V	分散比 F_0
A	(3)	(6)	(9)	(11)
E	(4)	(7)	(10)	
計	(5)	(8)		

（F 分布表は、p.279 参照）

この結果、$F($ [(6)] , [(7)] ; 0.05$) =$ [(12)] と比較すると有意となる。

この最適条件は、値の低い方であるから [(13)] となる。

この最適条件での母平均の点推定値は、[(14)] となり、信頼率 95 ％の母平均の信頼限界は、[(15)] ～ [(16)] となる。

● 解答欄 ●

(1)	(2)		(3)	(4)	(5)	(6)	(7)

(8)	(9)	(10)	(11)	(12)	(13)	(14)	(15)	(16)

一元配置実験（一元配置分散分析）

解　説

一元配置法分散分析の手順を解説する。

手順1　データの構造式を示す。

$$x_{ij} = \mu + a_i + e_{ij}$$

μ：一般平均　　　a_i：因子 A の主効果（$i = 3$）　　　e_{ij}：誤差（$j = 3, 4$）

手順2　データのグラフ化と考察

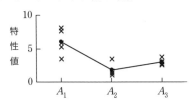

平均値とデータを打点する。
異常値はないか？
効果はあるか？
を考察する。

手順3　平方和を求めるための補助表を作成する。

	データ x_{ij}					$T_{i\bullet}$	$T_{i\bullet}^2$
A_1	5.2	7.6	8.0	5.8	3.4	30.00	900.00
A_2	1.0	1.3	1.7	3.4	—	7.40	54.76
A_3	2.7	3.0	3.8	2.5	—	12.00	144.00
						49.40	1098.76

	x_{ij}^2					$\sum x_{ij}^2$
A_1	27.04	57.76	64.00	33.64	11.56	194.00
A_2	1.00	1.69	2.89	11.56	—	17.14
A_3	7.29	9.00	14.44	6.25	—	36.98
						248.12

手順4　平方和を求める。

修正項　　　　　　$CT = \dfrac{T^2}{N} = \dfrac{49.40^2}{13} = 187.72$

総平方和　　　　　$S_T = \sum\sum x_{ij}^2 - CT = 248.12 - 187.72 = 60.40$

因子 A の平方和　$S_A = \sum \dfrac{T_{i\bullet}^2}{r_i} - CT$

$$= \dfrac{900.00}{5} + \dfrac{54.76}{4} + \dfrac{144.00}{4} - 187.72 = 41.97$$

誤差平方和　　　　$S_E = S_T - S_A = 60.40 - 41.97 = 18.43$

● 解答 ●

(1)	(2)			(3)	(4)	(5)	(6)	(7)
3	$\mu + a_i + e_{ij}$			41.97	18.43	60.40	2	10
(8)	(9)	(10)	(11)	(12)	(13)	(14)	(15)	(16)
12	20.985	1.843	11.386	4.10	A_2	1.85	0.338	3.362

手順5 　自由度を求める。

総平方和の自由度　　$\phi_T = N - 1 = 13 - 1 = 12$

因子 A の平方和の自由度　$\phi_A = ($因子 A の水準数$) - 1 = 3 - 1 = 2$

誤差平方和の自由度　　$\phi_E = \phi_T - \phi_A = 12 - 2 = 10$

手順6 　分散分析表を作成して有意性の判定を行う。

要因	平方和 S	自由度 ϕ	平均平方 V	分散比 F_0	分散の期待値 $E(V)$
A	41.97	2	20.985	11.386**	$\sigma_E^2 + r\,\sigma_A^2$
E	18.43	10	1.843		σ_E^2
計	60.40	12			

$F(\phi_A, \phi_E ; \alpha)$ で有意性の判定を行い、5 ％有意のとき、分散比 F の値の右上に*、1 ％有意では ** と記入されることがある。（F 分布表は、p.279 ～ p.281 参照）

$F(2, 10 ; 0.05) = 4.10, F(2, 10 ; 0.01) = 7.56$

おまけ：分散分析表の右端の欄に参考として分散の期待値を記入しておく。

手順7 　最適条件における母平均の点推定をする。

有意と判定ができれば、最適条件における母平均の点推定をする。

本問では、最適条件は値が低い方であるから、手順3で作成した補助表の各水準の合計 $T_{i\bullet}$ の値、最も低い値の A_2 が最適水準となる。

$$\hat{\mu}(A_i) = \frac{T_{i\bullet}}{r_i} \Rightarrow \hat{\mu}(A_2) = \frac{7.4}{3} = 2.47$$

手順8 　最適条件における母平均の信頼率 95 ％の区間推定をする。

$$\hat{\mu}(A_i) \pm t(\phi_E, \alpha) \sqrt{\frac{V_E}{r_i}}$$

$$\hat{\mu}(A_2) \pm t(10, 0.05) \sqrt{\frac{1.843}{4}} = 1.85 \pm 2.228\sqrt{0.46075} = 1.85 \pm 1.512$$

$$\hat{\mu}_L(A_2) = 0.338 \qquad \hat{\mu}_U(A_2) = 3.362$$

おまけ：個々のデータの予測

$$\hat{\mu}(A_i) \pm t(\phi_E, \alpha) \sqrt{\left(1 + \frac{1}{r_i}\right) V_E}$$

$$\hat{\mu}(A_2) \pm t(10, 0.05) \sqrt{\left(1 + \frac{1}{4}\right) \times 1.843} = 1.85 \pm 2.228\sqrt{2.30375} = 1.85 \pm 3.382$$

Extra in 2nd class,
but it is necessary in practice.

Who-hoo-hoo

数字、記号が不得意な人のために

1) 一元配置法の分散分析の検定の仮説

帰無仮説（H_0）： 因子 A の効果はない

（A の水準を変えても特性値は同じである）

対立仮説（H_1）： 因子 A の効果はある

（A の水準を変えて特性値を変えられる）

2) 分散分析の平方和の求め方

2乗と呼ぶ
（データの総和）×（データの総和）

修正項（CT）$=\dfrac{（データの総和）^2}{（データの総数）}=\dfrac{（データの総和）×（データの総和）}{（データの総数）}$

総平方和（S_T）＝（データの2乗の総和）－（修正項）

因子 A の平方和（S_A）（級間平方和ともいう）

因子 A の平方和（S_A）$=\dfrac{（各水準のデータ和）^2}{（各水準のデータ数）}$ の合計－（修正項）

誤差平方和（S_E）（級内平方和ともいう）

誤差平方和（S_E）＝総平方和（S_T）－因子 A の平方和（S_A）

3) 自由度の求め方

総平方和の自由度（ϕ_T）＝（データの総数）－1

因子 A の平方和の自由度（ϕ_A）＝（A の水準数）－1

誤差平方和の自由度（ϕ_E）＝総平方和の自由度（ϕ_T）－因子 A の平方和の自由度（ϕ_A）

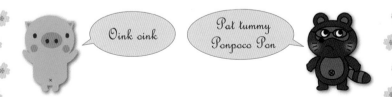

Oink oink

Pat tummy
Ponpoco Pon

二元配置実験

問題5 次のデータを、 [ ] 内に入る記号または数値を記入し、適切な分析をせよ。

因子 A を3水準、因子 B を2水準、繰返し2回の実験結果が次の表である。

	A_1	A_2	A_3
B_1	8.3 7.8	9.7 10.1	9.3 8.8
B_2	7.4 6.9	8.2 8.4	7.1 7.6

データの構造式は、$x_{ij} =$ [(1)] となる。 (1)は記号式で答えよ。

分散分析表を作成する。（F 分布表は p.279 参照）

分散分析表 I

要　因	平方和 S	自由度 ϕ	平均平方 V	分散比 F_0	$F(0.05)$
A	(2)	(7)	(12)	(16)	(19)
B	(3)	(8)	(13)	(17)	(20)
$A \times B$	(4)	(9)	(14)	(18)	(21)
E	(5)	(10)	(15)		
計	(6)	(11)			

主効果 A, B は共に有意である。交互作用 $A \times B$ は有意ではなく、F_0 値も小さいことから無視できるので、誤差にプーリング（Pooling）する。

この場合のデータの構造式は、$x_{ij} =$ [(22)] となる。

(22)は記号式で答えよ

プーリングした分散分析表を作成する。

分散分析表 II

要　因	平方和 S	自由度 ϕ	平均平方 V	分散比 F_0	$F(0.05)$
A	(23)	(27)	(31)	(34)	(36)
B	(24)	(28)	(32)	(35)	(37)
E'	(25)	(29)	(33)		
計	(26)	(30)			

● 解答欄省略 ●

114

解説&解答

　二元配置法は、繰返しなしと繰返しありの2通りあるが、繰返しなしは繰返し回数を
1とすればよいので、繰返しありの事例の問題と解説にした。

　下記に問題の解答を示し、解説をする。

　データの構造式　$\boxed{(1)}$　は、

$$x_{ijk} = \mu + a_i + b_j + (ab)_{ij} + e_{ijk}$$

分散分析表Ⅰ　（ $\boxed{(2)}$ ～ $\boxed{(21)}$ は下表）

要　因	平方和 S	自由度 ϕ	平均平方 V	分散比 F_0	$F(0.05)$
A	4.56	2	2.28	22.8	5.14
B	5.88	1	5.88	58.8	5.99
$A \times B$	0.38	2	0.19	1.9	5.14
E	0.60	6	0.10		
計	11.42	11			

（F 分布表は p.281 ～ p.283 参照）

　プーリング後のデータの構造式　$\boxed{(22)}$　は、$x_{ijk} = \mu + a_i + b_j + e_{ijk}{}'$

分散分析表Ⅱ　（ $\boxed{(23)}$ ～ $\boxed{(37)}$ は下表）

要　因	平方和 S	自由度 ϕ	平均平方 V	分散比 F_0	$F(0.05)$
A	4.56	2	2.28	18.61**	4.46
B	5.88	1	5.88	48.0**	5.32
E'	0.98	8	0.1225		
計	11.42	11			

If you can be done so smoothly,
the method will pass.

Pat tummy Ponpoco Pon

「二元配置法繰返しあり」の場合の分散分析の手順を解説する。一元配置と基本的には同じである。

手順1　データの構造式を示す。

$$x_{ijk} = \mu + a_i + b_j + (ab)_{ij} + e_{ijk}$$

制約式：$\displaystyle\sum_{i=1}^{l} a_i = 0 \qquad \sum_{j=1}^{m} b_j = 0 \qquad \sum_{i=1}^{l} (ab)_{ij} = \sum_{j=1}^{m} (ab)_{ij} = 0$

$e_{ijk} \sim N(0,\ \sigma^2)$（記号 $\sim$ は従うの意）

手順2　データのグラフ化と考察。

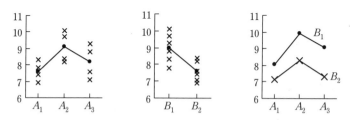

因子 A、因子 B 共に効果はありそうであり、交互作用 $A \times B$ は判然としない。また、異常値もなく等分散であると思われる。

手順3　R 表を用いた等分散性の確認（繰返しがない場合は対象外）。

データの繰返しの最大値−最小値で範囲 R を求める。

R 表			
B ＼ A	A_1	A_2	A_3
B_1	0.5	0.4	0.5
B_2	0.5	0.2	0.5

R の平均 $\bar{R}$ を求める。
R 管理図の係数表（p.92 参照）の D_4 を用いて $D_4\bar{R}$ の値と各 R の値を比較して簡易的に等分散か確認をする。

$$\bar{R} = \frac{\sum R}{lm} = \frac{0.5 + 0.4 + 0.5 + 0.5 + 0.2 + 0.5}{3 \times 2} = 0.433$$

R を求めたデータの数は2であるから、$n = 2$ の D_4 は R 管理図の係数表より 3.267 である。

$$D_4\bar{R} = 3.267 \times 0.433 = 1.415$$

であり、すべての R は 1.415 以下であり、等分散とみなせる。

手順4　平方和を求めるための補助表を作成する。

二元表 ($T_{ij\bullet}$)

B ＼ A	A_1	A_2	A_3	$T_{\bullet j\bullet}$	$T_{\bullet j\bullet}^{\ 2}$
B_1	16.1	19.8	18.1	54.0	2916.00
B_2	14.3	16.6	14.7	45.6	2079.36
$T_{i\bullet\bullet}$	30.4	36.4	32.8	99.6	4995.36
$T_{i\bullet\bullet}^{\ 2}$	924.16	1324.96	1075.84	3324.96	9920.16

$x_{ijk}^{\ 2}$ 表

B ＼ A	A_1	A_2	A_3	計
B_1	68.89	94.09	86.49	489.76
	60.84	102.01	77.44	
B_2	54.76	67.24	50.41	348.34
	47.61	70.56	57.76	
計	232.10	333.90	272.10	838.10

二元表 ($T_{ij\bullet}^{\ 2}$)

B ＼ A	A_1	A_2	A_3	$\sum T_{\bullet j\bullet}^{\ 2}$
B_1	259.2	392.0	327.6	978.86
B_2	204.5	275.6	216.1	696.14
$\sum T_{i\bullet\bullet}^{\ 2}$	463.7	667.6	543.7	1675.00

手順5　平方和を求める。

修正項　　　　$CT = \dfrac{T^2}{N} = \dfrac{99.6^2}{12} = 826.68$

総平方和　　　$S_T = \sum\sum\sum x_{ijk}^{\ 2} - CT = 838.10 - 826.68 = 11.42$

因子 A の平方和　$S_A = \sum \dfrac{T_{i\bullet\bullet}^{\ 2}}{mr} - CT = \dfrac{3324.96}{2 \times 2} - 826.68 = 4.56$

因子 B の平方和　$S_B = \sum \dfrac{T_{\bullet j\bullet}^{\ 2}}{lr} - CT = \dfrac{4995.36}{3 \times 2} - 826.68 = 5.88$

級間平方和　　$S_{AB} = \sum \dfrac{T_{ij\bullet}^{\ 2}}{r} - CT = \dfrac{1675.00}{2} - 826.68 = 10.82$

交互作用の平方和

$$S_{A \times B} = S_{AB} - S_A - S_B = 10.82 - 4.56 - 5.88 = 0.38$$

誤差平方和　　$S_E = S_T - S_{AB} = 11.42 - 10.82 = 0.6$

手順6　自由度を求める。

$$\text{総平方和の自由度} \qquad \phi_T = lmr - 1 = 12 - 1 = 11$$
$$\text{因子 } A \text{ の平方和の自由度} \qquad \phi_A = l - 1 = 3 - 1 = 2$$
$$\text{因子 } B \text{ の平方和の自由度} \qquad \phi_B = m - 1 = 2 - 1 = 1$$
$$\text{交互作用 } A \times B \text{ の平方和の自由度} \qquad \phi_{A \times B} = \phi_A \times \phi_B = 2 \times 1 = 2$$
$$\text{誤差平方和の自由度} \quad \phi_E = \phi_T - \phi_A - \phi_B - \phi_{A \times B} = 11 - 2 - 1 - 2 = 6$$

手順7　分散分析表 I を作成して有意性の判定を行う。

分散分析表 I

要　因	平方和 S	自由度 ϕ	平均平方 V	分散比 F_0	分散の期待値 $E(V)$
A	4.56	2	2.28	22.8**	$\sigma_E^2 + mr\sigma_A^2$
B	5.88	1	5.88	58.8**	$\sigma_E^2 + lr\sigma_B^2$
$A \times B$	0.38	2	0.19	1.9	$\sigma_E^2 + r\sigma_{A \times B}^2$
E	0.60	6	0.10		σ_E^2
計	11.42	11			

（F 分布表は、p.279 ～ p.281 参照）

$F(2, 6 ; 0.05) = 5.14$　$F(2, 6 ; 0.01) = 10.9$　$F(1, 6 ; 0.05) = 5.99$　$F(1, 6 ; 0.01) = 13.7$
因子 A, B 共に高度に優位である。交互作用 $A \times B$ は、有意とはならなかった。

(注記)　プーリングに関しては、実験に対する考え方、固有技術からの視点など様々な考え方ができるので、プーリングするか否かの判断に関しては解説しない。

　次にプーリングしたときとしなかったときの統計的な解析方法を解説する。

・プーリングしない場合は、上記手順7で終了し、推定を行う。

・プーリングする場合は、次の手順8へ進む。

(注記)　主効果のプーリングは、交互作用をプーリングしない場合、交互作用に含まれる因子はプーリングしないこと。例えば、$A \times B$ を残して、A をプーリングしてはならない。

(参考)　二元配置繰返しありの分散分析において交互作用をプーリングした場合、繰返しなしの結果と同じになる。さらに、交互作用と、主要因の2因子の1つをプーリングして主要因を1つのみを残した場合は、一元配置分散分析と同じ結果である。

手順8　交互作用 $A \times B$ をプーリングする場合。

交互作用 $A \times B$ をプーリングした場合のデータの構造式

$$x_{ijk} = \mu + a_i + b_j + e_{ijk}' \leftarrow プーリングした誤差を示すために \text{ }' \text{ を付ける。}$$

分散分析表Ⅱ

要　因	平方和 S	自由度 ϕ	平均平方 V	分散比 F_0	分散の期待値 $E(V)$
A	4.56	2	2.28	18.61**	$\sigma_E^2 + mr\sigma_A^2$
B	5.88	1	5.88	48.0**	$\sigma_E^2 + lr\sigma_B^2$
E'	0.98	8	0.1225		σ_E^2
計	11.42	11			

$F(2, 8 ; 0.05) = 4.56$　$F(2, 8 ; 0.01) = 8.65$　$F(1, 8 ; 0.05) = 5.32$　$F(1, 8 ; 0.01) = 11.3$
因子 A, B 共に高度に有意である。

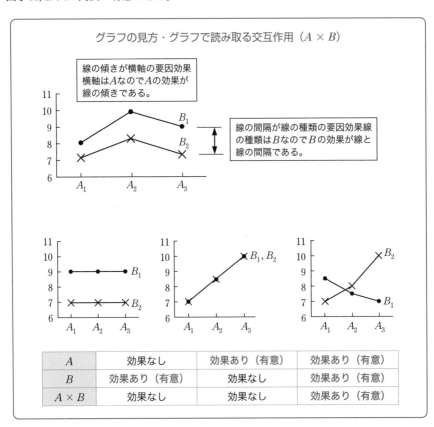

二元配置実験からの推定

問題6　次の文章において　　　　内に入る数値を求めよ。

　問題5の結果を受けて、値が最も大きくなる場合を最適条件として、最適条件での母平均の点推定と信頼率95%の信頼区間を、次の　　　　内に入る記号または数値を記入して推定せよ。

交互作用 $A \times B$ をプーリングした結果で推定を行う。

手順1　最適条件を求める。

データの構造式から

$$\hat{\mu}(A_i B_j) = \mu + a_i + b_j = \boxed{\text{(1)}} + \boxed{\text{(2)}} - \boxed{\text{(3)}}$$

値が最も大きくなる場合の最適条件は、$\boxed{\text{(4)}}$ である。

手順2　最適条件での点推定をする。

$$\hat{\mu}(\boxed{\text{(4)}}) = \boxed{\text{(5)}} + \boxed{\text{(6)}} - \boxed{\text{(7)}} = \boxed{\text{(8)}}$$

手順3　母平均の信頼率95%の区間推定をする。

伊那の式

$$\frac{1}{n_e} = \frac{1}{\boxed{\text{(9)}}} + \frac{1}{\boxed{\text{(10)}}} - \frac{1}{\boxed{\text{(11)}}}$$

$$= \frac{1}{\boxed{\text{(12)}}} + \frac{1}{\boxed{\text{(13)}}} - \frac{1}{\boxed{\text{(14)}}} = \frac{1}{\boxed{\text{(15)}}}$$

$$\hat{\mu}(A_i B_j) \pm t(\boxed{\text{(16)}}, 0.05)\sqrt{\frac{\boxed{\text{(17)}}}{n_e}}$$

$$\hat{\mu}(\boxed{\text{(4)}}) \pm t(\boxed{\text{(18)}}, 0.05)\sqrt{\frac{\boxed{\text{(19)}}}{\boxed{\text{(15)}}}}$$

$$\boxed{\text{(8)}} \pm \boxed{\text{(20)}} \times \boxed{\text{(21)}}$$

$$\hat{\mu}_L(\boxed{\text{(4)}}) = \boxed{\text{(22)}} \qquad \hat{\mu}_U(\boxed{\text{(4)}}) = \boxed{\text{(23)}}$$

● 以下の解答欄は省略 ●

(1), (2), (3), (4), (9), (10), (11), (16), (17)は記号または記号式

(5), (6), (7), (8), (12), (13), (14), (15), (18), (19), (20), (21), (22), (23) は数値

解 説

① 交互作用 A×B をプーリングした場合

手順1 　最適条件を求める。

交互作用 $A \times B$ をプーリングした結果で、推定のためのデータの構造式は、以下の通りである。

$$x_{ijk} = \mu + a_i + b_j + e_{ijk}'$$

$$\hat{\mu}(A_i B_j) = \mu + a_i + b_j = \overset{(1)}{\boxed{\widehat{\mu + a_i}}} + \overset{(2)}{\boxed{\widehat{\mu + b_j}}} - \overset{(3)}{\boxed{\hat{\mu}}} = \bar{x}_{i\bullet\bullet} - \bar{x}_{\bullet j\bullet} - \bar{\bar{x}}$$

$$= \frac{T_{i\bullet\bullet}}{mr} + \frac{T_{\bullet j\bullet}}{lr} - \frac{T_{\bullet\bullet\bullet}}{lmr}$$

ゆえに、二元表 (T_{ij}) の A の水準毎の合計 $T_{i\bullet\bullet}$ の中で最も値の大きい水準は A_2 である。また、同様にして B は $T_{\bullet j\bullet}$ の中で最も値の大きい水準は、B_1 であるので、最適条件は、$\overset{(4)}{\boxed{A_2 B_1}}$ となる。

手順2 　母平均の点推定をする。

$$\hat{\mu}\left(\overset{(4)}{\boxed{A_2 B_1}}\right) = \frac{T_{2\bullet\bullet}}{2 \times 2} + \frac{T_{\bullet 1\bullet}}{3 \times 2} - \frac{T}{3 \times 2 \times 2} = \frac{36.4}{4} + \frac{54.0}{6} - \frac{99.6}{12}$$

$$= \overset{(5)}{\boxed{9.1}} + \overset{(6)}{\boxed{9.0}} - \overset{(7)}{\boxed{8.3}} = \overset{(8)}{\boxed{9.8}}$$

手順3 　母平均の信頼率95 % の区間推定をする。

$A \times B$ をプーリングしているので有効反復数 n_e を伊那の式で求める。

$$\frac{1}{n_e} = \frac{1 + m - 1}{lmr} = \overset{(9)}{\frac{1}{\boxed{mr}}} + \overset{(10)}{\frac{1}{\boxed{lr}}} - \overset{(11)}{\frac{1}{\boxed{lmr}}}$$

$$= \overset{(12)}{\frac{1}{\boxed{2 \times 2}}} + \overset{(13)}{\frac{1}{\boxed{3 \times 2}}} - \overset{(14)}{\frac{1}{\boxed{3 \times 2 \times 2}}} = \overset{(15)}{\frac{1}{\boxed{3}}}$$

$$\hat{\mu}(A_i B_j) \pm t\left(\overset{(16)}{\boxed{\phi_{E'}}}, 0.05\right)\sqrt{\frac{\overset{(17)}{\boxed{V_{E'}}}}{n_e}}$$

$$\hat{\mu}\left(\overset{(4)}{\boxed{A_2 B_1}}\right) \pm t\left(\overset{(18)}{\boxed{8}}, 0.05\right)\sqrt{\frac{\overset{(19)}{\boxed{0.1225}}}{\overset{(15)}{\boxed{3}}}}$$

$$\overset{(8)}{\boxed{9.8}} \pm \overset{(20)}{\boxed{2.306}} \times \overset{(21)}{\boxed{0.202}}$$

$$\hat{\mu}_L\left(\overset{(4)}{\boxed{A_2 B_1}}\right) = \overset{(22)}{\boxed{9.33}} \qquad \hat{\mu}_U\left(\overset{(4)}{\boxed{A_2 B_1}}\right) = \overset{(23)}{\boxed{10.27}}$$

② 交互作用 A×B をプーリングしない場合

手順1　最適条件を求める。

交互作用 $A \times B$ をプーリングしない場合、推定のためのデータの構造式は、$x_{ijk} = \mu + a_i + b_j + (ab)_{ij} + e_{ijk}$ であり、最初の構造式と同じである。

$$\hat{\mu}(A_i B_j) = \overline{\mu + a_i + b_j + (ab)_{ij}} = \bar{x}_{ij\bullet}$$

$$= \frac{T_{ij\bullet}}{r}$$

ゆえに、二元表 $(T_{ij\bullet})$ の中で最も値の大きい組み合わせは $A_2 B_1$ である。

手順2　母平均の点推定をする。

$$\hat{\mu}(A_2 B_1) = \frac{T_{21\bullet}}{2} = \frac{19.8}{2} = 9.9$$

手順3　母平均の母平均の信頼率 95 % の区間推定をする。

$$\hat{\mu}(A_i B_j) \pm t(\phi_E, 0.05)\sqrt{\frac{V_E}{r}}$$

$$\hat{\mu}(A_2 B_1) \pm t(6, 0.05)\sqrt{\frac{0.1}{2}}$$

$9.9 \pm 2.447 \times 0.2236$

$9.9 \pm 0.547 \Rightarrow \hat{\mu}_L(A_2 B_1) = 9.35 \qquad \hat{\mu}_U(A_2 B_1) = 10.45$

What is the difference between with and without pooling?

Pat tummy Ponpoco Pon

Watch the "2 element table".

Oink oink

有効反復数を求める方法

伊那の式と田口の式

「統計量の分布」（p.43）の解説で述べた通り。

平均値 $\bar{x}_0 (= \hat{\mu})$ の分布は、$\sigma_0 \rightarrow \sigma_{\bar{x}_0} = \dfrac{\sigma}{\sqrt{n}}$ である。

平均値の分布のばらつきは、データの個数（n）で異なる。

区間推定は、推定するデータの個数に影響されることは上記式、およびそれぞれの推定式から理解できる。

そこでいくつかの平均を組み合わせて求めた推定では、それが何個のデータから求めたのか？　何個に対応するものなのかを考える。

この何個に相当するかを有効反復数 n_e と呼ぶ。これを求める公式として、伊那の式と田口の式がある。

伊那の式は、

$$\frac{1}{n_e} = （点推定の式に用いられている平均の偶数の和）$$

二元配置実験の問題 6 の解説（p.121）、①交互作用 $A \times B$ をプーリングした場合を参照。

これを田口の式で求めると、

$$\frac{1}{n_e} = \frac{1 + （点推定で用いた要因の自由度の和）}{総データ数}$$

$A \times B$ をプーリングしているので、点推定には要因 A と要因 B の 2 要因の自由度であるから、

$$\frac{1}{n_e} = \frac{1 + (\phi_A + \phi_B)}{N}$$

$$= \frac{1 + (2 + 1)}{12}$$

$$= \frac{1}{3}$$

となり、伊那の式で求めた結果と一致する。

実験計画法を本書で学ばれる読者のために

分散分析（ANOVA：Analysis of variance）とは、データのばらつきを分散で表して、その分散をデータの構造に基づいて分解し、誤差と比較するデータ解析法である。

① 実験計画、分散分析で用いられる主な用語の解説

a. 因子（Factor）

特性（結果）に影響を与える原因を要因と呼んでいる。この要因の中で実験で取り上げ、分散分析に用いる要因を因子と呼ぶ。

b. 水準（Level）

因子による影響を調べるために取り上げる条件、例えば、温度、電圧、機械の種類などである。

c. 水準数（Level number）

水準の数。例えば、温度を 100 ℃, 150 ℃, 200 ℃で実験した場合の水準数は 3 である。

d. 主効果（Main effect）

他の因子、他の水準に影響されない部分の効果、因子水準固有の効果。

e. 交互作用（Interaction effect）

2 因子以上の組み合わせで得られる結果。

② 実験計画、分散分析の種類（取り上げる因子数による分類）

a. 一元配置法（One-way ANOVA）

b. 二元配置法（Two-way ANOVA）

c. 三元配置法（Three-way ANOVA）

（注記）　三元配置法以上は多元配置法と呼ばれる。

③ 分散分析における仮説

「1-4　計量値の検定と推定」における統計的仮説検定は、1 つあるいは 2 つの母集団の比較であった。これに対して分散分析は、3 つ以上の母集団の比較に用いる検定で、「母平均の一様性の検定」といえる。

そこで、帰無仮説と対立仮説は次のようになる。

帰無仮説　$H_0：\mu_1 = \mu_2 = \mu_3 = \cdots\cdots = \mu_l$（$l$ 個の母集団）

「すべての母平均は同じである」

対立仮説　$H_1：$「1 つでも異なった母平均がある」

124

1-9 相関分析と単回帰分析

キーワード	自己チェック
相関係数	
系列相関（大波の相関，小波の相関など）	
母相関係数の検定と推定	
単回帰式の推定	
分散分析	
残差の検討【定義と基本的な考え方】	

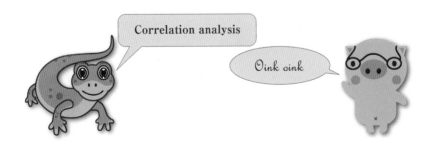

Correlation analysis

Oink oink

相関係数

問題1 次の ☐ 内に入る記号または数値を記入して相関係数を求めよ。

　ある物質の含有量と強度の関係を調べるために下記のデータを得た。データは数値変換し、単位は省略している。

データ&計算補助表

No.	x	y	x^2	y^2	xy	No.	x	y	x^2	y^2	xy
1	8	17	64	289	136	9	8	22	64	484	176
2	9	24	81	576	216	10	6	18	36	324	108
3	11	24	121	576	264	11	5	17	25	289	85
4	5	12	25	144	60	12	7	18	49	324	126
5	10	20	100	400	200	13	7	14	49	196	98
6	5	14	25	196	70	14	9	21	81	441	189
7	11	26	121	676	286	15	6	14	36	196	84
8	10	25	100	625	250	16	10	22	100	484	220
						合計	127	308	1077	6220	2568

相関係数の計算

　手順1　x, y, x^2, y^2, xy それぞれの合計を求める。

　手順2　平方和および積和を求める。

$$S_{xx} = \boxed{(1)}$$
$$S_{yy} = \boxed{(2)}$$
$$S_{xy} = \boxed{(3)}$$

　手順3　相関係数 r を求める。

$$r = \boxed{(4)}$$

Are we lover relationships?
Oink oink

Good relationship.
Pat tummy
Ponpoco Pon

● 解答欄 ●

(1)	(2)	(3)	(4)

126

解説

2種類のデータの関係を相関関係といい、2種類のデータの関係を表した図が散布図である。

相関係数は r で表し、データから求める値で $-1 \sim 0 \sim +1$ の値となり、$r = 0$ が無相関で、記号の正／負は，点のちらばりの傾きが表され、数値の大きさが相関の強さ（点のちらばりの程度）を表している。

問題としていないが、実務においては、相関係数を求める前に、必ず散布図を作成することが重要である。本問の散布図は右図の通りである。

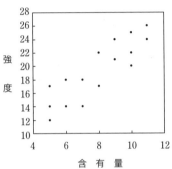

相関係数の計算

手順1　x, y, x^2, y^2, xy それぞれの合計を求める。

データは x と y であり、計算補助表を使って x^2, y^2, xy とそれぞれの合計を求める。

手順2　平方和および積和を求める。

$$S_{xx} = \sum (x - \bar{x})^2 = \sum x^2 - \frac{\left(\sum x \right)^2}{n} = 1077 - \frac{127^2}{16} = 68.9375 \rightarrow 68.94$$

$$S_{yy} = \sum (y - \bar{y})^2 = \sum y^2 - \frac{\left(\sum y \right)^2}{n} = 6220 - \frac{308^2}{16} = 291$$

$$S_{xy} = \sum (x - \bar{x})(y - \bar{y}) = \sum xy - \frac{\left(\sum x \right)\left(\sum y \right)}{n} = 2568 - \frac{127 \times 308}{16} = 123.25$$

手順3　相関係数 r を求める。

$$r = \frac{S_{xy}}{\sqrt{S_{xx} S_{yy}}} = \frac{123.25}{\sqrt{68.94 \times 291}} = 0.870$$

● 解答 ●

(1)	(2)	(3)	(4)
68.94	291	123.25	0.870

問題2 問題1（相関係数）のデータを用いて、$x,\ y$ それぞれの折れ線グラフにメディアン線を引き、次の ＿＿＿＿ 内に入る記号または数値を記入して、大波の相関検定をせよ。

手順1 $x,\ y$ それぞれの折れ線グラフを作成する。（問題1（相関係数）のデータで作成）

手順2 折れ線グラフそれぞれにメディアン線を引く。

手順3 メディアン線の上側の点を「＋」、メディアン線上は「0」を、メディアン線の下側の点を「−」として下記表に記入する。

手順4 2つの結果の和を求める。積の「＋」の数を n_+ 、「−」の数を n_- とする。

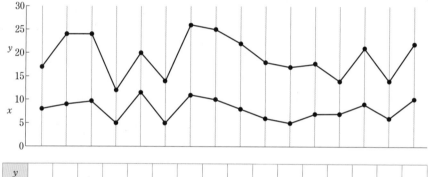

y																
x																
積																

手順5 $N = n_+ + n_-$ を求めて、符号検定表の N と有意水準に対する数値を比較して判定する。（符号検定表は巻末 p.276 を参照）

$n_+ = \boxed{\quad(1)\quad}$, $n_- = \boxed{\quad(2)\quad}$

$N = n_+ + n_- = \boxed{\quad(3)\quad}$ の有意水準 0.05（5 %）の判定数は、$\boxed{\quad(4)\quad}$ である。n_+ と n_- の小さい方の数は、$\boxed{\quad(5)\quad}$ で、判定数 $\boxed{\quad(4)\quad}$ より小さいので、相関が $\boxed{\quad(6)\quad}$ と判断できる。

（6）は「ある」、「ない」のどちらかを記入

● **解答欄** ●

(1)	(2)	(3)	(4)	(5)	(6)

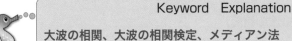

解説

手順2以降を下記に示す。折れ線グラフそれぞれにメディアン線を引く（下図参照）。

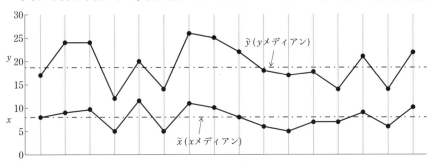

手順3、4の結果の表

y	−	+	+	−	+	−	+	+	+	−	−	−	−	+	−	+
x	0	+	+	−	+	−	+	+	0	−	−	−	−	+	−	+
積	0	+	+	+	+	+	+	+	0	+	+	+	+	+	+	+

積より、$n_+ = 14$, $n_- = 0$ である。

手順5　$N = n_+ + n_-$ を求めて、符号検定表の N と有意水準に対する数値を比較して判定する。（符号検定表は巻末 p.276 を参照）

　　　$n_+ = 14$, $n_- = 0$

　　　$N = n_+ + n_- = 14 + 0 = 14$ の有意水準 0.05（5%）の判定数は、2である。
n_+ と n_- の小さい方の数は、0で、判定数2より小さいので、相関があると判断できる。

● 解答 ●

(1)	(2)	(3)	(4)	(5)	(6)
14	0	14	2	0	**ある**

系列相関（小波の相関）

問題3 問題1（相関係数）のデータを用いて、x, y それぞれの折れ線グラフを作成して、次の □ 内に入る記号または数値を記入して、小波の相関検定をせよ。

手順1　x, y それぞれの折れ線グラフを作成する。

手順2　それぞれのグラフで直前の値と比較して大きければ「＋」、小さければ「−」、同じ値であれば「0」と下記表に記入する。

手順3　2つの結果の和を求める。積の「＋」の数を n_+、「−」の数を n_- とする。

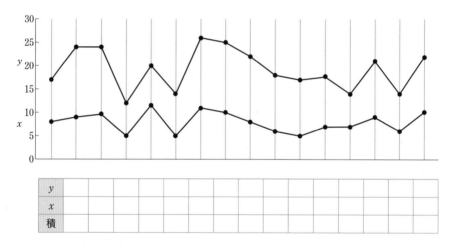

y													
x													
積													

手順4　$N = n_+ + n_-$ を求めて、符号検定表の N と有意水準に対する数値を比較して判定する。（符号検定表は巻末 p.276 を参照）

$$n_+ = \boxed{(1)}, \quad n_- = \boxed{(2)}$$

$N = n_+ + n_- = \boxed{(3)}$ の有意水準 0.05（5 ％）の判定数は、$\boxed{(4)}$ である。n_+ と n_- の小さい方の数は、$\boxed{(5)}$ で、判定数 $\boxed{(4)}$ より小さいので、相関が $\boxed{(6)}$ と判断できる。

(6)は「ある」、「ない」のどちらかを記入

● 解答欄 ●

(1)	(2)	(3)	(4)	(5)	(6)

解 説

大波の相関検定では、それぞれのメディアン線の上下の点（データ）の数で判定したが、小波の相関検定は、それぞれの直前の点（データ）との比較したときの記号とその数での判定を行う。

手順2以降を下記に示す。

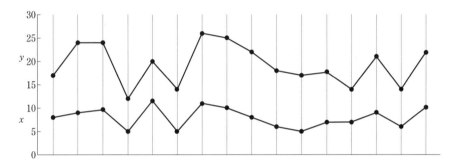

y	+	0	−	+	−	+	−	−	−	−	+	−	+	−	+
x	+	+	−	+	−	+	−	−	−	−	+	0	+	−	+
積	+	0	+	+	+	+	+	+	+	+	+	0	+	+	+

積より、$n_+ = 13,\ n_- = 0$ である。

手順4　$N = n_+ + n_-$ を求めて、符号検定表の N と有意水準に対する数値を比較して判定する。（符号検定表は巻末 p.276 を参照）

$n_+ = 13,\ n_- = 0$

$N = n_+ + n_- = 13 + 0 = 13$ の有意水準 0.05（5 %）の判定数は、2 である。

n_+ と n_- の小さい方の数は、0 で、判定数 2 より小さいので、相関があると判断できる。

● 解答 ●

(1)	(2)	(3)	(4)	(5)	(6)
13	0	13	2	0	ある

母相関係数の検定と推定

問題4 次の 内に入る記号または数値を記入して、問題1で求めた相関係数について無相関の検定と母相関係数の推定をせよ。

無相関の検定（相関係数の有意性の検定）

手順1　仮説の設定

$H_0 :$ (1) ⑴は記号式を解答欄に記入

$H_1 :$ (2) ⑵は記号式を解答欄に記入

手順2　有意水準と棄却域の決定　$\alpha = 0.05$

$R : |r| \geq r(n - 2, \alpha) = r($ (3) $, 0.05)$

手順3　検定統計量の計算

相関係数 r は問題1で求めた、0.870 である。

手順4　判定

$r(n - 2, \alpha)$ は r 表（巻末 p.282）参照

0.870 (4) $r($ (3) $, 0.05) =$ (5)

⑷は「＞」または「＜」を解答欄に記入

ある物質の含有量と強度の関係は、正の相関関係があるといえる。

母相関係数の推定

手順1　点推定

$\hat{\rho} = r =$ (6)

手順2　区間推定（z 変換図表は、p.283 参照）

r を (7) 変換して (7) を求めると (8) となる。

この区間推定を行うと

$z_L =$ (9) 　　　$z_U =$ (10)

これを元に戻して相関係数の形として

$r_L =$ (11) 　　　$r_U =$ (12)

> Z conversion requires scientific calculator, therefore, the Z conversion chart is used.
>
> *Pat tummy Ponpoco Pon*

● 解答欄 ●

(1)	(2)	(3)	(4)	(5)	(6)	(7)	(8)	(9)	(10)	(11)	(12)

母相関係数の検定と推定、z 変換

解 説

① 無相関の検定

手順1 仮説の設定

$$H_0 : \rho = 0 \qquad H_1 : \rho \neq 0$$

> Extra in 2nd class, but it is necessary in practice.
>
> Who-hoo-ho

手順2 有意水準と棄却域の決定 $\alpha = 0.05$

$$R : |r| \geq r(n-2, \alpha) = r(14, 0.05) = 0.4973$$

手順3 検定統計量の計算

相関係数 r は問題1で求めた、0.870 である。

手順4 判定

$$0.870 > r(14, 0.05) = 0.4973$$

H_0 は棄却され、ある物質の含有量と強度には、正の相関関係があるといえる。

(注記) t 表を用いる方法

$$R : |t_0| \geq r(n-2, \alpha) \qquad t_0 = \frac{r\sqrt{n-2}}{\sqrt{1-r^2}} \text{ で行ってもよい。}$$

② 母相関係数の推定

手順1 点推定

$$\hat{\rho} = r = 0.870$$

手順2 区間推定（z 変換図表は、p.283 参照）

$r = \underline{0.870}$ を z 変換する $z = 1.333$

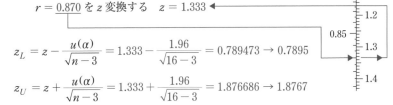

$$z_L = z - \frac{u(\alpha)}{\sqrt{n-3}} = 1.333 - \frac{1.96}{\sqrt{16-3}} = 0.789473 \to 0.7895$$

$$z_U = z + \frac{u(\alpha)}{\sqrt{n-3}} = 1.333 + \frac{1.96}{\sqrt{16-3}} = 1.876686 \to 1.8767$$

これを元に戻して相関係数とする。

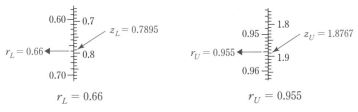

$$r_L = 0.66 \qquad\qquad r_U = 0.955$$

● 解答 ●

	(1)	(2)	(3)	(4)	(5)	(6)	(7)	(8)	(9)	(10)	(11)	(12)
	$\rho = 0$	$\rho \neq 0$	14	$>$	0.4973	0.870	z	1.333	0.7895	1.8767	0.66	0.955

単回帰式の推定

問題5 問題1(相関係数)のデータを用いて、次の□□□内に入る記号または数値を記入して、回帰係数の推定をせよ。

手順1 $\bar{x}, \bar{y}$ を求める。

$$\bar{x} = \frac{\sum x}{n} = \frac{\boxed{(1)}}{\boxed{(2)}} = \boxed{(3)}$$

$$\bar{y} = \frac{\sum y}{n} = \frac{\boxed{(4)}}{\boxed{(2)}} = \boxed{(5)}$$

手順2 S_{xx}, S_{xy} より回帰係数 b を求める。

$$b = \frac{S_{xy}}{S_{xx}} = \frac{\boxed{(6)}}{\boxed{(7)}} = \boxed{(8)}$$

手順3 切片 a を求める。

$$a = \bar{y} - b\bar{x} = \boxed{(9)}$$

手順4 回帰式を求める。

$$y = \boxed{(9)} + \boxed{(8)} x$$

手順5 散布図に回帰直線を引く。

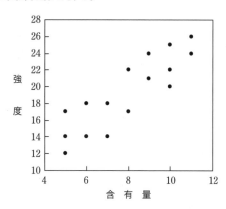

● **解答欄** ●

(1)	(2)	(3)	(4)	(5)	(6)	(7)	(8)	(9)

解　説

回帰係数を求めて回帰式を決定する方法は、回帰の平方和の分散分析（問題6, p.136）を行い、直線をあてはめることに意味があるかどうかの検討を行った後に、回帰式、寄与率などを求め、残差の検討を行うことは実務では重要である。

手順1　$\bar{x}, \bar{y}$ を求める。

$$\bar{x} = \frac{\sum x}{n} = \frac{127}{16} = 7.94 \qquad \bar{y} = \frac{\sum y}{n} = \frac{308}{16} = 19.25$$

手順2　S_{xx}, S_{xy} より回帰係数 b を求める。

$$b = \frac{S_{xy}}{S_{xx}} = \frac{123.25}{68.94} = 1.78778 \rightarrow 1.788$$

手順3　切片 a を求める。

$$a = \bar{y} - b\bar{x} = 19.25 - 1.788 \times 7.94 = 5.05328 \rightarrow 5.05$$

手順4　回帰式を求める。

$$y = a + bx = 5.05 + 1.788x$$

手順5　散布図に回帰直線を引く。

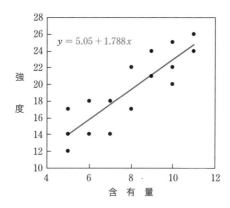

解答

(1)	(2)	(3)	(4)	(5)	(6)	(7)	(8)	(9)
127	16	7.94	308	19.25	123.25	68.94	1.788	5.05

分散分析

問題6 問題1（相関係数）のデータを用いて、次の 　　　　 内に入る記号または数値を記入し、回帰による平方和の分散分析を行い、寄与率を求めよ。⑻、⑼は記号式を記入せよ。

手順1　データの構造式を設定する。

$$y_i = \beta_0 + \beta_1 x_i + \varepsilon_i$$

手順2　各平方和を求める。

$$S_R = \frac{{S_{xy}}^2}{S_{xx}} = \frac{123.25^2}{68.94} = \boxed{(1)}$$

$$S_e = S_{yy} - S_R = 291.000 - \boxed{(1)} = \boxed{(2)}$$

手順3　自由度を求める。

$$\phi_T = n - 1 = 16 - 1 = \boxed{(3)}$$
$$\phi_R = 1$$
$$\phi_e = n - 2 = 16 - 2 = \boxed{(4)}$$

手順4　分散分析表を作成する。

要　因	S	ϕ	V	F_0
回帰（S_R）	(1)	1	(5)	(7)
残差（S_e）	(2)	(4)	(6)	
計（S_T）	291	(3)		

$F(1, \boxed{(4)} ; 0.05) = 4.60$　（F 分布表は、p.279 参照）

分散分析の仮説は、$H_0 : \boxed{(8)}$　　　　$H_1 : \boxed{(9)}$　である。

よって判定は、$F_0 = \boxed{(7)} \geqq F = 4.60$ で、H_0 は棄却されるので、回帰に基づく変動は有意であり、回帰式を求める意味がある。

手順5　寄与率を求める。

$$\frac{S_R}{S_T} = \frac{\boxed{(1)}}{291} = \boxed{(10)}$$

であり、これは相関係数の2乗に一致する。

● 解答欄 ●

(1)	(2)	(3)	(4)	(5)	(6)	(7)	(8)	(9)	(10)

解説

手順1　データの構造式を設定する。

$$y_i = \beta_0 + \beta_1 x_i + \varepsilon_i$$

「問題5」の回帰式の a, b と、本構造式の β_0 と β_1 の値は同じである。

手順2　各平方和を求める。

$$S_R = \frac{S_{xy}{}^2}{S_{xx}} = \frac{123.25^2}{68.94} = 220.345$$

$$S_e = S_{yy} - S_R = 291.000 - 220.345 = 70.655$$

手順3　自由度を求める。

$$\phi_T = n - 1 = 16 - 1 = 15$$

$$\phi_R = 1$$

$$\phi_e = n - 2 = 16 - 2 = 14$$

手順4　分散分析表を作成する。

要　因	S	ϕ	V	F_0
回帰（S_R）	220.345	1	220.345	43.66
残差（S_e）	70.655	14	5.047	
計（S_T）	291	15		

$F(1, 14 ; 0.05) = 4.60$　（F 分布表は、p.279 参照）

分散分析の仮説は、$H_0 : \beta_1 = 0$　　　$H_1 : \beta_1 \neq 0$ である。

よって判定は、$F_0 = 43.66 \geqq F = 4.60$ で、H_0 は棄却されるので、回帰に基づく変動は有意であり、回帰式を求める意味がある。

手順5　寄与率を求める。

$$\frac{S_R}{S_T} = \frac{220.345}{291.000} = 0.757 \qquad \frac{S_R}{S_T} = \frac{S_{xy}{}^2 / S_{xx}}{S_{yy}} = \left(\frac{S_{xy}}{\sqrt{S_{xx} S_{yy}}} \right)^2 = r^2$$

であり、これは相関係数の2乗に一致する。

解答

(1)	(2)	(3)	(4)	(5)	(6)	(7)	(8)	(9)	(10)
220.345	70.655	15	14	220.345	5.047	43.66	$\beta_1 = 0$	$\beta_1 \neq 0$	0.757

残差の検討【定義と基本的な考え方】

問題7 次の文章において、_____内に入る最も適切なものを下欄の選択肢から選び、その記号を解答欄に記入せよ。ただし、各選択肢を複数回用いることはない。

1) 残差 e_i は、実測値（解析に用いたデータ）y_i と解析結果を求めた回帰式を用いて推定した推定値 $\hat{y}_i$ との差 ___(1)___ と定義される。

残差の検討の必要性は、

① データの中に ___(2)___ が含まれていないか

② 回帰式は本当に妥当なのか

③ 説明変数は一次式なのか

④ 回帰のまわりの誤差は ___(3)___ なのか

⑤ 誤差は、お互いに独立なのか、___(4)___ する必要性はないか、説明変数を見落としていないか

である。

これらの内容は、___(5)___ を作成して、求めた回帰式を記入し、その線と点の散らばり具合を考察することと同じである。

2) 残差の検討には、

① 規準化残差 $e_i / \sqrt{V_e}$ の ___(6)___ を作成し、分布の形、外れ値の有無の参考とする

② 残差を ___(7)___ にプロットして点の並び方を考察するとともに、タービン・ワトソン比を求めて参考とする

などがある。

選択肢

ア．層別	イ．等分散	ウ．異常値
エ．$e_i = y_i \times \hat{y}_i$	オ．$e_i = y_i + \hat{y}_i$	カ．$e_i = y_i - \hat{y}_i$
キ．パレート図	ク．ヒストグラム	ケ．散布図
コ．チェックシート	サ．時系列	シ．ランダム
ス．小さい	セ．大きい	ソ．同じ値

● 解答欄 ●

(1)	(2)	(3)	(4)	(5)	(6)	(7)

解 説

残差の検討は、単回帰分析のみならず、他の手法においても重要である。統計手法は、データを統計処理し、要因（原因）系の値から結果（特性値）系の値を導く。このときの「実測値（データ）」と「分析・解析結果の推定値」との違いが残差である。

残差 (e_i) : $e_i = y_i - \hat{y}_i$ と定義される。

残差の検討の必要性は、出題したとおりである。この検討の主なポイントを次に示す。

① 残差のヒストグラムでの検討

残差 e_i または、規準化残差 $e_i{}'$ のヒストグラムを作成して、分布の形、外れ値をチェックする。

このときに正規性の確認に用いられる「ひずみ」、「とがり」がある。

「ひずみ（歪度）」$\sqrt{b_1}$ $\left(\sqrt{\beta_1}\right)$ は、次式で求められ、正規分布のときは、$\sqrt{b_1} = 0$ である。

$$\sqrt{b_1} = \frac{(1/n)\sum(x_i - \bar{x})^3}{\left\{\sqrt{(1/n)\sum(x_i - \bar{x})^2}\right\}^3}$$

「とがり（尖度）」b_2 は、次式で求められ、正規分布のときは、$b_2 = 3$ である。

$$b_2 = \frac{(1/n)\sum(x_i - \bar{x})^4}{\left\{(1/n)\sum(x_i - \bar{x})^2\right\}^2}$$

② 残差の時系列プロット

残差 e_i または、規準化残差 $e_i{}'$ をデータを得た順に打点して検討する。これは管理図の考え方で検討する。さらに、これがランダムであるかどうかをみるための統計量ダービン・ワトソン比（Durbin-Watson ratio）がある。これは、次式で求められ、$0 \leqq d \leqq 4$ の範囲でランダムであれば 2 に近い値となる。

$$d = \frac{\sum_{i=1}^{n-1}(e_{i+1} - e_i)^2}{\sum_{i=1}^{n} e_i{}^2}$$

③ その他

残差と説明変数、残差と予測値の散布図を作成する、などである。

● 解答 ●

(1)	(2)	(3)	(4)	(5)	(6)	(7)
カ	ウ	イ	ア	ケ	ク	サ

作図の大切さ

　数値データは、大切であり、品質管理手法・統計における基本である。しかし、数値のみでの検討・解析での結論付けをしてはならない。特に回帰分析では、散布図を作成することが大切である。

　次に有名な例（Ansomb, F. J., Graphs in statistical analysis, American Statistician, 27, 17-21（1973））を参考にした数値事例の散布図と回帰式を示す。

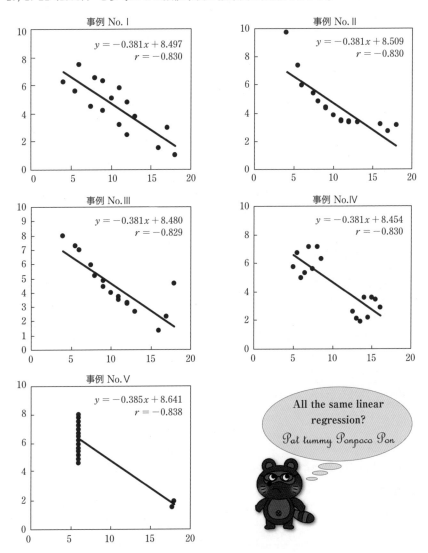

事例 No. I
$$y = -0.381x + 8.497$$
$$r = -0.830$$

事例 No. II
$$y = -0.381x + 8.509$$
$$r = -0.830$$

事例 No. III
$$y = -0.381x + 8.480$$
$$r = -0.829$$

事例 No. IV
$$y = -0.381x + 8.454$$
$$r = -0.830$$

事例 No. V
$$y = -0.385x + 8.641$$
$$r = -0.838$$

All the same linear regression?
Pat tummy Ponpoco Pon

1-10 信頼性

キーワード	自己チェック
信頼性とは【定義と基本的な考え方】	
品質保証の観点からの再発防止・未然防止	
耐久性、保全性、設計信頼性【定義と基本的な考え方】	
信頼性モデル（直列系、並列系、冗長系）	
信頼性モデル（バスタブ曲線）	
信頼性データのまとめ方と解析【定義と基本的な考え方】	

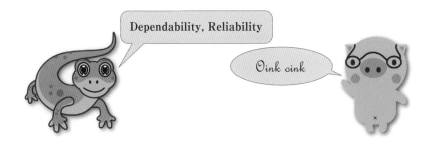

Dependability, Reliability

Oink oink

信頼性とは【定義と基本的な考え方】

問題1 次の文章において、 ◯◯◯◯ 内に入る最も適切なものを下欄の選択肢から選び、その記号を解答欄に記入せよ。ただし、各選択肢を複数回用いることはない。

信頼性を狭義で考えると、製品の外観、性能、機能などが ◯(1)◯ 変化に対する性質が信頼性であるといえる。

しかし、信頼性を広義で捉えると、故障しない ◯(2)◯ （信頼性性能）と、故障しても修理が容易な性能（保全性）、環境ストレス、過酷な取り扱いなどに対する ◯(3)◯ （耐久性）を含めたことになる。

顧客・消費者は、製品の評価を購入時と ◯(4)◯ の2度するといわれる。この ◯(4)◯ の評価、すなわち、使ってみてわかる品質が信頼性であるといえる。

品質管理では、QC七つ道具とか新QC七つ道具といった道具（手法）がある。同様に信頼性では、信頼性に関わるトラブルを ◯(5)◯ に防止するために必要な一連の活動を支援するツールとして、

①信頼性データベース、②信頼性設計技法、③FMEA/FTA、

④ ◯(6)◯ （DR）、⑤信頼性試験、⑥故障解析、⑦ ◯(7)◯

があり、これを信頼性の七つ道具とも呼ばれる。

選択肢

ア．未然　　　　　　イ．使用前　　　　　　ウ．使用後

エ．ワイブル分析　　オ．経時的　　　　　　カ．耐久性能

キ．壊れにくい性能　ク．デザインレビュー

> Pat tummy
> Ponpoco Pon

● 解答欄 ●

(1)	(2)	(3)	(4)	(5)	(6)	(7)

信頼性、保全性、耐久性、ディペンダビリティ、リライアビリティ

解 説

「品質」も「管理」もそれぞれ広義と狭義でとらえ方が異なる。信頼性も同様であり、次に英語を含め解説する。

管理では、英語で、コントロール（Control）とマネジメント（Management）があった。信頼性の場合は、リライアビリティ（Reliability）とディペンダビリティ（Dependability）である。

「JIS Z 8115：2000：ディペンダビリティ（信頼性）用語」では、信頼性をディペンダビリティ（Dependability）とし、信頼度をリライアビリティ（Reliability）、信頼性性能をリライアビリティパフォマンス（Reliability performance）としていた。

これが、「JIS Z 8115：2019」では、ディペンダビリティ（総合信頼性）、信頼性と信頼度がリライアビリティ（Reliability）とされ、信頼性性能は、（Reliability related concepts：measures）となっている。

広義の信頼性は、ディペンダビリティといえる。また、狭義の信頼性は、リライアビリティであり、壊れにくさ、丈夫さ、故障しない程度である。

そして、広義の信頼性は、狭義の信頼性に加え、保全性（Maintainability）、保全支援能力（Maintenance support performance）、耐久性（Durability）も含まれる。

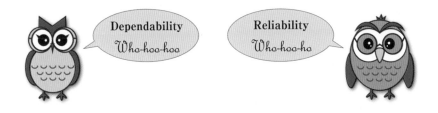

● **解答** ●

(1)	(2)	(3)	(4)	(5)	(6)	(7)
オ	キ	カ	ウ	ア	ク	エ

問題2 次の文章において、 _____ 内に入る最も適切なものを下欄の選択肢から選び、その記号を解答欄に記入せよ。ただし、各選択肢を複数回用いることはない。

1) (1) とは、問題が発生したとき、工程や仕事のしくみにおける原因を調査して取り除き、今後二度と同じ原因で問題が起きないように (2) をすることであり、 (1) を行うことを (3) という。

2) (4) とは、不具合、問題、トラブルは発生してからアクションをとるのではなく、何かを実施するときに伴って発生すると考えられる問題点をあらかじめ設計、 (5) で洗い出し、それに対する処置、 (2) を講じるなど、発生原因を除去しておくことである。 (4) のために行う (2) を (6) という。

3) (7) （応急処置）とは、原因究明、あるいは原因は明らかだが何らかの制約で直接 (2) のとれない異常や不具合に対して、とりあえずそれに伴う損失をこれ以上大きくしないためにとられる処置のことで (8) ともいう。

> Corrective
> Pat tummy

> Preventive
> Ponpoco Pon

選択肢

ア．応急対策　　イ．再発防止　　ウ．未然防止　　エ．是正処置

オ．予防処置　　カ．対策　　　　キ．計画段階　　ク．暫定処置

● **解答欄** ●

(1)	(2)	(3)	(4)	(5)	(6)	(7)	(8)

解説

様々な定義、解説があるが、下記抜粋して示す。

(JIS Q 9000 : 2015) より

① 是正処置 (Corrective action)

不適合の原因を除去し、再発を防止するための処置。

注記1 不適合には、複数の原因がある場合がある。
注記2 予防処置は発生を未然に防止するためにとるのに対し、是正処置は再発防止するためにとる。

② 予防処置 (Preventive action)

起こり得る不適合またはその他の起こり得る望ましくない状況の原因を除去するための処置。

注記1 起こり得る不適合には、複数の原因がある場合がある。
注記2 是正処置は再発を防止するためにとるのに対し、予防処置は発生を未然に防止するためにとる。

〈品質管理学会（CD-JSQC-Std 00001 : 2011）〉より

① 未然防止／予防処置 (Prevention/Preventive action)

活動・作業の実施にともなって発生すると予想される問題を、あらかじめ計画段階で洗い出し、それに対する対策を講じておく活動。

② 再発防止／是正処置 (Recurrence prevention/Corrective action)

検出された不適合、またはその他の検出された望ましくない事象について、その原因を除去し、同じ製品・サービス、プロセス、システムなどにおいて、同一原因で再び発生させないように対策をとる活動。

● 解答 ●

(1)	(2)	(3)	(4)	(5)	(6)	(7)	(8)
イ	カ	エ	ウ	キ	オ	ア	ク

耐久性、保全性、設計信頼性【定義と基本的な考え方】

問題3 次の文章において、[＿＿＿＿]内に入る最も適切なものを下欄の選択肢から選び、その記号を解答欄に記入せよ。ただし、各選択肢を複数回用いることはない。(10)、(11)は順不同でよい。

1) 信頼性とは、部品、機器、システムなどが与えられた [(1)] 下で、与えられた [(2)]、要求機能を遂行できる能力のことをいう。一般に、信頼性性能は適切な尺度で数量化され、これを信頼度という。

2) 品質と信頼性の関係を考えると、品質に時間のパラメータを導入して [(3)] に伴う不具合を信頼性問題といえる。

3) 信頼性を考える上での基本要素として、耐久性、保全性、誤使用・誤操作、使用環境がある。

a. 耐久性とは、[(4)] が少ない、[(5)] が長いという品物の能力、すなわち、丈夫で長持ちするという性質のことである。（こわれにくさ）

b. 保全性とは、[(6)] が容易にできる能力のことである。[(7)] ともいう。（なおしやすさ）

c. 誤使用・誤操作とは、誤使用・誤操作を招かない、万一誤使用・誤操作をされても [(4)]、破損しないこと。

d. 使用環境に関しては、冬季の酷寒の中、夏場の車中の [(8)] など、温度、湿度の環境、振動、耐薬品性など各種環境に対する耐環境性が高いことが望ましい。

4) 顧客の信頼性に関する要求は、[(9)] が [(3)] によっても、あらゆる環境下でもこわれにくいこと、操作、接続など使いやすく、勘違い、誤操作で [(4)]、事故が発生しないこと、万一故障、破損してもその修理復旧が容易である、といったことである。

5) 設計信頼性は、部品、機器、システムなどの設計で、耐久性、保全性、環境、操作性、誤操作防御など信頼性を確保する設計であり、過去の問題の [(10)] はもちろんのこと、[(11)] をすることも含む。

選択肢

ア．初期品質　　イ．故障　　　ウ．寿命　　　エ．期間　　　オ．修理

カ．条件　　　　キ．未然防止　ク．再発防止　ケ．高温　　　コ．低温

サ．経時変化　　シ．整備性

● 解答欄 ●

(1)	(2)	(3)	(4)	(5)	(6)	(7)	(8)	(9)	(10)	(11)

解　説

　信頼性の歴史は、1940 年代に信頼性の概念が芽ばえ、アメリカで 1952 年に AGREE（Advisory Group on Reliability of Electronic Equipment）が設置され、1957 年に報告書が出され、現在の信頼性工学の基礎が確立された。さらに、1960 年頃から MIL で信頼性に関する規格が制定された。日本においては、1978 年に日本信頼性技術協会が設立され、1991 年にこれが改組され日本信頼性学会が発足している。

　「JIS Z 8115：2019：ディペンダビリティ（総合信頼性）用語」より、信頼性に関する主な用語の抜粋を示す。

① **ディペンダビリティ（Dependability）[総合信頼性]**

アイテムが、要求されたときにその要求どおりに遂行するための能力。

注記 1　ディペンダビリティ、すなわち総合信頼性は、"アベイラビリティ"、"信頼性"、"回復性"、"保全性"、および "保全支援性能" を含む。適用によっては、"耐久性"、安全性およびセキュリティのような他の特性を含むことがある。

注記 2　ディペンダビリティは、アイテムの時間に関係する品質特性に対する、包括的な用語として用いられる。

注記 3　ディペンダビリティを阻害する要因は故障、エラー、フォールトなどである。

注記 4　ディペンダビリティを実現する手段には、フォールトプリベンション、フォールトトレランス、フォールトリムーバルおよびフォールトフォアキャスティングがある。

注記 5　この用語は、ソフトウェア自体ではなく、ソフトウェアを含むシステムまたは製品に適用する。ソフトウェアではシステムの要素からなる製品またはサブシステムのディペンダビリティのソフトウェア的側面として扱われる。

● 解答 ●

(1)	(2)	(3)	(4)	(5)	(6)	(7)	(8)	(9)	(10)	(11)
カ	エ	サ	イ	ウ	オ	シ	ケ	ア	ク	キ

② アイテム（Item）

対象となるもの。

注記1　アイテムは、個別の部品、構成品、デバイス、機能ユニット、機器、サブシステム、またはシステムである。

注記2　アイテムは、ハードウェア、ソフトウェア、人間またはそれらの組合せから構成される。

注記3　アイテムは、別々に対象となり得る要素から、しばしば構成される。サブアイテムおよび分割単位参照。

注記4　サービスを考慮する場合、サービスユニット、サービスプロセス、サービスシステムなどがアイテムとなる。

注記5　アイテムは、目的、対象または分野によって独自な用語または階層構造を用いて表現することがある。

③ 信頼性（Reliability）

アイテムが，与えられた条件の下で，与えられた期間，故障せずに，要求どおりに遂行できる能力。

注記1　持続時間間隔は、例えば暦時間、動作サイクル、走行距離などのような、当該アイテムに適切な単位で表現されてもよく、かつ、当該単位は常に明確に記載することが望ましい。

注記2　与えられた条件には、動作モード、ストレス水準、環境条件および保全のような、信頼性に影響する側面が含まれる。

注記3　一般的には、使用期間の始点で、要求機能が遂行できる状態にあることを仮定する。

注記4　信頼性は信頼性性能の尺度で定量化し得る。

注記5　ソフトウェアアイテムの場合、信頼性は系の運用経過時間中に発生する故障要因の修正および変更で改善が進み、一般的には、信頼度は経過時間とともに向上していく。

注記6　ソフトウェア信頼性は、特定条件下で使用するときのある性能を維持する能力を指す場合がある。

④ 耐久性（Durability）

与えられた運用および保全条件で，有用寿命の終わりまで，要求どおりに実行できるアイテムの能力。

注記1　与えられた使用条件は、放置条件およびストレスの定められた順序または複合を含む、合理的に予見できる全使用条件を包含する。

注記2　耐久性について数量で評価した場合を"耐久度"という。

⑤ 保全性 (Maintainability)

　与えられた運用および保全条件の下で、アイテムが要求どおりに遂行できる状態に保持されるか，または修復される能力。

注記1　与えられた状態は、保全性に影響する局面を含む。例えば、保全の場所、アクセシビリティ（接近性）、保全手順、保守資源など。

注記2　保全性は、保全性性能および保全支援（尺度）の尺度で定量化し得る。

注記3　ソフトウェアアイテムの場合には、"保守性"と表現し、故障要因を修正したり，性能およびその他の特性を改善したり、環境の変化に合わせたりすることの容易さを表す数値化できない用語として用いられる場合がある。

注記4　ソフトウェアアイテムを変更し得る能力を指す。この変更は、修正、改善および系の環境変化への対応、並びに要求事項および機能仕様に適合させることを含む。

注記5　"整備性"ということもある。

⑥ 保全、保守 (Maintenance)

　アイテムが要求どおりに実行可能な状態に維持され、または修復されることを意図した、すべての技術的活動および管理活動の組合せ。

注記1　保全の管理上の分類は、次の場合がある。

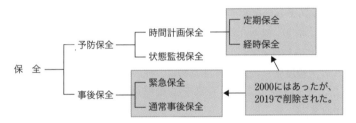

注記2　管理には監視活動も含まれることがある。

注記3　主としてハードウェアからなる製品の保全は、アイテムを使用および運用可能状態に維持し、または故障、欠点などを修復するためのすべての処置および活動である。

注記4　アイテムによっては、"整備"または"メンテナンス"ということもある。

注記5　ソフトウェアアイテムの場合は、ソフトウェアシステムおよびそのサブシステムの不具合を修正したり、性能およびその他の特性値を改善したり、または系の環境変化に対応するために行う変更のプロセスをいう。

注記6　要求機能を実行できるようにソフトウェアアイテムまたはそれを含む系の機能要素の状態に保持したり、修復したりするための活動を指す。

注記7　保全活動は、試験、測定、取替え、調整、および修理によって、系の仕様に基づいた機能状態を保つような作業も含む。

信頼性モデル（直列系、並列系、冗長系）

問題4 次の文章において、 内に入る最も適切なものを下欄の選択肢から選び、その記号を解答欄に記入せよ。ただし、各選択肢を複数回用いることはない。

機器や装置をシステムとした場合に、システムを構成している構成要素（部品など）は (1) と呼ばれ、信頼性モデルとは、その (1) の信頼性特性値（尺度）の予測、または推定に用いる (2) である。

冗長性とは、「規定の機能を遂行するための構成要素、または手段を余分に付加し、その一部が (3) しても上位アイテムは (3) とならない性質である。

直列系は、システムの構成要素のうち、1つでも (3) すれば、システム全体が (3) となる。すなわち、直列系システムは、 (4) がない複数個の要素からなるアイテムといえる。

並列系は、システムの要素すべてが (3) したときのみシステムの (3) となる冗長系であり、並列冗長は、すべての構成要素が機能的に並列に結合している (4) といわれる。

システムの信頼度を (5) するために、構成要素の信頼度を上げることも重要であるが、並列系にすると、システムの信頼度が構成要素の信頼度よりも (5) できる。

選択肢

ア．故障	イ．動作	ウ．冗長
エ．高く	オ．低く	カ．数学モデル
キ．アイテム	ク．レビュー	ケ．ブロック

● 解答欄 ●

(1)	(2)	(3)	(4)	(5)

Keyword　Explanation

信頼性モデル（直列系、並列系、冗長系）

［解　説］

信頼性モデルの計算方法の基本を信頼性ブロック図（RBD：Reliability Block Diagram）で表し、簡単な数値事例を示す。

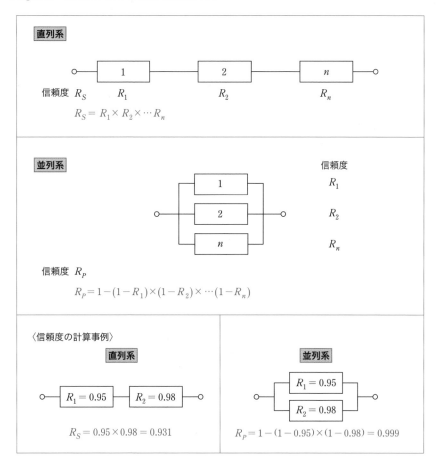

直列系

信頼度 R_S　R_1　　　　R_2　　　　R_n

$$R_S = R_1 \times R_2 \times \cdots R_n$$

並列系

信頼度
R_1
R_2
R_n

信頼度 R_P

$$R_P = 1 - (1 - R_1) \times (1 - R_2) \times \cdots (1 - R_n)$$

〈信頼度の計算事例〉

直列系

$R_1 = 0.95$　$R_2 = 0.98$

$$R_S = 0.95 \times 0.98 = 0.931$$

並列系

$R_1 = 0.95$
$R_2 = 0.98$

$$R_P = 1 - (1 - 0.95) \times (1 - 0.98) = 0.999$$

● 解答 ●

(1)	(2)	(3)	(4)	(5)
キ	カ	ア	ウ	エ

信頼性モデル（バスタブ曲線）

問題5 次の文章において、 □□□ 内に入る最も適切なものを下欄の選択肢から選び、その記号を解答欄に記入せよ。ただし、各選択肢を複数回用いることはない。

1) システム、機器、装置、設備などの故障は、使用時間、運転時間など時間の経過とともに変化する。一般的に、運転を始めてしばらくは比較的多く故障し、しばらくすると故障が少なく安定した状態が続くが、その後、寿命が近づき故障が増加するといった経過をたどる。これを図で表すと下図となる。これを □(1)□ （Bath-tub curve）、□(2)□ （Failure rate curve）と呼ぶ。

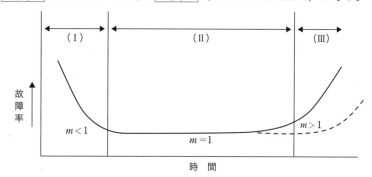

2) この図の（Ⅰ）の期間を □(3)□ （Infant Mortality, Initial Failure） □(4)□ （Decreasing Failure Rate；DFR）、（Ⅱ）の期間を □(5)□ （Random Failure） □(6)□ （Constant Failure Rate；CFR）と呼び、□(7)□ とも呼ぶ。

（Ⅲ）の期間は □(8)□ （Wear-out Failure） □(9)□ （Increasing Failure Rate；IFR）と呼び、□(10)□ を行うことで点線のように故障率を下げ、寿命を延長できる。

選択肢

ア. 減少型	イ. 増加型	ウ. 一定型	エ. 予防保全
オ. 故障率曲線	カ. 摩耗故障期	キ. 初期故障期	ク. 偶発故障期
ケ. バスタブ曲線	コ. 一定故障率期間	サ. 絶壁型	シ. すり鉢型

● 解答欄 ●

(1)	(2)	(3)	(4)	(5)	(6)	(7)	(8)	(9)	(10)

解　説

故障のパターンとその原因と対策の一般論

初期故障（DFR）			
現　象	原　因	対　策	備　考
・新製品の発売初期の故障	〔標準の不遵守〕 ・設計ミス（材料選定ミス、残留応力大） ・製造ミス（材料欠陥・熱処理ミス・溶接欠陥など） ・使用方法ミス	〔標準の遵守〕 ・設計審査　FMEA・FTA の実施 ・エージング、スクリーニングなどによるデバッギングの実施 ・使用基準の明確化	・事前取替、オーバーホールは無効 ・不完全なオーバーホールにより、この現象が生じることがある

偶発故障（CFR）			
現　象	原　因	対　策	備　考
・複数個の構成部品からなるシステムにみられる典型的なパターン ・多くの電子部品の故障	・システムへのランダムなストレス ・過酷な操作	・冗長系の採用・設計・企画への投資 ・高信頼性部品 ・材料の採用・適切な使用	・事前取替、オーバーホールは無効 ・寿命は指数分布となる

摩耗故障（IFR）			
現　象	原　因	対　策	備　考
・機械的素子や部品の摩耗 ・疲労による故障	・材料・部品の機械的摩耗・疲労 ・老化、腐食環境	・予防保全（時間、計画保全、状態監視保全）の実施	・事前取替、オーバーホールが有効 ・冗長も有効だが不経済

● 解答 ●

(1)	(2)	(3)	(4)	(5)	(6)	(7)	(8)	(9)	(10)
ケ	オ	キ	ア	ク	ウ	コ	カ	イ	エ

信頼性データのまとめ方と解析【定義と基本的な考え方】

問題6 次の文章において、□□□内に入る最も適切なものを下欄の選択肢から選び、その記号を解答欄に記入せよ。ただし、各選択肢を複数回用いることはない。

1) 信頼性や保全度について検討するために数値で表したものさし、すなわち、数値的に表した信頼性の □(1)□ を、信頼性特性値という。

2) 品質管理での不適合品率、不適合率に対して、信頼性では故障率を用いる。これは、一定時間当たりの故障回数率である。

3) 故障までの時間を寿命値と呼ぶ。また、寿命の長短を表す代表的な □(1)□ として、信頼度、□(2)□、□(3)□、□(4)□ がある。

4) 信頼度は、ある時点での □(5)□、与えられた期間、要求機能を実行できる確率であり、信頼度関数とも呼ばれ、□(6)□ と書く。また、1 − □(6)□ を不信頼度関数と呼び、□(7)□ と書く。

5) 故障までの時間の平均時間（故障までの時間の期待値）を □(2)□ といい、平均故障間動作時間（故障間動作時間の期待値）を □(3)□ という。

6) 信頼度はある時点での確率を示すのに対して、ある確率に対する経過時間を示すセーフライフという □(1)□ がある。この代表的な □(1)□ として □(4)□ があり、10 ％が故障するまでの時間である。他に 1 ％点を表す B_1 ライフ、50 ％点を表す B_{50} ライフなどもある。

選択肢

ア．残存数　　　イ．MTTF　　　ウ．FMEA　　　エ．MRB
オ．MTBF　　　カ．尺度　　　キ．$F(t)$　　　ク．$R(t)$
ケ．BB タイム　　コ．B_{10} ライフ

● 解答欄 ●

(1)	(2)	(3)	(4)	(5)	(6)	(7)

解　説

以下、〈JIS Z 8115：2019〉より必要な用語を抜粋し、数式、図などを補足する。

① 信頼性特性値（Reliability characteristics）

数値的に表した信頼性の尺度のことである。

② 信頼性（Reliability）

アイテムが与えられた条件下で、与えられた時間間隔（t_1, t_2）対して、要求機能を実行できる確率。

$f(t)$ を、寿命を表す確率関数とすると、信頼度 $R(t)$ は、

$$R(t) = \int_t^\infty f(t)dt$$

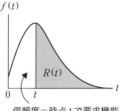

信頼度＝時点 t で要求機能を実行している確率

③ 故障分布関数（Failure distribution function）

アイテムの故障寿命を確率変数とみなすときの分布関数。

（備考）故障分布関数は、$F(t)$ で表す。これを不信頼度関数（Unreliability function）ともいう。

$$F(t) = 1 - R(t) \qquad R(t) = 1 - F(t)$$

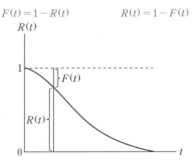

● 解答 ●

(1)	(2)	(3)	(4)	(5)	(6)	(7)
カ	イ	オ	コ	ア	ク	キ

④ 故障率 （Failure rate）、瞬間故障率 （Instantaneous failure rate）

非修理アイテムが、時刻 0 から動作を開始して時刻 t まで故障が発生していない場合において、次の時間区間 $(t,\ t + \varDelta t)$ に故障が起こるときの条件付き確率を区間幅 $\varDelta t$ で除した値で、$\varDelta t$ を限りなくゼロに近付けたときの極限値。

故障率の単位として、% 10^3h、FIT［＝個 （回)$/10^9$h］などが用いられることもある。

故障率 $\lambda(t)$ は、時間 $(0, t)$ の故障数を $N(t)$ （修理時間は無視して考える）とすると、

$$\lambda(t) = \lim_{\varDelta t \to 0} \frac{1}{\varDelta t} P\{N(t + \varDelta t) - N(t) \geqq 1\}$$

で表され、瞬間故障率とも呼ばれる。

$$\lambda(t) = \frac{f(t)}{R(t)}$$

これを解りやすく表すと

$$故障率 = \frac{一定時間内の故障回数}{一定時間}$$

⑤ 故障までの平均時間 MTTF （Mean operating time to failure）

故障までの時間の期待値 （非修理系：一般に修理できない系に用いられる）。

$$MTTF = E(t) = \mu_t = \int_0^\infty t f(t) dt$$

⑥ 平均故障間動作時間 MTBF （Mean operating time between failures）

故障間動作時間の期待値 （修理系：一般に修理できる、修理される系に対して用いられる）。

$$MTBF = \frac{1}{\lambda(t)} = \frac{1}{故障率}$$

⑦ B_{10} ライフ （10-percentile）

10 パーセント寿命、B_{10} ライフ、L_{10} ライフなどとも呼ばれ、アイテムの 10 ％が故障する時間を表す。

10 ％の場合を B_{10}、1 ％の場合 B_1、50 ％の場合 B_{50} と表してこれらの総称としてセーフライフと呼んでいる。

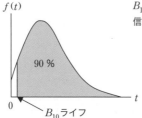

B_{10} ライフは、全体の 10 ％が故障するまでの時間
信頼度でいえば、信頼度が 90 ％となる時間

⑧ 保全度（Maintainability）

　規定の条件下で、規定の手順および資源を用いて行われる、時刻 $t = 0$ で始まるアイテムに対する保全作業が、規定の時間間隔 (t_1, t_2) 内に終了する確率。

　一定時間 t 内に修復が完了する確率で、修復時間を確率変数 x、その密度関数を $g(t)$ とすれば、時点 t における保全度 $M(t)$ は、

$$M(t) = \int_0^t g(t)dx$$

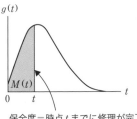

保全度＝時点 t までに修理が完了する確率

⑨ 修復率（Repair rate）

（修復率は、JIS Z 8115：2019 にはないので、JIS Z 8115：2000 の内容を示す。）

　当該時間間隔の始めには修復が終了していないとき、ある時点での修復完了事象の単位当たりの発生率、修復作業を行っているアイテムが、引き続く単位時間内に修復を終了する確率をいう。

$$修復率関数 = \frac{m(t)}{1 - M(t)}$$

⑩ 平均修復時間 MTTR（Mean time to restoration）

修復時間の期待値をいう。

$$MTTR = E(x) = \int_0^\infty tg(t)dt = \frac{総修復時間}{総故障件数}$$

⑪ アベイラビリティ（Availability）

要求どおりに遂行できる状態にあるアイテムの能力。

固有アベイラビリティは、次の式で示される。

$$アベイラビリティ = \frac{MTBF}{MTBF + MTTR}$$

私の尊敬した先輩の机にあった言葉

私の嫌いな言葉

1. 聞いていません　　　　　　　　　　　聞く努力をしていない
　　　　　　　　　　　　　　　　　　　聞く気がない

2. 知りませんでした　　　　　　　　　　知る気もない

3. しょっちゅう言っているのですが　　　実は言いたくない
　　　　　　　　　　　　　　　　　　　1回しか言っていない

4. 電話しているのですが　　　　　　　　電話は1回だけ
　　相手が見つかりません

5. 他人（上司、他部門、無関係の人）　　自分に意見がない
　　が駄目と言うのです

6. 今やっているので、すぐにでも‥‥　　今やっていない
　　　　　　　　　　　　　　　　　　　何もしていない
　　　　　　　　　　　　　　　　　　　忘れていただけ

7. 一生懸命頑張ります　　　　　　　　　必ず実現しない

8. ちゃんと指示したのですが　　　　　　上司の資格なし

9. 人間できるものと、　　　　　　　　　この人は何もできない
　　できないものがあります

10. 方針を出せ　　　　　　　　　　　　　この人は一生方針を
　　　　　　　　　　　　　　　　　　　出せない

2 品質管理の実践編

2-1 品質管理の基本
（QC的なものの見方・考え方）
2-2 品質の概念、管理の方法
2-3 品質保証 ＜新製品開発＞
2-4 品質保証 ＜プロセス保証＞
2-5 品質経営の要素
＜方針管理、機能別管理＞
2-6 品質経営の要素 ＜日常管理＞
2-7 品質経営の要素 ＜標準化＞
2-8 品質経営の要素
＜小集団活動、人材育成、診断・監査＞
2-9 品質経営の要素
＜品質マネジメントシステム＞
2-10 倫理/社会的責任、品質管理周辺
の実践活動【言葉として】

Quality control practice

Actual activity.
Who-hoo-ho

159

復習（Review）

5S、5S 管理、5S 活動

5S のイメージ図

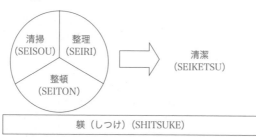

　サムライ (SAMURAI)、カラオケ (KARAOKE)、カイゼン (KAIZEN) のように 5S もそのままで表現したいが、英語でも S にこだわって色々と表現されているので、代表的なものを下記に示す。

5S　Five S：
　整理 (SEIRI)、整頓 (SEITON)、清掃 (SEISOU)、清潔 (SEIKETSU)、躾 (SHITSUKE) の頭文字をとって 5S という。

整理：	Selection and sorting Sort, Sorting	：整理とは、必要なものと、不要なものを分ける。不要なものを捨てる。（取捨選択）
整頓：	Clearly and storage Simplify, Simplifying, Set in order, Straighten, Systematic Arrangement	：何がどこにあるかわかるようにする。（明記し保管）
清掃：	Sweeping, Cleaning Sweep, Sweeping, Shine,	：掃除をしてきれいな状態にする。
清潔：	Maintain and keep Standardize, Standardizing,	：整理、整頓、掃除を維持する。
躾 ：	Manners, Etiquette, Self-discipline Self-discipline, Sustain, Sustaining Sustain	：4S を習慣づけ維持し、ルールや規律など決めたことを守る。

2-1 品質管理の基本（QC的なものの見方・考え方）

キーワード	自己チェック
マーケットイン	
プロダクトアウト	
顧客の特定	
Win-Win	
品質優先	
品質第一	
後工程はお客様	
プロセス重視	
特性と要因	
因果関係	
応急対策、再発防止、未然防止	
源流管理	
目的志向	
QCD ＋ PSME	
重点指向	
事実に基づく活動、三現主義	
見える化、潜在トラブルの顕在化	
ばらつきに注目する考え方	
全部門、全員参加	
人間性尊重、従業員満足（ES）	

マーケットイン、プロダクトアウト、顧客の特定、Win-Win、品質優先

問題1 次の文章で正しいものには〇、正しくないものには×を解答欄に記入せよ。

1) Win-Win（ウイン・ウイン）とは、とにかく勝つことで、どのような壁にもギブアップしないで勝ち続けることで、7つの目標に対して勝つことである。 (1)

2) マーケットインとは、市場の要望に適合する製品を生産者が企画、設計、製造、販売する活動、お客様が満足する品質を備えた品物やサービスを提供することである。 (2)

3) プロダクトアウトとは、生産設備・技術などメーカー側の立場を優先して開発し生産、販売すること、企業が商品開発や生産を行う上で、作り手の理論や計画を優先させる方法のことである。 (3)

4) マーケットインは、生産者優先の考え方であり、プロダクトアウトは顧客優先の考え方である。 (4)

5) 顧客指向、顧客重視をするとき、その顧客には、取引先、納入先、消費者、さらに消費者も男女、年齢別、国別などと多種多様であるので、顧客の要求を考える上で色々と分類して顧客を特定して考えることは大切なことである。 (5)

Is this marketing?
Pat tummy Ponpoco Pon

One of the basic concepts of QC.
Oink oink

● 解答欄 ●

(1)	(2)	(3)	(4)	(5)

解　説

①　マーケットイン（market in, market oriented）

「市場の要望に適合する製品を生産者が企画、設計、製造、販売する活動」であり、顧客優先、顧客重視、顧客指向の考え方である。

②　プロダクトアウト（product out, product oriented）

生産設備・技術などメーカー側の立場を優先して開発し生産、販売すること。企業が商品開発や生産を行う上で、作り手の理論や計画を優先させる方法のことであり、生産者優先、生産性優先の考え方である。

③　顧客指向、顧客重視

顧客指向、顧客重視での製品の企画、設計を行うとき、顧客は多種多様であってその要望・要求も様々であるので、そのニーズを調査・分析してターゲットを明確化し、そのターゲットに特化した製品を作ることが重要である。このターゲットのひとつとして顧客の特定化がある。

④　Win-Win

スティーブン・リチャーズ・コヴィー（Stephen Richards Covey；USA；1932-2012）の著書『7つの習慣』（『The 7 Habits of Highly Effective People』）の中で紹介された**"人間関係における6つのパラダイム"**の中のひとつである。Win-Win 自分も勝ち、相手も勝つ。「人間関係において、私とあなたの双方に得のある良好な関係を築くこと」であり、これを品質管理の考え方で考えると、企業と消費者がどちらも満足している状態である。ゆえ、Win-Win の関係を築くには、顧客満足が重要である。

他の**パラダイム**（Paradigms）として下記がある。

Win-Lose	自分が勝ち、相手は負ける。
Lose-Win	自分が負けて、相手が勝つ。
Lose-Lose	自分も負けて、相手も負ける。
Win	自分が勝つ。
Win-Win or No Deal	自分も勝ち相手も勝つ、それが無理なら取引しないことに合意する。

● 解答 ●

(1)	(2)	(3)	(4)	(5)
×	○	○	×	○

問題2 次の文章で正しいものには○、正しくないものには×を解答欄に記入
せよ。

1) 顧客優先、品質第一とは、生産やサービス活動において、常に顧客
（消費者）の立場に立った品質を第一と考え、使用時において満足され
魅力を感じてもらえる商品やサービスを提供することを目的とする経
営活動である。 (1)

2) お客様とはお金を払って品物やサービスを得られる人であるので
「後工程はお客様」と考えるのはお金を払った人に限られる。 (2)

3) 仕事をした場合、結果が重視されるので「結果さえよければすべて
良し」であって手段・方策は問わず、「目的のために手段を選ばず」の
考え方は重要である。 (3)

4) 要因とは結果を表す尺度となるものをいい、特性とは結果に影響を
及ぼす対象として取り上げたものである。 (4)

5) 原因と結果の因果関係、「因」と「果」との論理的関係のことである。 (5)

● 解答欄 ●

(1)	(2)	(3)	(4)	(5)

解　説

①　品質第一、品質第一主義、品質至上、品質優先

　売上、利益、生産性よりもまずは品質を第一としての活動・業務の遂行をするといった考え方。

②　後工程はお客様

　一般に組織には色々な部門があり、それぞれの部門で行われた仕事の結果を受けて次の仕事が行われている。この仕事を受け取る部門を『後工程』といい、お客様というとお金を払って品物を買う人あるいはサービスを受ける人と考えがちであるが、品質管理では、お金を払わないお客様『後工程』もお客様として考える。

③　プロセス重視

　仕事のやり方を守って「品質は工程（プロセス）でつくり込む」という考え方と結果でチェックしたことを原因である工程（プロセス）にフィードバックしてより良い工程にしてゆくという考え方で「良い品質を生む仕事のやり方を重視すること」である。

④　特性と要因、因果関係

　特性とは結果を表す尺度となるものをいい、要因とは特性に影響を及ぼす対象として取り上げた原因のことである。したがって、特性＝結果、要因＝原因と考えることができる。因果関係とは、原因（因）と結果（果）の関係であり、この「因」と「果」との論理的関係を明らかにすることを要因解析とも呼ばれる。

● 解答 ●

(1)	(2)	(3)	(4)	(5)
○	×	×	×	○

問題3 次の文章で正しいものには○、正しくないものには×を解答欄に記入せよ。

1) 応急処置は、現象に対する処置で、異常状態を解消することである。火事ならば直ちに火を消すことである。不良品の修理や不良工事の手直しもこの処置の一種である。　　　(1)

2) 再発防止とは、今後発生すると予想される問題（起こりうる不適合）をあらかじめ洗い出し、修正や対策を講じておくことである。　　(2)

3) 未然防止とは、既に起こった問題（検出された不適合）の原因または原因の影響を除去し、再発しないようにする処置のことである。　　(3)

4) 問題発生を防ぐためにその原因の源流にさかのぼって対策をとる考え方のことを源流管理という。　　(4)

5) 方針管理、問題解決、課題達成など品質管理活動は、目標をかかげて、その目標を達成するための活動であり、目標と目的は違うので、目的志向とはいえない。　　(5)

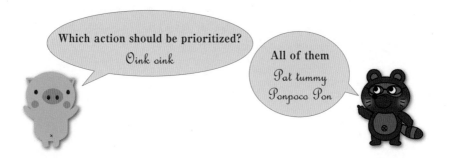

● 解答欄 ●

(1)	(2)	(3)	(4)	(5)

解説

① 応急処置、暫定処置、応急対策

異常、不具合、不適合など、その原因を追究するより先に、取り急ぎそのこと自体、それによる被害、損失が拡大しないように、とりあえず取る処置・対策で流出防止策も含み、結果系、原因系に限らず行う処置・対策をすること。

② 再発防止、是正処置、歯止め

問題が発生したときに、工程、または仕事のしくみにおける原因を調査して取り除き、今後二度と同じ原因で問題が起きないように対策すること。

再発防止で重要なことは、真の原因を追究することや、水平展開して他でも発生しないようにすることである。

③ 未然防止、予防処置

不具合、問題、トラブルが発生してからアクションをとるのではなく、何かを実施するときに伴って発生すると考えられる問題点をあらかじめ設計、計画段階で洗い出し、それに対する処置、対策を講じるなど、発生原因を除去しておくことである。

④ 源流管理、川上管理

問題発生を防ぐためにその原因の源流にさかのぼって対策をとる考え方で、設計・開発から製造、販売の製品ライフサイクルのなるべく源流（川上）で品質やコストのつくりこみを行うこと。

⑤ 目的志向

目的志向は、得る、達成する、手に入れる、こうなりたい、などの目的やその結果得られるプラスの感情に対して、強く動機づけされる。方針管理、問題解決、課題達成など品質管理活動は、目標・目的をかかげて、その目標を達成するための活動なので、目的志向である。ゆえに、品質管理の実践は、成功、成長を導いている。

● 解答 ●

(1)	(2)	(3)	(4)	(5)
○	×	×	○	×

QCD＋PSME、重点指向、事実に基づく活動、三現主義

問題4 次の文章において、□□□□内に入る最も適切なものを下欄の選択肢から選び、その記号を解答欄に記入せよ。ただし、各選択肢を複数回用いることはない。

1) 需要の3要素は、　(1)　である。

2) 製造の五大目標、職場の五大目標とは、　(1)　＋　(2)　である。

3) さらに、製造部門に限らず、広範囲で実践される品質管理活動の管理項目として、　(1)　＋　(3)　がある。

4) 問題全体のデータを現象別や原因別の項目別に分類してみると、問題の大部分は分類した　(4)　によって占められていることが非常に多い。それゆえ、問題を効率的に解決するには、この　(4)　に着目し、重点的に解決していくとよい。このことを　(5)　という。

5) 品質管理が科学的管理法といわれる理由は、直ちに　(6)　に行き、直ちに　(7)　を見て、　(8)　に観察した事実に基づく　(9)　で統計手法を活用しているからである。

6) 直ちに　(6)　に行き、直ちに　(7)　を見て、　(8)　に観察することを　(10)　という。

選択肢

ア．現実的　　　イ．現物　　　　ウ．現場　　　　エ．データ
オ．2〜3の項目　カ．SE　　　　　キ．PSME　　　ク．QCD
ケ．重点指向　　コ．三現主義

● 解答欄 ●

(1)	(2)	(3)	(4)	(5)	(6)	(7)	(8)	(9)	(10)

Keyword Explanation

QCD ＋ PSME、重点指向、パレート指向、事実に基づく活動、ファクトコントロール、三現主義

解説

① QCD ＋ PSME

QCD は需要の 3 要素で Q（品質：Quality）、C（コスト：Cost）、D（納期・日程：Delivery）である。

PSME は、P（生産性：Productivity）、S（安全：Safety）、M（士気：Morale および倫理：Moral）（倫理は、エシックス（ethics）ということもある）、E（環境：Environment）または、教育（Education）である。

なお、S（安全：Safety）：安全に関しては、製品安全、作業安全のどちらも最優先なので、別管理として、S は S（Speed）として扱っていることがある。

② 重点指向

パレート指向ともいわれ、重要な問題、重点問題、重点項目は何であるかを明確にして、それに着眼して、的を絞り込んで取り組むことである．

問題を項目別に分類すると大部分は分類した 2 〜 3 の項目（上位 20 ％）で、これらの合計が全体の半数以上（80 ％近く）を占めることが多い。これを 20-80 の法則、パレートの法則という。

③ 事実に基づく活動、事実に基づく管理、事実管理、ファクトコントロール

品質管理では、色々な判断を事実に基づいて行うことが基本である。これは、事実（ファクト）で示すデータで判断し管理して行くことなので「事実でものをいう」、「データでものをいう」ことを「事実に基づく活動」、「事実に基づく管理」などという。

④ 三現主義

問題が発生したら、直ちに現場に行き、直ちに現物を見て、現実的に判断を行うこと、事実に基づくために、現場で現物を現実的に観察すること。

● 解答 ●

(1)	(2)	(3)	(4)	(5)	(6)	(7)	(8)	(9)	(10)
ク	カ	キ	オ	ケ	ウ	イ	ア	エ	コ

見える化、潜在トラブルの顕在化、ばらつきに注目する考え方

問題5 次の文章において、□□□内に入る最も適切なものを下欄の選択肢から選び、その記号を解答欄に記入せよ。ただし、**各選択肢を複数回用いることはない。(5)、(6)、(7)、(8)は順不同でよい。**

1) 「見える化」とは、様々な事象、状況、問題を □(1)□ させて見えるようにすることであるが、ただ事象などを見えるようにしただけでは □(2)□ 。見えた結果を関係者全員が □(3)□ して活用することが大切である。

　　そのためには、何のために「見える化」するかの □(4)□ を明確にすることが大切である。

2) データが同じ値にならず、不規則にちらばることをデータがばらつくという。

　　製造工程でこのばらつきが発生する原因（要因）を大きく分けると、□(5)□ 、□(6)□ 、□(7)□ 、□(8)□ 、測定、環境の6つになる。このそれぞれの英語の頭文字をとって5M1Eと呼んでいる。また、この中の、□(5)□ 、□(6)□ 、□(7)□ 、□(8)□ の4つを4Mと呼んでいる。

　　また、別の観点で、避けようとしても □(9)□ 原因と □(10)□ 原因の2種類に分けて、□(10)□ 原因によるばらつきの要因を解析してその対策をすることが、品質管理の大きな役割の1つである。

選択肢

```
ア．作業者        イ．作業方法      ウ．原料・材料
エ．機械          オ．目的          カ．顕在化
キ．意味がある    ク．意味がない    ケ．避けられない
コ．避けることのできる    サ．共通認識
```

● **解答欄** ●

(1)	(2)	(3)	(4)	(5)	(6)	(7)	(8)	(9)	(10)

解　説

① 見える化、可視化、目で見る管理

　問題、課題などをいろいろな手段を使って明確にし、関係者全員が認識できる状態にすること。見える化する目的は、「事前に問題を起こさせないようにするため」と「問題が起きたときの解決のため」の2つである。

② 潜在トラブルの顕在化

　表面に見えない、隠れた、埋もれている問題、トラブルを見える形、誰でもわかる形・状態にすること。

	呼び方	不可避原因、偶然原因、避けようとしても避けられない原因、避けられない原因、突き止められない原因
ば ら つ き の 原 因	解　説	原材料を同じであるように管理し、機械の調子を一定にして仕事のやり方を標準化するなどばらつく要因の条件を一定にしてもばらつきがなくすことはできない。しかし、このばらつきの主たる品質特性への影響は、わずかであり、異常とならないばらつきのこと。 管理図では、管理限界外の点もなく、点の並び方のくせもない安定状態となる。
	呼び方	異常原因、避けようと思えばさけることのできる原因、避けることのできる原因、見逃せない原因、突き止められる原因
	解　説	指定外の原材料を使ったり、機械の設定を間違ったままで生産したりして、通常有り得ない状態で生産した場合、主たる品質特性への影響が大きく、不適合品（不良品）の発生を招いている場合。管理図においては管理限界外の点、点の並び方のくせが発生したりして異常であると判断されるときのばらつきのこと。

③ 5M1E（4M）

　作業者（Man）、作業方法（Method）、原料・材料（Material）、機械（Machine）で4M、これに測定（Measurement）を加え5M、さらに環境（Environment）を加え5M1Eという。

● 解答 ●

(1)	(2)	(3)	(4)	(5)	(6)	(7)	(8)	(9)	(10)
カ	ク	サ	オ	ア	イ	ウ	エ	ケ	コ

全部門、全員参加、人間性尊重、従業員満足（ES）

問題6 次の文章において、 内に入る最も適切なものを下欄の選択肢から選び、その記号を解答欄に記入せよ。ただし、各選択肢を複数回用いることはない。

1) 全部門とは、企業、会社、組織の規模によっても区分は異なるが、企画、開発、研究、設計、技術、製造、購買、営業、総務などの (1) 、すべての部門と関連会社、協力会社、仕入先も含み、全員とは、経営者すなわち、トップから、部長、課長、係長、社員までの全階層の社員、派遣、パート、アルバイトなど (2) すべてを指す。

2) 全員参加とは、ある目的をもった (3) が、その (3) を構成する全部門の全員が、 (3) の目的を達成するための行動をとることである。

そして、日本の品質管理活動の発展は、経営全般の品質を対象に拡大した製造や設計の第一線担当者だけでなく、全社員の活動に対象を広げ、 (4) としてきたことである。代表的な活動として、トップダウンの方針管理とボトムアップの QC サークル活動が (5) による活動であり、品質管理の中心的役割を果たしている。

3) 従業員満足は、業務の質を高め (6) を尊んで働く人が働くことで満たされることであり (7) と呼ぶ。

選択肢

ア．関係する人	イ．集団	ウ．すべての職場
エ．ES	オ．CS	カ．経営管理活動
キ．全社員	ク．人間尊重	ケ．個人

● **解答欄** ●

(1)	(2)	(3)	(4)	(5)	(6)	(7)

Keyword Explanation

全部門、全員参加、人間性尊重、
従業員満足（ES：Employee Satisfaction）、CWQC、TQC、TQM

解説

① 全部門、全員参加

「CD-JSQC-Std 00001：2011：品質管理用語」では、「組織の全構成員が、組織における自らの役割を認識し、組織目標の達成のための活動に積極的に参画し、寄与すること」となっている。

「JIS Z 8101：1981：品質管理用語」の品質管理の定義の最後の部分に、

「経営者をはじめ管理者、監督者、作業者など企業の**全員の参加**と協力が必要である。このようにして実施される品質管理を、**全社的品質管理**（Company-Wide Quality Control，略して CWQC）または総合的品質管理（Total Quality Control，略して TQC）という」

と記載している。

② 人間性尊重

働く人に負荷をかけるのではなく、**働く人を尊重**し、主体となる取り組みをして、すべての人と関連する職場および企業全体のパフォーマンスの向上をはかること。

『QC サークルの基本―QC サークル綱領―』（日本科学技術連盟 QC サークル本部編）の「QC サークル活動とは」の最後には、

「経営者・管理者は、この活動を企業の体質改善・発展に寄与させるために人材育成・職場活性化の重要な位置づけ自ら TQM などの全体的活動を実践するとともに**人間性を尊重し全員参加**をめざした指導・支援を行う」

と記載している。

③ 従業員満足（ES：Employee Satisfaction）

仕事の質、業務の質の重要性、**人間性の尊重**が基盤である、働く人・従業員の満足のことであり、業務の質を高め**人間性尊重**を尊んで働く人が働くことで満たされる。

● 解答 ●

(1)	(2)	(3)	(4)	(5)	(6)	(7)
ウ	ア	イ	カ	キ	ク	エ

QCD + PSME

　QCD は需要の 3 要素である。日本では、この需要の 3 要素を広義の品質と捉えて品質管理が発展し、さらに色々な職場で浸透、発展する中で、製造の五大目標、職場の五大目標として QCD + SE とされた。そして、TQC (Total Quality Control) から TQM (Total Quality Management) へと進歩し、製造部門に限らず、広範囲で実践される品質管理活動の管理項目として、QCD + PSME が取り上げられ、管理されている。

　イメージ図を下記に示す。

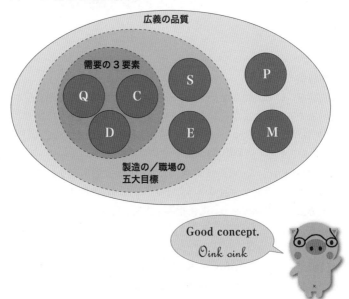

〈おまけ〉実務での参考として

　一部の書物では、P を Product として製品としている場合がある。また、安全に関しては、一部の会社では、製品安全、作業安全のどちらも最優先であることから、別管理で扱い、S は Speed としていることもある。

2-2　品質の概念、管理の方法

キーワード	自己チェック
品質の定義	
要求品質と品質要素	
ねらいの品質	
できばえの品質	
品質特性	
代用特性	
当たり前品質	
魅力的品質	
サービスの品質	
仕事の品質	
社会的品質	
顧客満足（CS）	
顧客価値	
維持と改善	
PDCA、SDCA	
継続的改善	
問題と課題	
問題解決型 QC ストーリー	
課題達成型 QC ストーリー	

品質の定義、要求品質、品質要素、ねらいの品質、できばえの品質、品質特性、代用特性

問題1 次の文章において、 ____ 内に入る最も適切なものを下欄の選択肢から選び、その記号を解答欄に記入せよ。ただし、各選択肢を複数回用いることはない。

1) 品質とは、「 (1) または (2) が、使用目的を満たしているかどうかを決定するための (3) の対象となる固有の性質・性能の全体」である。

　さらに、 (1) または (2) が、使用目的を満たしているかどうかを決定するための判定をする際に、その (1) または (2) が社会に及ぼす影響についても考慮する必要がある。

2) 品質要素と (4) は同意語である。これは、品質、質を構成している性質によって分類・項目化したものであり、機能、性能、デザイン、使用性、信頼性、安全性などが挙げられる。

3) 設計品質とは、製造の目標としてねらった品質のことで (5) ともいわれる。これに対して、製造品質は設計品質をねらって製造した結果で (6) ともいう。

　設計品質は、お客様の (7) および使用品質を調査して、品物の使用段階での機能（はたらき）を計測できる特性と使用者の感性で評価・判断される (8) を品質規格、仕様書などで規定できるように (9) に置き換えて、品物がねらい通り製造できるように、 (10) との関連も考慮して工程設計も含めて行う。

選択肢

ア．評価　　　　　　イ．品質項目　　　　　ウ．要求品質
エ．官能特性　　　　オ．品物　　　　　　　カ．5M
キ．できばえの品質　ク．ねらいの品質　　　ケ．代用特性
コ．サービス

● **解答欄** ●

(1)	(2)	(3)	(4)	(5)	(6)	(7)	(8)	(9)	(10)

Keyword Explanation

品質の定義、要求品質、品質要素、ねらいの品質、できばえの品質、
品質特性、代用特性

解説

① 品質の定義

問題文は、「JIS Z 8101：1981：品質管理用語」の定義である。
1999年改正時に削除されたが、多くの教本・テキストに引用されている。

② 要求品質

お客様がこうあってほしいと希望している品質。

③ 品質要素

品質・質を構成している様々な性質をその内容によって分解し項目化したもので、品
質項目ともいう。

④ ねらいの品質

設計品質ともいわれ、要求品質（顧客・社会のニーズと、それを満たすことを目指し
て計画した製品・サービスの品質要素）を正しく把握して、それを実現することを意図
とした品質。

⑤ できばえの品質

製造品質、適合品質、合致の品質などといわれ、設計品質を実現できた度合であり、
設計品質に対して品物がどの程度合致しているかを示すもの。

⑥ 品質特性

品質の評価の対象となる固有の性質・性能。

⑦ 代用特性

測定することが困難な品質特性を、別の測定可能な特性に置き換えた特性。

● 解答 ●

(1)	(2)	(3)	(4)	(5)	(6)	(7)	(8)	(9)	(10)
オ	コ	ア	イ	ク	キ	ウ	エ	ケ	カ

当たり前品質、魅力的品質

問題2 次の文章において、 内に入る最も適切なものを下欄の選択肢から選び、その記号を解答欄に記入せよ。ただし、各選択肢を複数回用いることとはない。

機能、性能、デザイン、使用性、信頼性、安全性などを (1) という。

この (1) が充足されれば (2) と受け止められるが、不充足であれば不満を引き起こすことを (2) 品質という。

そして、この (1) が充足されれば満足を与えるが、不充足であっても仕方がないと受けとられる品質のことを (3) 品質という。

さらに、それが充足されれば満足、不充足であれば不満を引き起こす品質を (4) 品質といい、充足でも不充足でも、満足も与えず不満も引き起こさない品質を (5) 品質という。

選択肢

ア. 当たり前　　イ. 魅力的　　ウ. 品質要素　　エ. 正

オ. 無関心　　カ. 一元的　　キ. 二元的

Am I attractive?
Oink oink

Of course
Pat tummy Ponpoco Pon

● 解答欄 ●

(1)	(2)	(3)	(4)	(5)

解　説

狩野モデル（狩野紀昭博士（1940-）が1984年に発表した顧客の求める品質をモデル化したもの）の要点を下記に示す。

① 魅力的品質要素

それが充足されれば満足を与えるが、不充足であっても仕方がないと受けとられる品質要素。

② 一元的品質要素

それが充足されれば満足、不充足であれば不満を引き起こす品質要素。

③ 当たり前品質要素

それが充足されれば当たり前と受け止められるが、不充足であれば不満を引き起こす品質要素。

④ 無関心品質要素

充足でも不充足でも、満足も与えず不満も引き起こさない品質要素。

⑤ 逆品質要素

充足されているのに不満を引き起こしたり、不充足であるのに満足を与えたりする品質要素。

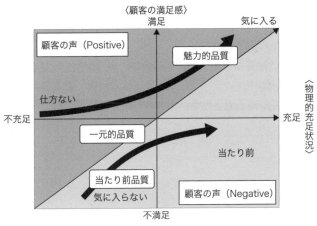

● 解答 ●

(1)	(2)	(3)	(4)	(5)
ウ	ア	イ	カ	オ

サービスの品質、仕事の品質、社会的品質

問題3 次の文章において、　　　　　内に入る最も適切なものを下欄の選択肢から選び、その記号を解答欄に記入せよ。ただし、各選択肢を複数回用いることはない。

1) 品質は、「顧客・社会のニーズを満たす、製品・サービスの品質／質」といった表現がされている。

　　ここでいうサービスとは、

　　① 供給者と顧客との間で、顧客のために行われる活動とそれによって顧客にもたらされる便益であり、医療、教育、金融など、それ自体が単独で顧客にとって　(1)　をもつもの。

　　② ハードウェアやソフトウェアを使用するために必要となる情報の顧客の購入前、使用前に提供される　(2)　。

　　③ 使用中または使用によって故障あるいは一定期間後の保守などの　(3)　があり、これらの質をサービスの品質、質と呼ぶ。

　　製品・サービスとの表現は、　(4)　なモノを製品、　(5)　なモノをサービスと捉えられている。

2) 「日本の全社的品質管理（TQC）の特徴」の中に「品質」の意味を広くとらえ、「コスト」、「納期」さらには「　(6)　」へと広義に捉えてきた。

　　また、別の角度から考えると、製品・サービスの品質を生み出す基となるのは　(6)　である。ゆえに、QC活動を「コスト」、「納期」、「　(6)　」などに拡張することが効果的である。

3) 製品そのものの品質以外の製品輸送の包装材料、製品使用後の廃棄、生産における排水、産業廃棄物など　(7)　にかかわる問題、省資源、リサイクル、リユースなど、製品が第三者、社会、　(7)　におよぼす影響の程度を　(8)　と呼ぶ。

選択肢

ア．仕事の質（品質）　　　イ．有形　　　　　　　ウ．無形
エ．価値　　　　　　　　　オ．環境　　　　　　　カ．社会的品質
キ．ビフォアーサービス　　ク．アフターサービス

● 解答欄 ●

(1)	(2)	(3)	(4)	(5)	(6)	(7)	(8)

解 説

① サービスの品質

（「JIS Q 9000：2006：品質マネジメントシステム－基本及び用語」より）

サービスは、供給者および顧客との間のインタフェースで実行される。少なくとも1つの活動の結果であり、一般に無形である。サービスの提供には、例えば、次のものがある。

・顧客支給の有形の製品（例 修理されるべき自動車）に対して行う活動
・顧客支給の無形の製品（例 納税申告に必要な収支情報）に対して行う活動
・無形の製品の提供（例 知識伝達という意味での情報提供）
・顧客のための雰囲気づくり（例 ホテルおよびレストラン内）

ソフトウェアは、情報で構成され、一般に無形であり、アプローチ、処理または手順の形を取り得る。ハードウェアは、一般に有形で、その量は数えることができる特性である。素材製品は、一般に有形で、その量は連続的な特性である。ハードウェアおよび素材製品は、品物と呼ばれることが多い。

② 仕事の品質

仕事の質（品質）とは、仕事の結果の質そのもの、仕事のやり方、仕事のスピード、仕事の周囲との関係（後工程はお客様の考え方）などである。また、日本発の5S（整理、整頓、清掃、清潔、躾（しつけ））も仕事の質（品質）の基本事項の1つである。

③ 社会的品質

（品質管理学会の定義「CD-JSQC-Std 00001：2011 品質管理用語」より）

製品・サービス、またはその提供プロセスが第三者のニーズを満たす程度。

・第三者とは、供給者と顧客以外の不特定多数を指す。
・社会的品質は、品質要素の1つである。
・社会的品質には、環境保全性、倫理性などが含まれる。

● 解答 ●

(1)	(2)	(3)	(4)	(5)	(6)	(7)	(8)
エ	キ	ク	イ	ウ	ア	オ	カ

顧客満足（CS）、顧客価値

問題4 次の文章において、 □□□□ 内に入る最も適切なものを下欄の選択肢から選び、その記号を解答欄に記入せよ。ただし、各選択肢を複数回用いることはない。(3)、(4)は順不同でよい。

「デミング賞委員会」の TQC の定義、主文

　顧客の満足する品質を備えた品物や □(1)□ を適時に適切な価格で供給できるように、全組織を効果的・効率的に運営し、企業目的の達成に貢献する □(2)□ 。

説明の抜粋

a.　「顧客」　　：買い手のみでなく、 □(3)□ 、利用者、 □(4)□ 、受益者など利害関係者を含む。

b.　「組織目的」： □(5)□ の恒久的・継続的表現を通し、組織の長期的適正利益の確保と成長を目指す。 □(6)□ とともに社会・取引先・株主等の事業関係するすべての人々の便益の向上を含む。

　また、アメリカの MB 賞（マルコム・ボルドリッジ国家品質賞）とこの MB 賞の審査内容に準じた「日本経営品質賞」のアセスメント項目に □(5)□ の明確化が含まれている。

　ISO では「組織はその顧客に依存しており、そのために、現在および将来の顧客ニーズを理解し、 □(7)□ を満たし、顧客の期待を越えるように努力すべきである」とされている。

選択肢

ア．顧客満足	イ．従業員満足	ウ．顧客欲求事項
エ．サービス	オ．使用者	カ．消費者
キ．体系的活動		

● **解答欄** ●

(1)	(2)	(3)	(4)	(5)	(6)	(7)

解 説

① **「顧客満足」CS（Customer［Consumer］Satisfaction）**

「顧客歓喜」CD（Customer Delight）と「顧客満足」CS は同意語

CS（カスタマー・サティスファクション）は、期待通りの顧客満足

CD（カスタマー・デライト）は、期待以上の顧客満足

で区別。類似語として「従業員満足」ES（Employee Satisfaction）がある。

日本の歴史で戦後、作れば何でも売れた高度経済成長時代から、作っても売れにくい成熟時代へ移行する 1970 年代～ 1980 年代に、ピーター・F・ドラッカー（P.F. Drucker 1909 年 – 2005 年）の「ザ・プラクティス・オブ・マネジメント」で、「現代の経営」と訳された中に「企業の目的は、顧客の創造にあり、企業活動は、利潤よりも、顧客満足を目的とする」という記述があり、論議され、取り上げられるようになった。

ここで大切なことは、「デミング賞」の TQC の定義の解説で抜粋した説明文の通りであるが、顧客、お客様といっても多種多様であるが、品質管理においては、買い手のみでなく、使用者、利用者、消費者、受益者などに加えて、「後工程はお客様」をも含みすべてを顧客と考えて取り組むことが大切である。

なお、「JIS Q 9000：2015：品質マネジメントシステム－基本及び用語」では、「顧客の期待が満たされている程度に関する顧客の受け止め方」とされており、顧客とは「個人若しくは組織向け又は個人若しくは組織から要求される製品・サービスを、受け取る又はその可能性のある個人又は組織」（例：消費者、依頼人、エンドユーザ、小売り業者、内部プロセスから製品又はサービスを受け取る人、受益者及び購入者）と定義されている。

「JIS Z 8141：2001：生産管理用語」では「製品又はサービスに対して、顧客が自分のもつ要望を充実していると感じている状態」と定義されている。

② **顧客価値（Customer value）**

製品・サービスを通して、顧客が認識する価値で、組織・事業者側が顧客に対して提供する製品価値やサービス価値、人材価値、イメージ価値のことである。

● 解答 ●

(1)	(2)	(3)	(4)	(5)	(6)	(7)
エ	キ	オ	カ	ア	イ	ウ

維持と改善、PDCA、SDCA、継続的改善

問題5 次の文章において、 □□□□ 内に入る最も適切なものを下欄の選択肢から選び、その記号を解答欄に記入せよ。ただし、各選択肢を複数回用いることはない。

管理には、品質管理、生産管理、経営管理、方針管理と色々な管理がある。これら、どの管理にも共通するのが、管理のサイクルである。

この管理のサイクルは (1) サイクルともいわれ、「計画」→「実行」→「確認」→「処置」であり、これを何回も回して多くの目標を達成して高い水準へ上がっていくことを (2) またはスパイラルローリングといわれる。

また、この管理のサイクルの成果もそのとき限りでは意味がないので、成果を維持するためには標準化することと、その標準化したことを維持管理することも大切である。この維持管理では、 (1) のPをS（標準化）に置き換えて、標準に基づいて管理をするということから (3) サイクルとしている。

そして、改善 → 標準化 → 維持 → 改善 ・・・ と段階的に進めてゆくことも大切である。また、 (1) の後に行う標準化のSを加えて1つのサイクルとして (4) としている場合もある。

改善は、現在のやり方に満足することなくさらに (5) へと向上することを目的とする。言い換えれば、 (6) を目的とする活動を (7) と呼んでいる。

そして、 (7) を継続的に行って改善を積み重ねて、限りなく発展することで、企業全体の発展に対して大きく寄与できる。

選択肢

ア．現状維持	イ．現状打破	ウ．維持活動
エ．改善活動	オ．PDCA	カ．SDCA
キ．PDCAS	ク．好ましい状態	ケ．スパイラルアップ

● 解答欄 ●

(1)	(2)	(3)	(4)	(5)	(6)	(7)

解　説

① 管理

　管理とは、ある目的を効果的、効率的、継続的に達成するための活動で、「維持する活動」と「改善する活動」の２つに大きく分類できる。

② 維持（維持活動）

　維持・管理（狭義の管理）：良い状態を常に同じように保つための活動。

③ 改善（改善活動）

　改善：悪い状態があれば、それを良くする活動。

PDCA、SDCA、PDCAS

P	Plan	計　画	指針を立て、目標・ねらいをはっきり決める。 達成に必要な方法など必要な計画を設定する。
D	Do	実　行	計画に従い、実行する。 必要な教育・訓練を行う。
C	Check	確　認	計画通り実行できたか実行結果を確認して評価する。 目標、計画との違いがあればその原因を調査する。
A	Act	処　置	確認、評価した結果に基づいて必要な処置をする。 結果に応じて、応急対策、恒久対策、再発防止を行う。
S	Standardize	標準化	恒久対策、再発防止に対して標準化を行う。 必要に応じて水平展開を行う。

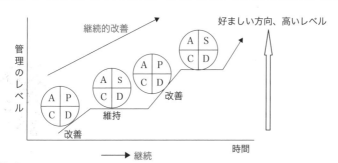

● 解答 ●

(1)	(2)	(3)	(4)	(5)	(6)	(7)
オ	ケ	カ	キ	ク	イ	エ

問題と課題

問題6 次の文章において、□□□内に入る最も適切なものを下欄の選択肢から選び、その記号を解答欄に記入せよ。ただし、各選択肢を複数回用いることはない。

問題とは、本来あるべき姿、望ましい姿、期待されている状態と現実との ‾(1)‾ であり、問題解決をするためには現状を把握して、‾(1)‾ がなぜ発生しているのかという原因追究である。

課題とは、方針管理、経営方針などから出てくる ‾(2)‾ 、または、職場において標準、規格を逸脱することなく、潜在的な問題もない状態であっても、それに満足することなく現状打破して、新たな高い目標を掲げてそれを達成するために自らつくる問題を課題と呼び、その新たな問題（課題）を解決することを課題達成という。

これを次のように考えるとこの区分がわかりやすい。

問題解決は、「原因を追究して原因を ‾(3)‾ する」ことである。

課題達成は、「理想を達成するために ‾(4)‾ を追求する（追い求める）」ことである。

選択肢

ア．究明   イ．特性   ウ．方策手段

エ．差・ギャップ   オ．新たな目標

● **解答欄** ●

(1)	(2)	(3)	(4)

Keyword Explanation
問題と課題、問題解決、課題達成

解説

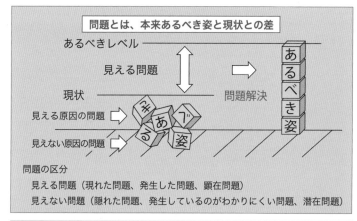

問題とは、本来あるべき姿と現状との差

あるべきレベル

見える問題

現状

問題解決

あるべき姿

見える原因の問題

まであるべき姿

見えない原因の問題

問題の区分
　見える問題（現れた問題、発生した問題、顕在問題）
　見えない問題（隠れた問題、発生しているのがわかりにくい問題、潜在問題）

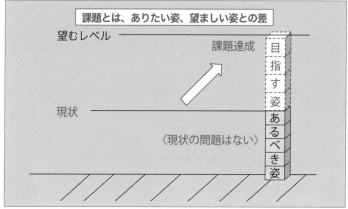

課題とは、ありたい姿、望ましい姿との差

望むレベル

課題達成

目指す姿

現状

あるべき姿

〈現状の問題はない〉

● 解答 ●

(1)	(2)	(3)	(4)
エ	オ	ア	ウ

問題解決型 QC ストーリー、課題達成型 QC ストーリー

問題7 下表は QC ストーリーの問題解決型と課題達成型の代表的な手順を整理したものである。 ____ 内に入る最も適切なものを下欄の選択肢から選び、その記号を解答欄に記入せよ。ただし、各選択肢を複数回用いることはない。

手順（ステップ）	問題解決型	課題達成型
手順1	テーマの選定	テーマの選定
手順2	___(1)___ と目標の設定	___(2)___ と目標の設定
手順3	活動計画の作成	___(3)___ の立案
手順4	___(4)___ の解析 (___(4)___ の ___(5)___)	___(6)___ の ___(7)___
手順5	対策の検討と実施	___(6)___ の実施
手順6	___(8)___ の確認	___(8)___ の確認
手順7	___(9)___ と管理の ___⑽___	___(9)___ と管理の ___⑽___

選択肢

ア．方策　　　　　イ．効果　　　　　ウ．要因

エ．攻め所　　　　オ．標準化　　　　カ．追求

キ．究明　　　　　ク．現状の把握　　ケ．定着

コ．成功シナリオ

Investigate
Oink oink

Pursue
Pat tummy
Ponpoco Pon

● **解答欄** ●

(1)	(2)	(3)	(4)	(5)	(6)	(7)	(8)	(9)	⑽

解 説

QC ストーリーの起源は、㈱小松製作所・粟津製作所（現粟津工場）で、QC サークルの活性化を図るために、QC サークル活動の成果をわかりやすく報告する手順のことを「QC ストーリー」と呼んだのが始まりとされている。そして、それは問題解決型であったが、以降幅広く用いられ、色々と展開されて、大きくは問題解決型と課題達成型に分類できる。現在色々とあるものを下記の表に整理し記載する。

問題解決型	施策実行型	課題達成型		未然防止型
1. テーマの選定	1. テーマの選定	1. テーマの選定	1. テーマの選定	1. テーマの選定
2. 現状の把握と目標の設定	2. 現状の把握と対策のねらい所	2. 攻め所と目標の設定	2. 目標の設定	2. 現状の把握と目標の設定
			3. テーマの実態分析	
3. 活動計画の作成	3. 目標の設定と活動計画の作成	3. 方策の立案	4. アイデアと発想の抽出	3. 活動計画の作成
4. 要因の解析（要因の究明）	――	4. 成功シナリオ（最適策）の追求	5. アイデア・発想の評価	4. 改善機会の発見
5. 対策の検討と実施	4. 対策の検討と実施	5. 成功シナリオ（最適策）の実施	6. アイデア・発想の実行	5. 対策の共有と水平展開
6. 効果の確認	5. 効果の確認	6. 効果の確認	7. 目標に対する達成度の評価	6. 効果の確認
7. 標準化と管理の定着	6. 標準化と管理の定着	7. 標準化と管理の定着	8. 標準化と管理の定着	7. 標準化と管理の定着
8. 反省と今後の課題	7. 反省と今後の課題	8. 反省と今後の課題	9. 反省と今後の課題	8. 反省と今後の課題

手順 8 または 9「反省と今後の課題」に関しては、ほとんどの書籍では記載されていないが、実務での現場では重要なことであるので、本書では記載した。

解答

(1)	(2)	(3)	(4)	(5)	(6)	(7)	(8)	(9)	(10)
ク	エ	ア	ウ	キ	コ	カ	イ	オ	ケ

下記に前頁で整理した型を選定するためのフローチャートを示す。

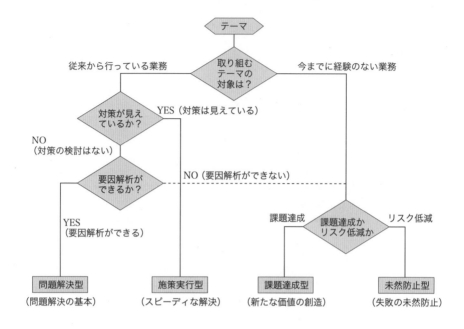

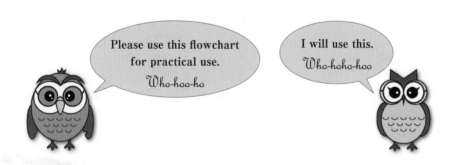

2-3 品質保証 ＜新製品開発＞

キーワード	自己チェック
結果の保証とプロセスによる保証	
保証と補償	
品質保証体系図	
品質機能展開（QFD）	
DR とトラブル予測、FMEA、FTA	
FMEA	
FTA	
品質保証のプロセス	
保証の網（QA ネットワーク）	
製品ライフサイクル全体での品質保証	
製品安全	
環境配慮	
製造物責任	
初期流動管理	
市場トラブル対応、苦情とその処理	

Quality assurance

Guarantee?
Warranty?
Assurance
Who-hoho-hoo

結果の保証とプロセスによる保証

問題1 次の文章において、 内に入る最も適切なものを下欄の選択肢から選び、その記号を解答欄に記入せよ。ただし、各選択肢を複数回用いることはない。

品質保証は、顧客・消費者のニーズをつかみ (1) を明確にする。次に、これが満足できる設計をする（設計品質を決定する）。そして、この設計品質通りのばらつきの少ない品物をつくり（ (2) を確保し）保証することである。

この考えの基礎は、「設計」→「製造」→「検査・販売」→「調査・サービス」というデミング・サイクルを回すことである。

これを、組織の構成、会社・企業の規模などで、このデミング・サイクルの4ステップまたはPDCAのステップを基に、次の事例のようなステップに分けて品質を保証することをステップ別品質保証と呼ぶ。

代表的なステップとして、

1. (3) ステップ
2. 企画ステップ
3. (4) ステップ
4. 生産準備ステップ
5. (5) ステップ
6. 販売・サービスステップ

としている。

選択肢

ア. 設計　　　　　イ. 設計品質　　　　ウ. 生産　　　　エ. 製造品質
オ. 顧客　　　　　カ. 市場調査　　　　キ. 要求品質

● 解答欄 ●

(1)	(2)	(3)	(4)	(5)

解　説

各ステップとそれぞれにおける重要なポイントを下記に示す。

① **市場調査ステップ**

・プロダクトアウトの考え方からマーケットインの考え方への移行
・お客様のニーズを把握、社会の変化、情勢を把握

② **企画ステップ**

・市場調査結果を整理し商品化すべきものを明確化
・関連法令、規格、規準などコンプライアンス調査と適応確認
・コンペチターの調査とその詳細の調査、自社の技術力、生産力の現状把握
・商品企画の策定

③ **設計ステップ**

・商品企画に基づき設計品質（狙いの品質）の決定
・信頼性、保全性、安全性、生産性、操作性、機能性、経済性など多岐にわたる品質レベルの決定
・過去の問題、クレームなどの未然防止
・品質機能展開（QFD）の活用

④ **生産準備ステップ**

・設計品質の実現度合いの確認
・品質レベルの達成度とばらつきの確認と 4M と規格基準に対する余裕度の把握
・工程 FMEA の活用

⑤ **生産ステップ**

・製造品質の把握と確保
・4M の管理
・検査による確認と必要なアクション

⑥ **販売・サービスステップ**

・ビフォアーサービスとアフターサービスの確実な実施
・購入されなかったお客様の情報調査

● **解答** ●

(1)	(2)	(3)	(4)	(5)
キ	エ	カ	ア	ウ

保証と補償

問題2　次の文章において、□□□内に入る最も適切なものを下欄の選択肢から選び、その記号を解答欄に記入せよ。ただし、各選択肢を複数回用いることはない。

品質保証は、消費者が □(1)□ して買うことができ、使用して安心感、□(2)□ をもつことができて、長く使用することができる品質を □(3)□ することである。

この □(3)□ に対して □(4)□ といった漢字があって製品のホショウ書に使われている。「この製品は、万一故障したときには □(5)□ で修理いたします」は、□(4)□ であり □(3)□ ではない。

悪い結果になった場合その結果に対して償いをすること → □(4)□

悪い結果にならないように、そこまでのすべてのプロセスをきっちりと実施して大丈夫である、確かであると請け合うこと → □(3)□

「JIS Q 9000：2006：品質マネジメントシステム－基本及び用語」では、品質保証（Quality Assurance）は、「品質要求事項が満たされるという □(6)□ を与えることに焦点を合わせた品質マネジメント」となっている

┌─ 選択肢 ──────────────────────────────┐
│ ア．保証　　イ．補償　　ウ．保障　　エ．安心　　オ．確信 │
│ カ．無償　　キ．有償　　ク．経済的　ケ．満足感 │
└──────────────────────────────────┘

・・・

Assurance, HOSHO
Oink oink

Compensation, HOSHO
Oink oink

● 解答欄 ●

(1)	(2)	(3)	(4)	(5)	(6)

解　説

保証と補償

「保証」と「補償」は、品質保証を説明するうえで比較されることが多い。下記に、保証と補償に加え、よく似た言葉を示し、辞書、辞典に記載されている説明を示す。

保証（Assurance）　：大丈夫だ、確かだと請け合うこと。その人物や物事は確かで間違いがないと請け合うこと。

補償（Compensation）：補いつぐなうこと。損失などを埋め合わせること。損害賠償として、財産や健康上の損失を金銭でつなぐこと。身体面・精神面において人より劣っていると意識されたことを補おうとする心の働き。

保障（Security）　：ある状態がそこなわれることのないように、保護し守ること。責任をもって安全を請け合い、一定の地位や状態を保護すること。

英語でも同意語が多いので、次に直訳のみ示しておく。

Guarantee　：保証、保障
Warranty　：保証
Certificate　：証明、認定
Verification　：検証、証明
Confirmation　：証明、確認

Please do "HOSHO".

Oink oink

● 解答 ●

(1)	(2)	(3)	(4)	(5)	(6)
エ	ケ	ア	イ	カ	オ

品質保証体系図

問題3 次の文章において、 _____ 内に入る最も適切なものを下欄の選択肢から選び、その記号を解答欄に記入せよ。ただし、各選択肢を複数回用いることはない。

顧客・社会のニーズを満たすことを確実にし、確認し、実証するために、組織が行う体系的活動が ____(1)____ 活動である。

そして、この活動を具体的に、製品が企画されてから顧客に使用されるまでのそれぞれの ____(2)____ のどの段階でどの ____(3)____ がどのような ____(1)____ に関する活動を行うのかを体系的に整理し、 ____(1)____ 上の業務について ____(4)____ と製品開発から ____(5)____ までの ____(2)____ とを対比させた、各プロセスの順序や ____(6)____ を明確にしたものを ____(1)____ 体系図と呼ぶ。

また、この図は、会社、企業の ____(1)____ がどのように行われているかを容易にかつ明確に示すことができるので、会社、企業の品質に関する記述で多く使われている。さらに、ISO の品質マニュアル、品質規定などにも活用されている。

選択肢

ア．ステップ   イ．アフターサービス   ウ．部門

エ．相互関係   オ．品質保証   カ．関連部署

キ．品質項目   ク．品質水準   ケ．定量的

● **解答欄** ●

(1)	(2)	(3)	(4)	(5)	(6)

解　説

「JIS Q 9025：2003：マネジメントシステムのパフォーマンス改善―品質機能展開の指針」の中に記述されている内容を下記に示す。

① 品質保証体系図

　　製品企画から販売、アフターサービスにいたるまでの開発ステップを縦軸にとり、品質保証に関連する設計、製造、販売、品質管理などの部門を横軸にとって、製品が企画されてから顧客に使用されるまでのステップのどの段階でどの部門が品質保証に関する活動を行うのかを示した体系図。

② 品質保証活動一覧表

　　製品企画から販売サービスにいたる全ステップで、品質保証に関係がある業務について定められた品質保証責任者が、それぞれの保証項目を保証することによって、品質保証に関する会社方針および諸計画を達成するための体系的活動を一覧表にしたもの。

品質保証体系図の事例

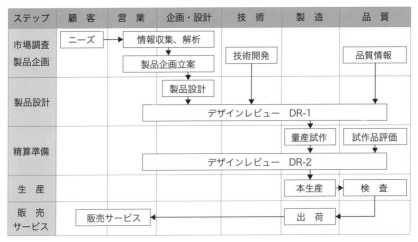

● 解答 ●

(1)	(2)	(3)	(4)	(5)	(6)
オ	ア	ウ	カ	イ	エ

品質機能展開（QFD）

問題4 次の文章において、〔　　　〕内に入る最も適切なものを下欄の選択肢から選び、その記号を解答欄に記入せよ。ただし、**各選択肢を複数回用いることはない。** (4)・(5)、(6)・(7)はそれぞれ順不同でよい。

1) 顧客満足を高めるために、組織は提供する製品に対する〔 (1) 〕および期待を把握し、〔 (2) 〕に反映させる必要がある。同時に、予測し得る品質問題の解決を検討しておくことは、新製品開発において重要である。〔 (3) 〕によるアプローチは、製品の企画から製造までのプロセスに一貫性をもたせ、顧客のニーズおよび期待を満たす〔 (2) 〕の指針を与える。これを実現する製品の〔 (4) 〕、および〔 (5) 〕の望まれる結果を製品の企画・設計段階で明確にできる。このアプローチは、設計的アプローチであり、従来の解析的アプローチとは異なる源流からのアプローチである。

2) 品質表は、〔 (6) 〕と〔 (7) 〕との〔 (8) 〕によって、企画品質を設定して重点を置くべき要求品質を定め、これを実現するための品質特性を明確にし、〔 (2) 〕を定めることを目的とした〔 (8) 〕である。これに、企画品質設定表、設計品質設定表、品質特性関連分析を付加したものを品質表と呼ぶことがある。

選択肢

ア．生産性	イ．顧客のニーズ	ウ．製品設計
エ．2元表	オ．3元表	カ．特性表
キ．構成要素	ク．製造プロセス	ケ．品質機能展開
コ．要求品質展開表	サ．品質特性展開表	

Function
Who-hoho-hoo

Performance
Who-hoo-ho

● 解答欄 ●

(1)	(2)	(3)	(4)	(5)	(6)	(7)	(8)

解 説

「JIS Q 9025：2003：マネジメントシステムのパフォーマンス改善－品質機能展開の指針」より抜粋して下記に示す。

① 品質機能展開（Quality Function Deployment：QFD）

製品に対する品質目標を実現するために様々な変換および展開を用いる方法論で、QFDと略記することがある。

② 品質展開（Quality Deployment）

要求品質を品質特性に変換し、製品の設計品質を定め、各機能部品、個々の構成部品の品質、および工程の要素に展開する方法。

次に一般的な品質展開構想図を示す。

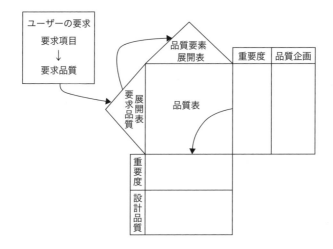

● **解答** ●

(1)	(2)	(3)	(4)	(5)	(6)	(7)	(8)
イ	ウ	ケ	キ	ク	コ	サ	エ

DRとトラブル予測、FMEA、FTA

問題5 次の文章において、 [_____] 内に入る最も適切なものを下欄の選択肢から選び、その記号を解答欄に記入せよ。ただし、各選択肢を複数回用いることはない。(7)、(8)は順不同でよい。

1) FMEA は、 (1) と影響解析で、設計の不完全な点や潜在的な欠点を見出すために、構成要素の (1) とその上位アイテムへの影響を解析する技法である。特に影響の致命度の格付けを重視し、数値を用いて解析する場合は FMECA（Failure Mode Effects and Criticality Analysis）という。

2) FMEA は、設計の (2) 、製造工程の改善、安全性解析などに活用される。

3) FMEA は、 (3) でシステム、構成品、部品などアイテムに対して、将来発生すると予想される故障を想定し、その故障がシステム全体、他の構成品などへ与える影響を解析し対策を立て、早い段階で設計に反映することができる。

4) FTA は、 (4) で、信頼性または安全性上、その発生が (5) について (6) を用い、その発生の経過をさかのぼって樹形図（FT 図）に展開し、発生経路および (7) 、発生確率を解析する技法である。

5) FTA の実施には、設計時に予想される故障を (8) として事前解析をする場合と、市場等で発生した故障を (8) として事後解析をする場合の 2 通りがある。

6) FTA では、基本事象の発生確率がわかっているか、推定できれば (8) の発生確率は (9) を用いて計算ができる。この計算をするには、次の2つの仮定が前提となる。

① 各事象は、正常と異常の2つの状態しか取り得ず、互いに (10) であること。
② 基本事象は、互いに独立である。

選択肢

ア．好ましくない事象	イ．好ましい事象	ウ．排反
エ．トップ事象	オ．発生原因	カ．ブール代数
キ．信頼性の評価	ク．論理記号	ケ．設計段階
コ．故障の木解析	サ．故障モード	シ．計算式

● 解答欄 ●

(1)	(2)	(3)	(4)	(5)	(6)	(7)	(8)	(9)	(10)

Keyword Explanation

DR とトラブル予測、FMEA、FTA

解説

DR（Design Review）デザインレビューは、設計検証、設計審査会とも呼ばれる。

FMEA（Failure Mode and Effects Analysis）故障モードと影響解析

FTA（Fault Tree Analysis）故障の木解析

FMEA，FTA は、故障モードがわかっている場合は並行して行う方がよい。

一般的には、故障の未然防止のために設計段階で次のステップで行う。

［設計構想］→［FMEA の実施］＝［故障モードを列挙、分類して影響解析を行う］→［故障モードを重点指向する］

［FMEA で重点指向した故障モードをトップ事象とする］→［FTA の実施］→［対策検討し、設計構想へフィードバックをして未然防止を行う］

項　目	FMEA	FTA
解析の起点	要素の故障モード	システム（全体）に関する好ましくない事象
方　向	原因側から結果側へボトムアップ	結果側から原因側へトップダウン
特　徴	表形式のワークシート	記号を用いた図
対　象	原則としてすべての要素のすべての故障モードを網羅的に取り上げる	取り上げた事象につながる事象はすべて出し無関係なものは除く
制　約	原則として１要素の１故障モードを仮定	多重原因による故障も考慮
定量化	致命度解析で使うことがあり、評価法は多く利用	発生確率計算可能 重要度算出

● **解答** ●

(1)	(2)	(3)	(4)	(5)	(6)	(7)	(8)	(9)	(10)
サ	キ	ケ	コ	ア	ク	オ	エ	カ	ウ

品質保証のプロセス、保証の網（QA ネットワーク）製品のライフサイクル全体での品質保証

問題6 次の文章において、□□□内に入る最も適切なものを下欄の選択肢から選び、その記号を解答欄に記入せよ。ただし、各選択肢を複数回用いることはない。

1) 品質保証の体系を表したのが □(1)□ であり、品質保証の活動を製品の開発段階から製造し、販売しアフターサービスに至るまでの各プロセスにおいて行うべきことを示している。

　生産段階で用いる QA ネットワークは、設計品質を確保するために特定された製品の □(2)□ と、その製品を製造する要素作業毎の □(3)□ との関係を、□(4)□（マトリックス表）で表示して、□(2)□ に対する □(3)□ の保証レベルを、発生・流出の両面からランク評価する。

2) 品質保証とは、□(5)□ が要求する品質のものを信用して買うことができ、購入後も安心して使用し、満足して長く使用できること。そして、□(6)□ の廃棄まで含めて満足できることを □(7)□ する活動である。

　このために、企画・設計において、□(5)□、および社会を含めた市場のニーズをとらえ、この要求品質に適合した製品・サービスを考慮した狙いの品質目標である設計品質を決定する。設計品質通りのばらつきの少ない品物を製造し、製造した結果の製造品質が設計品質通りであるかの □(8)□ をチェックして、適合したものを市場へ供給することである。

　さらに、お客様が購入時点で、機能、使い方などを正しく理解してもらうために行う □(9)□ と、お客様が購入後に使用中の問い合わせ、故障の対応、さらには □(6)□ の廃棄なども含めた □(10)□ を行うことも重要である。

選択肢

ア．工程	イ．顧客・消費者	ウ．保証項目
エ．二元表	オ．ビフォアーサービス	カ．アフターサービス
キ．使用後	ク．品質保証体系図	ケ．保証
コ．適合性		

● 解答欄 ●

(1)	(2)	(3)	(4)	(5)	(6)	(7)	(8)	(9)	(10)

Keyword Explanation

品質保証のプロセス、保証の網（QA ネットワーク）
製品のライフサイクル全体での品質保証

解説

① 保証の網（QA ネットワーク）

QFD を組織、プロセスに対して導入、活用したツールである。

生産段階で用いる QA ネットワークは、設計品質を確保するために特定された製品の保証項目と、その製品を製造する要素作業毎の工程との関係を、二元表で表示して、保証項目に対する工程の保証レベルを、発生・流出の両面からランク評価する。

② 品質保証の定義

品質保証の各定義を示す。

「JIS Z 8101：1981：品質管理用語」（1999 年に廃止）

消費者の要求する品質が十分みたされていることを保証するために、生産者が行う体系的活動。

「JIS Q 9000：2006：品質マネジメントシステム―基本及び用語」

品質要求事項が満たされるという確信を与えることに焦点を合わせた品質マネジメントの一部。

「CD-JSQC-Std 00001：2011：品質管理用語」品質管理学会

顧客・社会のニーズを満たすことを確実にし、確認し、実証するために、組織が行う体系的活動。

（注記 1）"確実にする"は、顧客・社会のニーズを把握し、それに合った製品・サービスを企画・設計し、これを提供できるプロセスを確立する活動を指す。

（注記 2）"確認する"は、顧客・社会のニーズが満たされているかどうかを継続的に評価・把握し、満たされていない場合には迅速な応急対策、再発防止対策を取る活動を指す。

（注記 3）"実証する"は、どのようなニーズを満たすのかを顧客・社会との約束として明文化し、それが守られていることを証拠で示し、信頼感・安心感を与える活動を指す。

（注記 4）目的である、顧客・社会のニーズを満たすことそのものを品質保証という場合がある。

解答

(1)	(2)	(3)	(4)	(5)	(6)	(7)	(8)	(9)	(10)
ク	ウ	ア	エ	イ	キ	ケ	コ	オ	カ

問題7 次の文章において、□□□内に入る最も適切なものを下欄の選択肢から選び、その記号を解答欄に記入せよ。ただし、各選択肢を複数回用いることはない。⑸・⑹、⑺・⑻はそれぞれ順不同でよい。

製造物責任とは、製造物の欠陥により、使用者または第三者が受けた損害に対して ⑴ や販売業者が負うべき ⑵ のことである。

⑵ に関して従来は、民法第709条（不法行為による損害賠償）の適用により被害者が製品に欠陥があったこと、その欠陥が原因であったこと、その欠陥がメーカーや販売業者の過失に起因するものといった ⑶ を立証する必要があった。

これが、「製品に欠陥があれば、その欠陥が ⑴ や販売業者の過失に起因したかどうかに関係なく、 ⑴ や販売業者は損害賠償責任を負う」という ⑷ （厳格責任）を認めた製造物責任法が1995年7月1日に施行された。

この製品責任が発生しないように、 ⑴ や販売業者は対処する必要がある。この対策として、製造物責任予防対策がある。この製造物責任予防対策には、 ⑸ と ⑹ がある。

欠陥は、 ⑺ の欠陥、製造上の欠陥、 ⑻ の欠陥の3つに分類されている。

選択肢

ア．賠償責任　　　　イ．過失責任　　　　ウ．無過失責任

エ．設計上　　　　　オ．製品安全対策　　カ．製造物責任防御

キ．製造業者　　　　ク．警告上

Negligence

Pat tummy Ponpoco Pon

Accident

Pat tummy Ponpoco Pon

● 解答欄 ●

(1)	(2)	(3)	(4)	(5)	(6)	(7)	(8)

解説

① 欠陥の分類

a. 設計上の欠陥

　製造物の開発・設計段階に配慮すべき安全性を配慮しない設計に従って製造された製造物が安全性に欠ける場合など、本来開発・設計で防ぐことが可能である欠陥。

b. 製造上の欠陥

　製造物の製造段階において発生する欠陥であり、製造物の製造過程で粗悪な材料が混入したり、製品の組立に誤りがあったなどの原因により、製造物が設計・仕様通りにつくられず安全性を欠くに至った場合。

c. 警告上の欠陥

　製造物の設計や製造に欠陥は存在しないが、その製造物が適切な警告や指示を伴っていないことによって、製造物そのものが欠陥を有するものと評価される場合をいい、特に有用性ないし効用を維持するために、どうしても除去し得ない一定の危険性が存在する製品について、多く問題となるもので「警告・表示が欠けている場合」、「警告が不充分な場合」、「指示、説明の不充分な場合」である。

② 製造物責任（PL：Product Liability）

製造物責任対策（PLP：Product Liability Prevention）

　製造物責任対策（PLP）には、製品安全対策（PS：Product Safety）と製造物責任防御対策（PLD：Product Liability Defence）の2つの側面がある。

　製品安全対策（PS）とは、製品の安全性を高めるための対策で、フールプルーフ化、フェールセーフ設計、冗長設計などがされる。

　製造物責任防御対策（PLD）とは、製品の欠陥に基づく事故が発生した場合に、消費者からの法的責任の追及に対する対策。これは、法的責任がないにもかかわらず、法的責任を負ってしまう結果となることを防止すること。あるいは、実際の法的責任以上の過大な法的責任を負ってしまうことを防止する対策である。

　管理文書、データの記録を保存して万一の訴訟に備える。また、万一の損害補填措置、万一の場合に備えた体制づくりなどである。

● 解答 ●

(1)	(2)	(3)	(4)	(5)	(6)	(7)	(8)
キ	ア	イ	ウ	オ	カ	エ	ク

③ 関連する責任

a. 過失責任（Negligence）

製品に欠陥が存在しているとき、

その欠陥が原因で損害を与え、

その欠陥がメーカーや販売業者の過失に起因するものであれば、

メーカーや販売業者は損害賠償責任を負う。

b. 厳格責任（Strict Liability）（無過失責任）

製品に欠陥が存在しているとき、

その欠陥がメーカーや販売業者の過失に起因したかどうかに関係なく、

メーカーや販売業者は損害賠償責任を負う。

c. 絶対責任

製品を使用した結果、損害を与えたのであれば、

製品に欠陥がなくとも、

メーカーや販売業者は損害賠償責任を負う。

d. 危険責任

危険を内在した製造物を製造した者がその危険が発生した場合の賠償責任を負う。

e. 報償責任

製造者が利益追求を行っており、利益を上げる過程において他人に損害を与えたことを根拠に賠償責任を負う。

f. 信頼責任

自らの製造物に対する消費者の信頼に反して、欠陥ある製造物を製造し引き渡したことを根拠として立証責任を負う。

g. 保証責任（Warranty）、契約不適合責任（瑕疵担保責任）

購入した製造物に不具合や欠陥があって、それが使えない場合に製造者が修理したり、不具合や欠陥のない良品と交換する補償責任。

2020年4月改正民法によって「瑕疵担保責任」が「契約不適合責任」という用語に変わった。

改正民法施行日前に契約された取引については、改正前民法が適用される（附則34条）。そこで、瑕疵担保責任の時効は最長10年であり、今後10年は瑕疵担保責任の適用もされる。

「瑕疵」の定義は、「通常備えるべき品質・性能を有しないか又は契約で予定した品質・性能を有しないこと」、これに対して、「契約解除」、「損害賠償請求」ができた。

「契約不適合」は「種類、品質又は数量に関して契約の内容に適合しないもの」これに対して、「契約解除」、「損害賠償請求」の他に、「追完請求」、「代金減額請求」、「無催告解除」、「催告解除」が可能となった。

(注記) 以下マークは参考であり、それぞれの寸法、色などは規定とは異なる。

消費生活用製品安全法 (PSC：Product Safety of Consumer Products)	
特定製品	特別特定製品
(PSC○)	(PSC◇)

電気用品安全法 (PSE：PS は Product Safety、E は Electrical Appliance and Materials の略)	
特定電気用品以外の電気用品	特定電気用品
(PSE○)	(PSE◇)

ガス事業法 (PSTG：Product Safety of Town Gas Equipment and Appliances)	
特定ガス用品以外のガス用品	特定ガス用品
(PSTG○)	(PSTG◇)

液化石油ガス保安の確保及び取引適正化に関する法律 (PSLPG：Product Safety of Liquefied Petroleum Gas Equipment and Appliances)	
特定液化石油ガス器具等以外の 液化石油ガス器具等	特定ガス用品
(PSLPG○)	(PSLPG◇)

初期流動管理、市場トラブル対応、苦情とその処理

問題8 次の文章において、 内に入る最も適切なものを下欄の選択肢から選び、その記号を解答欄に記入せよ。ただし、各選択肢を複数回用いることはない。

製品が企画・設計され量産試作をした後に本生産を実施しても、生産初期段階では、思わぬ不具合、異常が発生することは少なくないのが実態である。

したがって、初期の段階に問題の (1) 、迅速な対応を行うために、特別な (2) をとることが望ましい。この管理を (3) と呼び、初期段階の一定期間、特別な (2) をつくり、材料・部品の調達から設備、測定器などの確認と不具合、 (4) を (1) して関連部署に対してフィードバックし、すみやかに処置対策を実施する。さらに、量、物流も含めた総合的な品質に対する (5) を行う。

顧客満足を維持・向上することは、企業、会社、組織（以下組織と表現する）にとって重要な課題である。

顧客満足を得るためには、顧客の (6) を明確にし、これに応えること。そして、苦情の予防および万一苦情が発生した場合に、すみやかに苦情に対する的確なる対応と処置を行い、苦情に対する (7) を行うことである。

顧客満足とは、「顧客の (6) が満たされている程度に関する顧客の (8) 」であり、顧客の苦情は、顧客満足が低いことの一般的な指標であるが、顧客の苦情がないことが必ずしも顧客満足度が高いことを意味するわけではない。さらに、顧客の (6) が顧客と合意され、満たされている場合でも、それが必ずしも顧客満足が高いことを保証するものではない。

選択肢

ア．不安定要素	イ．管理体制	ウ．管理活動
エ．要求事項	オ．受け止め方	カ．早期発見
キ．初期流動管理	ク．再発防止対策	

● **解答欄** ●

(1)	(2)	(3)	(4)	(5)	(6)	(7)	(8)

解　説

① 初期流動管理

　新製品・サービスの販売開始後または新プロセスの導入後の一定期間、収集する品質情報の量・質を上げ、製品・サービスに関する問題を早期に顕在化させ、検出された問題に対する是正処置を迅速に行うための特別な組織的活動。

② 苦情対応のプロセス

　「JIS Q 10002：2005：品質マネジメント－顧客満足－組織における苦情対応のための指針」より、苦情対応のプロセスの項目を抜粋

a.　コミュニケーション

b.　苦情の受理

c.　苦情の追跡

d.　苦情の受理通知

e.　苦情の初期評価

　　受理した後、それぞれの苦情は、例えば、重大性、安全性、複雑性、インパクト、即時処置の必要性と可能性などの基準で初期評価を行うこと。

f.　苦情の調査

　　苦情をめぐるすべての状況および情報の調査のために、最善の合理的な努力をして、調査のレベルは、苦情の深刻さ、発生する頻度および重大性に比例する。

g.　苦情への対応

　　適切な調査に引き続いて、例えば、組織は問題を是正し、将来発生を予防する対応をとることが望ましい。苦情がすぐに解決できない場合は、できるだけ早く効果的な解決につながるような方法で対応することが望ましい。

h.　決定事項の伝達

i.　苦情対応の終了

● 解答 ●

(1)	(2)	(3)	(4)	(5)	(6)	(7)	(8)
カ	イ	キ	ア	ウ	エ	ク	オ

成果は能力と努力の相乗効果

「努力」とは

- **吸収力**…ものごとを注意深く観察し、自分の持っていないものを自分のものとする力。

  （そのためには、まず、自分が謙虚でなくてはならない）

- **記憶力**…ものごとを覚え、かつ、時に臨んでそれを思い出す力。

  （そのためには、知識が常に整理されて、吸収されていなければならない）

- **推理力**…事象を分析し、判断し、先を読み取る力。

  （そのためには、今までの失敗や成功の経験から適確な分析を行いその結果から、その都度、素直に反省して自分のものにしなければならないし、かつ、周囲の状況の変化に対応するだけの柔軟さが必要である）

- **独創力**…アイディアを生み出す力。

  （いろいろなことを漫然と考えているだけではなく、それを具体的に、かつ、説得性のあるものに組み立てていく構想力が必要）

　式で表すと、能力と努力の相乗効果として成果がある。

能力 × 努力 ＝ 成果

　このように成果とは足し算ではなく、掛け算である。

　どちらか一方が「0」であれば、答は「0」となる。どちらか一方が非常に小さい値であれば、他の一方がどんなに大きくても、その答はきわめて小さくなる。

　これと同じで、どちらかが負（マイナス）であったら、答は負（マイナス）となる。答（成果）を大きくするためには、能力・努力が正（プラス）の方向で共に大きくなければならない。

　生まれつきの天才・神童といわれる人は別として、人間の能力は生れた時はそれほど差はないのである。

　人生を有意義に過ごすには「努力」することである。

2-4 品質保証 ＜プロセス保証＞

キーワード	自己チェック
作業標準書	
プロセス（工程）の考え方	
QC 工程図、フローチャート	
工程異常の考え方とその発見・処置	
工程能力調査、工程解析	
変更管理、変化点管理	
検査の目的・意義・考え方（適合、不適合）	
検査の種類と方法	
計測の基本	
計測の管理	
測定誤差の評価	
官能検査、感性品質	

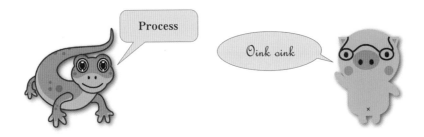

作業標準書、プロセス（工程）の考え方

問題1　次の文章において、□□□□内に入る最も適切なものを下欄の選択肢から選び、その記号を解答欄に記入せよ。ただし、各選択肢を複数回用いることはない。

工程管理の原因系の管理項目の１つとして作業方法の管理があり、作業を ＿(1)＿ なく同じ作業ができるようにするために ＿(2)＿ が用いられる。すなわち、製造工程で品質をつくり込むための ＿(2)＿ である。

この ＿(2)＿ のポイントは、

1) 作業の ＿(3)＿ を押さえてあること
2) 結果と ＿(4)＿ との両面から作業を規定する
3) 具体的な作業の ＿(4)＿ を書く
4) ＿(5)＿ 可能なものにする
5) ＿(6)＿ の処理を規定しておく
6) 安全についての留意点を明確にしておく
7) 改定ができるように考えておく

プロセス（仕事の ＿(4)＿ 、仕組み、工程ともいう）を重視してプロセスを変えていくことが ＿(7)＿ を良くしていくことになる。良い ＿(7)＿ が得られるように、プロセスを管理し、仕事の ＿(4)＿ や仕組みを向上させていこうという考え方がプロセス管理である。

＿(8)＿ とは、プロセスのアウトプットが要求される基準を満たすことを確実にする一連の活動である。

また、顧客のニーズを満たす製品を ＿(9)＿ に提供できるプロセスを確立する活動を「＿(8)＿」という場合がある。

選択肢

ア．実施　　　　　　イ．重点・要点　　　　ウ．ばらつき
エ．プロセス保証　　オ．やり方　　　　　　カ．異常時
キ．経済的　　　　　ク．作業標準　　　　　ケ．結果

● 解答欄 ●

(1)	(2)	(3)	(4)	(5)	(6)	(7)	(8)	(9)

作業標準書、プロセス（工程）の考え方、プロセスに基づく管理、
プロセス管理、プロセス保証

解説

① 作業標準書

　作業条件、作業方法、管理方法、使用材料、使用設備、その他の注意事項などに関する基準（作業標準）を定めたもの。作業手順書、作業指図書、作業指示書、作業要領書、作業指導書、作業基準書、作業インストラクション、ワークインストラクションなどと呼ぶことがある。

② プロセス（Process）／工程

「JIS Q 9000：2015：品質マネジメントシステム－基本及び用語」より

　インプットを使用して意図した結果を生み出す、相互に関連する又は相互に作用する一連の活動。

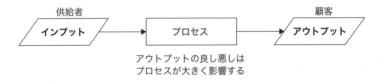

アウトプットの良し悪しは
プロセスが大きく影響する

③ プロセスに基づく管理

「CD-JSQC-Std 00001：2011：品質管理用語」より

　ねらいとする成果を生み出すためのプロセスを明確にし、個々のプロセスを計画通り実施する。そのうえで、成果とプロセスの関係、プロセス間の相互関係を把握し、一連のプロセスをシステムとして有効に機能するように維持向上、改善及び革新すること。

④ プロセス保証

「CD-JSQC-Std 00001：2011：品質管理用語」より

　プロセスのアウトプットが要求される基準を満たすことを確実にする一連の活動。

● 解答 ●

(1)	(2)	(3)	(4)	(5)	(6)	(7)	(8)	(9)
ウ	ク	イ	オ	ア	カ	ケ	エ	キ

QC工程図、フローチャート

問題2 次の文章において、□□□□内に入る最も適切なものを下欄の選択肢から選び、その記号を解答欄に記入せよ。ただし、各選択肢を複数回用いることはない。

QC工程図（表）は、製造工程で材料・部品が供給されてから □(1)□ として出荷されるまでの工程の各段階での □(2)□ 、管理方法など品質をつくり込むうえで必要な内容を工程の流れに沿って表した図であり、工程管理表、工程保証表などと色々な呼び方をされ、様式も様々である。

QC工程図（表）は、□(3)□ 段階で作成される。そして、□(3)□ のDR、量産段階の工程管理に用いて、必要に応じて改定する。工程監査、ISOの審査などに活用されている。

QC工程図（表）は、工程のすべてを網羅した図（表）であるが、これを1つの作業、または区切りのよい □(4)□ で、作業手順を明確に表した □(5)□ は、分解図、組立図などで示したもの、1つ1つ箇条書きにしたもの、□(6)□ にしたものなどと色々な形式がある。

そして、□(5)□ は、作業指図書、作業基準書、作業要領書、作業インストラクションなどと呼ばれている。

| Storage | Processing | Quantity Inspection | Quality Inspection |

選択肢

ア．工程設計	イ．管理項目	ウ．作業単位
エ．部品単位	オ．材料	カ．完成品
キ．作業標準書	ク．フローチャート	

● 解答欄 ●

(1)	(2)	(3)	(4)	(5)	(6)

解　説

QC工程図／QC工程表

　製品・サービスの生産・提供に関する一連のプロセスを図表に表し、このプロセスの流れにそってプロセスの各段階で、誰が、いつ、どこで、何を、どのように管理したらよいかを一覧にまとめたもの。

QC工程図の一般的な書き方

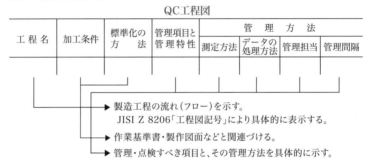

QC工程図

工 程 名	加工条件	標準化の方　法	管理項目と管理特性	管　理　方　法			
				測定方法	データの処理方法	管理担当	管理間隔

➤ 製造工程の流れ（フロー）を示す。
　 JISI Z 8206「工程図記号」により具体的に表示する。
➤ 作業基準書・製作図面などと関連づける。
➤ 管理・点検すべき項目と、その管理方法を具体的に示す。

表1　基本図記号

番号	要素工程	記号の名称	記号
1	加 工	加 工	◯
2	運 搬	運 搬	●
3	停 滞	貯 蔵	▽
4		停 滞	◻
5	検 査	数量検査	□
6		品質検査	◇

表2　補助図記号

番号	記号の名称	記号
1	流れ線	❘
2	区 分	〰
3	省 略	＝

「JIS Z 8206：1982：工程図記号」

● 解答 ●

(1)	(2)	(3)	(4)	(5)	(6)
カ	イ	ア	ウ	キ	ク

工程異常の考え方とその発見・処置

問題3 次の文章において、□□□内に入る最も適切なものを下欄の選択肢から選び、その記号を解答欄に記入せよ。ただし、各選択肢を複数回用いることはない。(7)、(8)は順不同でよい。

異常、不具合、不適合の発見は、管理図を作成し□□(1)□□で判定する異常と製品、部品などの特性値、要因を測定、試験して規格・判定基準と比較して判定した不適合 (不良)、不適合品 (不良品)、不具合である。そして、顧客からの□□(2)□□、返品などで得られた異常の情報である。また、業務、しくみなどのように数値データが得られないプロセス上の不具合、不適合に関しては、調査結果、監査結果から得られる異常である。

これらすべてに関して、□□(3)□□としてタイムリーに、また、定期的に□□(4)□□に報告することは重要である。そして、必要に応じて、公表、リコールなどの判断を得なければならない。

また、異常の原因は複数の部門にまたがる場合が多いので、他の部門の協力を得るための工夫が必要である。そこで、1件1件の□□(5)□□を作成して、市場を含めての□□(6)□□の明確化、法的処置対策の必要の有無の検討、□□(7)□□・対策、原因追求、□□(8)□□、水平展開、効果確認などに分けて進捗管理をすることが必要である。

> **選択肢**
>
> ア. 応急処置 　　　イ. 生産計画 　　　ウ. 対象範囲
>
> エ. 異常報告書 　　オ. 経営幹部 　　　カ. 管理線
>
> キ. クレーム 　　　ク. 品質情報 　　　ケ. 再発防止策

● 解答欄 ●

(1)	(2)	(3)	(4)	(5)	(6)	(7)	(8)

Keyword　Explanation

工程異常、トレーサビリティ、応急処置、応急対策、暫定処置、根本対策、恒久対策、是正処置、再発防止、水平展開、横展開

解　説

① トレーサビリティ（Traceability）

追跡性や追跡可能性と訳される。製品、部品、材料などそれぞれのシリアル番号や製造密番、記号、ロット番号などで、個々またはロット単位で、対象範囲を明確にすることができることをいう。他に計測用語のトレーサビリティはこの解釈とは異なる。

② 応急処置、応急対策、暫定処置

異常、不具合、不適合など、その原因を追求するより先に、取り急ぎそのこと自体、それによる被害、損失が拡大しないように、とりあえず取る処置・対策で流出防止策も含み、結果系、原因系に限らず行う処置・対策をすること。

③ 根本対策、恒久対策、是正処置、再発防止

異常、不具合、不適合などの真の原因を追求して、そのもとになった事柄に対して徹底した対策をすること。そして、同じ原因で二度と問題が発生しないようにしくみの変更、改善と基準化、標準化、水平展開も忘れてはならない。

④ 水平展開、横展開

異常、不具合、不適合などの真の原因を追求して、その原因が例えば部品であった場合、その部品を使用する他の製品に対しても、同様の問題の発生の有無にかかわらず同じ対策をすること。また、原因がしくみ、設備などであってもその事柄、原因が関連工場、他の製品であっても同じ対策を実施すること。

● 解答 ●

(1)	(2)	(3)	(4)	(5)	(6)	(7)	(8)
カ	キ	ク	オ	エ	ウ	ア	ケ

工程能力調査、工程解析、変更管理、変化点管理

問題4 次の文章において、□□□□内に入る最も適切なものを下欄の選択肢から選び、その記号を解答欄に記入せよ。ただし、各選択肢を複数回用いることはない。

1) 工程能力調査は、工程から品物をサンプリングして [(1)] を測って、その [(2)] と比較した [(3)] を求めて、工程が均一な製品をつくる能力があるかどうかの評価を行うことである。

2) 工程解析は、「工程能力調査の結果、[(4)] が必要となった場合」、「顧客、後工程からクレームが発生した場合」、「会社方針の新たな課題達成のために工程解析が必要となった場合」などに行う。

　　そして、工程解析は、特性値を明確にして、工程を構成する [(5)] を把握し、QC七つ道具、新QC七つ道具をはじめとして、[(6)] を活用して特性値に影響を及ぼす [(5)] を探り出し、その因果関係を把握することである。

3) プロセス／工程において、インプットの変更（品物の製造工程の場合、材料・部品など）、[(7)] に変更が生じる場合（設備、作業方法、作業者など）、あるいは、設計・仕様変更は、コスト力の改善、不具合の対策、生産性の改善などその変更理由・目的は多種多様である。

　　そして、これらの変更において、品質問題が発生し、思わぬトラブルで改良・改善の目的が反対に [(8)] となることは少なくない。

　　そこで、初期流動管理同様に [(9)] も特別な管理体制をとることが望ましい。

　　また、設計・開発段階では、変更内容、変更目的を明確にし、通常の設計・開発同様の検証に加え、特に変更に対する [(10)] の検討を行うことが要求される。

　　そして、設計・開発段階の変更に関して、またソフトウェアにおいてはコンフィギュレーション（構成管理、型式管理）と呼ばれる管理も要求される。

選択肢

ア．工程改善　　イ．変更管理　　ウ．品質特性　　エ．要因
オ．規格値　　カ．プロセスの内容　　キ．工程能力指数　　ク．統計手法
ケ．妥当性　　コ．改悪

● **解答欄** ●

(1)	(2)	(3)	(4)	(5)	(6)	(7)	(8)	(9)	(10)

解　説

①　工程能力調査

　工程から品物をサンプリングして品質特性を測り、その規格値と比較した工程能力指数を求めて、工程が均一な製品を作る能力があるかどうかの評価を行うことである。

②　工程解析

　工程の維持向上、改善および革新に繋げる目的で特性値を明確にして、工程を構成する要因を把握し、QC 七つ道具、新 QC 七つ道具をはじめとして、統計手法を活用して特性値に影響を及ぼす要因を探り出し、その因果関係を把握することである。

③　変更管理

　製品・サービスの仕様、設備、工程、材料・部品、作業者などに関する変更を行う場合、変更に伴う問題を未然に防止するために、変更の明確化、評価、承認、文書化、実行、確認を行い、必要な場合には処置を取る一連の活動。

④　変化点管理

　事故や問題発生の流出防止および予防するために、製品や作業状態に変化があったときに 集中して監視する考え方、プロセスおよびその相互関係を迅速にかつ敏感に察知し、問題の発生を予防することを「変化点管理」と呼ぶ。

⑤　妥当性

　意図された用途または適用において、製品・サービス、プロセスまたはシステムがニーズを満たしていること。

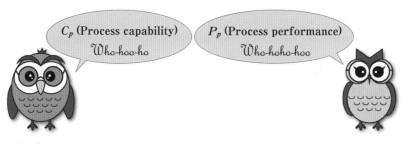

● 解答 ●

(1)	(2)	(3)	(4)	(5)	(6)	(7)	(8)	(9)	(10)
ウ	オ	キ	ア	エ	ク	カ	コ	イ	ケ

検査の目的・意識・考え方（適合、不適合）

問題5　次の文章において、□□□内に入る最も適切なものを下欄の選択肢から選び、その記号を解答欄に記入せよ。ただし、各選択肢を複数回用いることはない。

1) 品物の「良い」、「悪い」を決めることが □(1)□ である。ジュラン博士は「□(1)□ とは、製品が次の工程に対して □(2)□ であるかどうか、あるいは消費者に対して発送して良いかどうかを決める仕事である」と定義している。

　　すなわち、□(1)□ とは何らかの方法で測定または □(3)□ をして、その結果を □(4)□ して、合格、不合格の判定をすることである。

2) 品質管理における、□(1)□ の役割として、合否判定だけではなく、

① 不良品・□(5)□ を取り除き後工程、顧客に良い物を供給する。

② 顧客、後工程を含み関連部署へ品質情報を悪い情報も良い情報も正しく公開し伝える（フィードフォワードを含む）。

③ 検査結果を基に関連部署へ □(6)□ する（フィードバックする）。

3) 検査が行われる段階で分類すると、原材料、材料、部品の □(7)□ で行われる受入検査と品物の生産途中の工程内、□(8)□ で行われる中間検査、そして品物の □(9)□、出荷段階で行われる最終検査と3つの段階に分類される。

4) 製品・サービス、プロセス、またはシステムが、規定要求事項を満たしていることを □(10)□ といい、検査した結果、対象品または対象ロットが、判定基準に適合したことを合格と呼ぶ。

選択肢

ア．完成段階　　　　イ．工程間　　　　　ウ．購入段階

エ．適合　　　　　　オ．アクション　　　カ．検査

キ．試験　　　　　　ク．適切　　　　　　ケ．不適合品

コ．判定基準と比較

● **解答欄** ●

(1)	(2)	(3)	(4)	(5)	(6)	(7)	(8)	(9)	(10)

解　説

① 試験

供試品について、特性を調べること。規定された手順に従って、製品・サービス、要因、設備などの<u>特性値を調べる</u>こと。

② 検査

品物・サービス・事柄の「良い」、「悪い」を決めること。品物・サービス・事柄を何らかの方法で測定また試験をして、その結果を判定基準と比較して、<u>合格、不合格の判定</u>をすること。

③ 目的による検査の分類

a. 数量検査

個数・数量の検査。

b. 品質検査

品質の検査。一般的には品質を省いて検査と呼んでいる。

④ 検査が行われる段階（工程の段階）による分類

a. 受入検査、購入検査、買入検査、検収検査

購入先、外注先などから原材料、材料、部品、半完成品、完成品などを受け入れてよいかどうかの判定を下すことが主な目的で行われる。また、納入者側の規模によって重要な特性であってもその精密な計測ができない場合など受け入れ側でそのデータをとる目的の場合もある。

b. 中間検査、工程間検査、工程内検査、巡回検査、自主検査、自主点検

工程の途中で行う検査であり、後工程に不良品が渡らないために実施する検査である。

この検査は、検査担当部門が実施する場合と製造部門が行う場合の 2 つがある。定位置ではなく、指定された場所で作業のチェックをするとか、作業の結果をチェックするなど必要な場所へ移動しながら行う検査を巡回検査という。製造部門、作業者自身が自主的に実施する検査を自主検査、自主点検という。

c. 最終検査、出荷検査、完成検査、製品検査

品物がその工程、工場、会社での最終品（完成品）として顧客の立場で試験し、製品規格・基準、関連法規などと照らし合わせて出荷して良いかの判定を下す目的で行われる。また、必要に応じて個々の試験成績書を作成して顧客へ提出するとか、個々の情報、ロットの情報などを後工程へフィードフォワードするなどの目的もある。

解答

(1)	(2)	(3)	(4)	(5)	(6)	(7)	(8)	(9)	(10)
カ	ク	キ	コ	ケ	オ	ウ	イ	ア	エ

⑤ 検査方法（試験する数量）による分類

a. 全数検査

有限母集団のすべてのものを検査すること。

b. 抜取検査

母集団からロットを構成して、そのロットからサンプルを抜取って、サンプルを測定または試験した結果を、定められた判定基準と比較して、ロットおよび母集団の合格／不合格を判定する検査である。

c. 無試験検査、間接検査、承認検査

「品質情報、技術情報に基づいてサンプルの試験を省略する検査」、「納入者からロットごとの検査成績書の添付、提示など公開情報を基に内容を確認し検査を省略する検査」のこと。

⑥ 検査方法（試験方法）による分類

a. 破壊検査

破壊強度、寿命試験など品物を破壊しないとデータが得られない検査のこと。

b. 非破壊検査

検査しても商品価値が変わらない検査で、外観、寸法、重量、X線による内部観測などでデータが得られ、その結果で合格、不合格の判定が可能な検査のこと。

⑦ 検査方法（試験する場所）による分類

a. 定位置検査

検査員が同じ場所で行う検査のこと。

b. 巡回検査

工程を巡回して行う検査のこと。

⑧ 検査方法（試験する特性値）による分類

a. 機能検査

品物、ソフトウェアなどの各機能（はたらき、それぞれの役割、仕様で定義された項目）がその目的通りまたは仕様通りのはたらきを果たせるかを調べる。または判定基準と比較して合格、不合格の判定をすること。性質や役割であって、直接数値化できないものも含まれる。

b. 動作検査

動きが伴う機能、性能のはたらきを調べること（動作は一部対象外の機能項目がある）。

c. 性能試験

「性能」とは、具体的な指標として数値化できるものである。この具体的な指標（特性値など）を調べること。

d. 外観検査

色、形状、表示などの外観を調べること。

e. 官能検査

官能検査とは、人の5感を1つまたは複数用いて、ものの品質を官能評価し、判定すること。

官能検査は、人間の感覚を使って評価を行うので、評価者で違うし、同じ人でも場所、時間、体調などによってばらつきは大きいので、環境の整備、標準の整備、教育訓練が重要である。

⑨ 検査関連用語

a. 適合

製品・サービス、プロセス、またはシステムが、規定要求事項を満たしていること。

b. 不適合

製品・サービス、プロセスまたはシステムが、規定要求事項を満たしていないこと。

c. 合格

検査した結果、対象品または対象ロットが、判定基準に適合したこと。

d. 不合格

検査した結果、対象品または対象ロットが、判定基準に適合しないで不適合となり合格しないこと。

e. 不良

質・状態などが良くないこと。機能などが完全でないこと。

製品・サービスが、その用途に関連する要求を満たしていないこと。

f. 不具合

製品・サービスの具合がよくないことまたはその箇所をいう。不具合は、不良かどうかもわからない場合に使われることが多い。

g. 故障

部品、構成品、デバイス、装置、機能ユニット、機器、設備、サブシステム、システムなどが要求機能達成能力を失うこと。

h. フィードバック

後工程から前工程へ情報（良い情報、悪い情報）を提供すること。

i. フィードフォワード

後工程や販売部門へ情報（良い情報、悪い情報）を提供すること。

計測の基本、計測管理、測定誤差の評価

問題6 次の文章において、□□□内に入る最も適切なものを下欄の選択肢から選び、その記号を解答欄に記入せよ。ただし、各選択肢を複数回用いることはない。(9)、(10)は順不同でよい。

測定は、　(1)　、検査の最も基本となることであり、いくらサンプルの取り方が適切であっても、大きくズレた値を示す計測器を用いるとか、測定のたびに異なる値を示す計測器で測定すると、その値は信頼できず、誤った判断をしてしまう。

事実を正しく表すデータを得るためには、適切な計測器、総合精度の良い計測器を使用し、正しい　(2)　をしなければならない。

適切な計測器とは、品物の規格の桁数より一桁下まで計測可能な計測器であり、総合精度が良いことである。

良い総合精度とは、ばらつきの誤差（　(3)　）が小さく、かたより（　(4)　）も小さいことである。

次に　(5)　に計測器の総合精度をチェックするために　(6)　を行う。
　(6)　はトレーサビリティ体系を確立し、国の　(7)　と対応のとれた社内標準器で　(6)　することが必要である。

誤差は、観測値・測定結果から　(8)　を引いた値であり、サンプリング誤差、試料調製誤差、測定誤差などに分けられる。そして、この測定誤差は、
　(9)　と　(10)　に分けられる。

選択肢

ア．正確さ　　　　イ．精密さ　　　　ウ．はかり方　　　　エ．定期的

オ．系統誤差　　　カ．検査　　　　　キ．標準器　　　　　ク．校正

ケ．偶然誤差　　　コ．試験　　　　　サ．真の値

● 解答欄 ●

(1)	(2)	(3)	(4)	(5)	(6)	(7)	(8)	(9)	(10)

Keyword Explanation

計測、計量、測定、計測管理、計量管理、トレーサビリティ、
国際標準、国家標準、系統誤差、偶然誤差、校正、点検、修正、
正確さ、真度、かたより、精密さ、精度、総合精度

解 説

「JIS Z 8013：2000 計測用語」より

用 語	定 義
計 測	特定の目的をもって、測定の方法及び手段を考究し、実施し、その結果を用いて所期の目的を達成させること。
計 量	公的に取り決めた測定標準を基礎とする測定。
測 定	ある量をそれと同じ種類の量の測定単位と比較して、その量の値を実験的に得るプロセス。
計測管理 (計量管理)	計測の目的を効率的に達成するため、計測の活動全体を体系的に管理すること。
トレーサビリティ	個々の校正が不確かさに寄与する、切れ目なく連鎖した、文書化された校正を通して、測定結果を参照基準に関係付けることができる測定結果の性質。
国際標準	国際協定の調印国によって承認され、世界中で用いることを意図した測定標準。
国家標準	当該の種類の量について、他の測定標準に量の値を付与するための基礎として、ある国または経済圏で用いるように国家当局が承認した測定標準。
系統誤差	反復測定において、一定のままであるか、又は予測可能な変化をする測定誤差の成分。
偶然誤差	反復測定において、予測が不可能な変化をする測定誤差の成分。
校 正	指定の条件下において、第一段階で、測定標準によって提供される不確かさを伴う量の値とそれに対応する指示値との不確かさを伴う関係を確立し、第二段階で、この情報を用いて指示値から測定結果を得るための関係を確立する操作。
点 検	点検では、修正が必要であるか否かを知るために、測定標準を用いて測定値の誤差を求め、修正限界との比較を行う。
修 正	修正では、計測器の読みと測定量の真の値との関係を表す校正式を求め直すために、標準の測定を行い、校正式の計算、又は計測器の調整を行う。

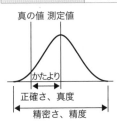

精確さ・総合精度					
	正確さ、真度	良い	悪い	良い	悪い
	精密さ、精度	良い	良い	悪い	悪い

解答

(1)	(2)	(3)	(4)	(5)	(6)	(7)	(8)	(9)	(10)
コ	ウ	イ	ア	エ	ク	キ	サ	オ	ケ

官能検査、感性品質

問題7 次の文章において、 ____ 内に入る最も適切なものを下欄の選択肢から選び、その記号を解答欄に記入せよ。ただし、各選択肢を複数回用いることはない。

データは、一般に物理的または化学的な計測で得られる。しかし、色々な理化学的計測をしても評価できない ___(1)___ があり、人の5感（5官）によらないと評価できないものがある。

このように ___(2)___ を用いないと定量化できない場合に用いる検査を官能検査と呼ぶ。すなわち、官能検査とは、人の5感を1つまたは複数用いてものの品質を官能評価し判定することである。

この官能評価は、人の好みや感情の状態そのものを官能評価する ___(3)___ と、人間の感覚を ___(4)___ として品物の欠点や、品物と品物の差を検出して評価する ___(5)___ に分けられる。

そして、官能評価の結果は、「数値による表現」、「言語による表現」、「図や写真による表現」、「検査見本、標準見本、 ___(6)___ などによる表現」で表現されるが、数値評価することが多く、数値化の方法として「総合評価」・「絶対評価」・「 ___(7)___ 」と3種類の方法があり、いずれも数値化するには、分類して、点数を付けて、順番を付けるという3段階で行う。

選択肢

ア．分析型	イ．嗜好型	ウ．人の感覚
エ．限界見本	オ．センサー	カ．特性値
キ．破壊的計測	ク．相対評価	ケ．教育訓練

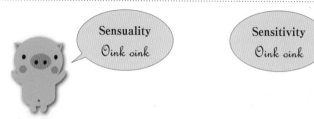

● **解答欄** ●

(1)	(2)	(3)	(4)	(5)	(6)	(7)

Keyword Explanation
官能検査、感性品質、5感、5官、総合評価、絶対評価、相対評価

解 説
下記に用語、評価方法、特徴について補足する。

① 5感と5官
- ・視覚　　　　目
- ・聴覚　　　　耳
- ・臭覚（嗅覚）鼻
- ・味覚　　　　口
- ・触覚　　　　舌、皮膚、手、足

> これに体性感覚が加えられる
> - ・内臓感覚（空腹感、尿意感、飢餓感）
> - ・平衡感覚（重力と運動の状態知覚、運動感覚）
> - ・深部感覚（姿勢と身体各部の相対位置関係）

② 数値化の評価方法
a. 総合評価
　　試料がもつ属性を総合的に評価する方法
b. 絶対評価
　　直接的な比較は行わず、官能評価試験員各自がもつ基準によって評価する方法
c. 相対評価
　　比較対象との直接的な比較によって評価する方法

③ 官能検査の特徴
　人間の感覚を使って評価を行うので、評価者で違うし、同じ人でも場所、時間、体調などによってばらつきは大きいので、次のことを配慮する必要がある。

a. 環境の整備
　　評価するものによって、評価結果へ影響する環境は異なるが、温度、湿度、明るさ、容器などは一定にすることが望ましい。
b. 標準の整備
　　作業標準書（検査標準書、検査指図書、検査手順書）を定期的にチェックし、必要なメンテナンスを行う。
　　評価の比較対象とする検査見本、標準見本、限界見本を整備する。合格／不合格の判定をする場合は、合格限度見本と不合格限度見本の2種類あることが望ましい。
c. 教育訓練
　　評価者の評価能力、身体条件によって異なるが、評価レベルを保つためには定期的に教育訓練して識別能力、評価基準の安定性と妥当性を確認することが重要である。

解答

(1)	(2)	(3)	(4)	(5)	(6)	(7)
カ	ウ	イ	オ	ア	エ	ク

おまけ 実務で使ってネ

信頼性関連の用語

用　語	概　要
ディレーティング（Derating）	負荷軽減
フェールセーフ（Fail Safe）	不具合が発生しても安全側にする 人に障害を及ばさないことが第一目的
フールプルーフ（Fool-Proof）	ポカよけ 人が失敗することを前提に、安全を保持する
フェールソフト（Fail Soft）	故障箇所を切り離して、被害を最低限に抑え機能が低下しても、停止させないようにする
フェールソフトリー（Fail Softly）	部分的な故障がすぐ破局的・破壊につなげず、徐々に機能を低下させる
冗長性・冗長化（Redundancy）	予備、バックアップの機能

＜フールプルーフの考え方＞

5W1H を無関係にする　　　　　　　　5W1H

Who　：だれがしても　　　　　← だれが

When　：いつおこなっても　　　← いつ

Where：どこでおこなっても　　　← どこで

What　：なにがあっても　　　　← なにが

Why　：いかなることがあっても　← なぜ

How　：どのようにしても　　　← どのように

　所定の事ができる、所定の結果が得られる、ようにする。

2-5 品質経営の要素
<方針管理、機能別管理>

	キーワード	自己チェック
方針管理	方針（目標と方策）	
	方針の展開とすり合わせ	
	方針管理のしくみとその運用	
	方針の達成度評価と反省	
機能別管理	マトリックス管理	
	クロスファンクショナルチーム（CFT）	
	機能別委員会	
	機能別の責任と権限	

Quality management
Policy management
Functional management

Pat tummy
Ponpoco Pon

問題 1 次の文章において、□□□内に入る最も適切なものを下欄の選択肢から選び、その記号を解答欄に記入せよ。ただし、各選択肢を複数回用いることはない。⑸、⑹、⑺は順不同でよい。

方針（Policy）とは、トップマネジメントによって正式に表明された、組織の使命、□(1)□およびビジョン、または□(2)□の達成に関する、組織の全体的な意図および方向付け。

方針によるマネジメントを総称して、□(3)□という。

方針の策定において、組織の使命、□(1)□およびビジョン、並びに□(2)□に基づいて組織の進むべき方向を明確に示した方針を策定すること。組織は、方針を定めるに当たって、その内容をより具体的なものにするために、「重点課題の決定」、「□(4)□」、「方策の立案」を実施する。

組織における重点課題の決定は、「□(5)□」、「□(6)□」、「□(7)□」の3つの側面から出てきた課題の中で重点課題となる項目を選択する。

方針の展開では、策定した組織方針を、組織の階層に従って下位の方針に展開する。このとき、上位の管理者および下位の管理者（複数）が集まって□(8)□を行い、上位の方針と下位の方針とが一貫性のあるものになるようにする。

選択肢

ア．組織の方針 　　　イ．目標の設定 　　　ウ．方針管理
エ．経営環境の分析 　オ．現状の反省 　　　カ．理念
キ．すり合わせ 　　　ク．中長期経営計画

Target
Who-hoo-ho

Means
Who-hoho-hoo

● 解答欄 ●

(1)	(2)	(3)	(4)	(5)	(6)	(7)	(8)

解　説

「JIS Q 9023：2018：マネジメントシステムのパフォーマンス改善－方針によるマネジメントの指針」より主な用語を下記に示す。

① 方針管理

方針を、全部門および全階層の参画の下で、ベクトルを合わせて重点指向で達成していく活動。方針には、中長期方針、年度方針などがある。

② 方針

トップマネジメントによって正式に表明された、組織の使命、理念及びビジョン、又は中長期経営計画の達成に関する、組織の全体的な意図及び方向付け。

方針には、一般的に3つの要素（重点課題、目標、方策）が含まれる。ただし、組織によってはこれらの一部を方針に含めず、別に定義している場合もある。

③ 重点課題

組織として優先順位の高いものに絞って取り組み、達成すべき事項。

④ 目標

目的を達成するための取組みにおいて、追求し、目指す到達点。

⑤ 方策

目標を達成するために、選ばれる手段。

⑥ 方針管理のプロセス

方針管理のプロセスの中核となるのは、中長期経営計画を踏まえた4つの実施事項である。「組織方針の策定」、「組織方針の展開」、「組織方針の実施及びその管理」、「期末のレビュー」

下記は、2018で削除され、「JIS Q 9023：2003」にあった記述を下記に示す。

⑦ 方針の策定

方針、又はそれを具体化した重点課題、目標及び方策の策定。

⑧ 方針の展開

方針に基づく、上位の重点課題、目標及び方策の下位の重点課題、目標及び方策への展開。

⑨ 方針のすり合わせ

方針に基づいて、組織の関係者が調整し、上位の重点課題、目標及び方策と下位の重点課題、目標及び方策が一貫性をもったものにする活動。

● 解答 ●

(1)	(2)	(3)	(4)	(5)	(6)	(7)	(8)
カ	ク	ウ	イ	ア	エ	オ	キ

方針管理のしくみとその運用、方針の達成度評価と反省

問題2 次の文章において、 ☐ 内に入る最も適切なものを下欄の選択肢から選び、その記号を解答欄に記入せよ。ただし、各選択肢を複数回用いることはない。

1) 経営基本方針に基づき、中・長期計画や短期経営方針、年度経営方針を定めて、それらを効率的にかつ効果的に達成するために、会社など組織体の全員の協力のもとに ☐(1)☐ に行うすべての活動を ☐(2)☐ という。

　また、組織の使命・理念・ ☐(3)☐ に基づき出された経営計画をもとに、全部門・全階層の参加のもとで ☐(4)☐ を回し、目標を達成する活動である。

2) 方針によるマネジメントは、組織における品質、コスト、納期、量、安全、環境を含む運営管理での重要な要素について、その ☐(5)☐ のための活動と整合するとよい。また、方針によるマネジメントは、 ☐(6)☐ に応じて、日常管理と整合するとよい。

3) 評価に当たっては、 ☐(2)☐ による成果（目標が達成できているかどうか）だけでなく、その成果を出すための活動状況（プロセス）との対応関係も併せて評価する。

4) 期末には、その期における方針の ☐(7)☐ を総合的にレビューする。

　 ☐(7)☐ は、目標の達成度だけでなく、 ☐(5)☐ のための ☐(8)☐ が確実に実施できたかという視点で分析し、把握する。

　レビューは、方針の ☐(7)☐ 、目標の達成度に関する検討対象の適切性、妥当性、有効性、効率などを評価するために行われる。

　トップマネジメントは、 ☐(7)☐ を総合的にレビューし、組織の中長期経営計画、経営環境などを考慮したうえで、次期方針に反映するとともに、方針によるマネジメントの進め方を改善する。

選択肢
ア．ビジョン　　　イ．目標達成　　　ウ．方針管理　　　エ．実施状況
オ．PDCA　　　　カ．部門の役割　　　キ．体系的　　　ク．方策

● **解答欄** ●

(1)	(2)	(3)	(4)	(5)	(6)	(7)	(8)

解　説

①　方針管理の運用

　方針管理は一般的に、部門別で行われる。企業・会社の経営者の方針を部門別に受けて各部門の部門長がそれぞれの部門の方針を策定し、さらに下位の方針に展開させて実施・管理、レビューさせる。

　方針をどのようにどの職制レベルまで展開していくかは、企業・会社の組織によって異なる。

②　期末の反省（レビュー）

　組織は、期末には、組織方針およびその展開に基づく各部門または部門横断チームの実施計画の実施状況および方針の達成状況を集約し、次期の組織方針の策定および展開に反映させることがよい。これによって、実施結果を踏まえて期単位で PDCA サイクルを回すことが可能となる。

③　適切性

　目的・要求などにぴったり合っていること。ふさわしいこと。

　適合性、一貫性、整合性、合致性、妥当性などを包括して用いられる場合と、言い換えて用いられている場合がある。

④　妥当性

　意図された用途または適用において、製品・サービス、プロセスまたはシステムがニーズを満たしていること。

⑤　有効性

　計画した活動が実行され、計画した結果が達成された程度。

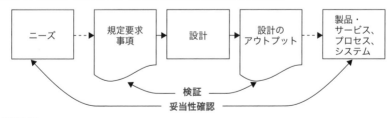

● 解答 ●

(1)	(2)	(3)	(4)	(5)	(6)	(7)	(8)
キ	ウ	ア	オ	イ	カ	エ	ク

⑥ 機能別管理

　機能別管理は、組織を運営管理するうえで基本となる要素（例えば、品質、コスト、量・納期、安全、人材育成、環境など）について、各々の要素ごとに部門横断的なマネジメントシステムを構築し、当該要素に責任をもつ委員会などを設けることによって総合的に運営管理し、組織全体で目的を達成していくことである。

　機能別管理の目的は、「品質、コスト、量・納期、安全、人材育成、環境などの要素ごとに組織としての目標を設定し、各部門の業務に展開し、部門横断的な連携および協力のもとで各部門の日常管理の中で目標達成のための活動を実施する」ことである。

⑦ マトリックス管理

　マトリックス管理とは、タテ組織とヨコ組織である「職能別管理」を組み合わせた組織運営のマネジメントを意味する。それは、QA ネットワークは 2 元表（マトリックス図）を使って製品の品質を保証するための品質保証の網を構築したが、マトリックス図を同様に経営要素である品質、コスト、量・納期、安全、人材育成、環境などの要素と機能別組織との関連付けを整理して明確にして組織運営することである。

⑧ クロスファンクショナルチーム（CFT）

　CFT（クロス・ファンクショナル・チーム）とは、部門横断的に様々な経験・知識をもったメンバーを集め、全社的な経営テーマについて検討、解決策を提案していくことをミッションとした組織。部署として常設する場合と、プロジェクトとして一時的に立ち上げる場合がある。

　部門ごとに存在する知識や手法などを横断的に流通させ、組織全体の機能を強化する役割をもつ。

⑨ 機能別の責任と権限

　責任と権限は、機能別管理に限らず、企業・会社の規模と組織体系によって異なる。しかし、企業活動、経営管理の運営においては責任と権限を明確にしておくことが重要である。

　マトリックス管理と合わせて下記参考に交点に関しての詳細な守備範囲（業務・職務内容、役割）の明確化を行い、これに基づく責任と、その責任に伴う権限を明確にして業務規準、業務分掌、職務分掌に定めることである。

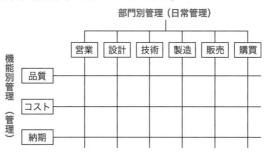

234

2-6 品質経営の要素 ＜日常管理＞

キーワード	自己チェック
日常管理	
業務分掌、責任と権限	
管理項目（管理点と点検点）、管理項目一覧表	
異常とその処置	
変化点とその管理	

Elements of Quality management.
Daily management.

Pat tummy
Ponpoco Pon

日常管理、業務分掌、責任と権限

問題1 次の文章において、 _____ 内に入る最も適切なものを下欄の選択肢から選び、その記号を解答欄に記入せよ。ただし、各選択肢を複数回用いることはない。

1) 日常管理とは、 (1) でカバーできない通常の業務、 (2) に実施されなければならない業務について、その (3) を効率的に達成するために、 (4) または、計画に従って活動し、その活動が (4) または、計画から逸脱していないかを (5) して、逸脱が見られたならば、それを是正すべき必要で適確な処置をとってその (3) を達成する活動である。

　　すなわち、日常業務の中で PDCA、SDCA を回していくことである。

　　そして、日常管理の狙いは、「定常業務を円滑にこなすこと」、「問題が発生したら解決すること」、「 (6) を進めること」である。

　　また、これらの活動は、 (1) を組織的に取り組むための、それぞれの部門の役割を確実に果たす目的があるので (7) とも呼ばれる。

2) 業務分掌は、組織においてそれぞれの (8) が果たすべき責任、すなわち、職責を果たすうえで必要な (9) を明確にするために、 (8) ごとの役割を整理・配分して文章化することである。簡単に言い換えれば、それぞれの職場の業務内容を示したものである。

3) 責任と (9) は、その責任に応じた (9) が必要であり、この (10) が崩れると、組織運営がいびつな状態になり、対立、衝突、不満、不正行為、心の病などが基となり、業務に支障が発生する。

選択肢

ア. 改善　　　　　イ. 標準　　　　　ウ. 権限　　　　　エ. バランス

オ. 業務目的　　　カ. 職務　　　　　キ. 日常的　　　　ク. 相互関係

ケ. 方針管理　　　コ. 確認・判断　　サ. 部門別管理

● **解答欄** ●

(1)	(2)	(3)	(4)	(5)	(6)	(7)	(8)	(9)	(10)

解説

① 日常管理

(JIS Q 9026：2016：マネジメントシステムのパフォーマンス改善－日常管理の指針より)

　組織の各部門において、日常的に実施しなければならない分掌業務について、その業務目的を効率的に達成するために必要なすべての活動。

(注記1)　日常管理は、各部門が日常行っている分掌業務そのものではなく、行っている分掌業務をより効率的なものにするための活動である。

(注記2)　この規格における日常管理は、業務をより効率的なものにするための活動のうち、特に、維持向上（目標を現状またはその延長線上に設定し、目標から外れないようにし、外れた場合にはすぐに元に戻せるようにし、さらには現状よりも良い結果が得られるようにするための活動）を指す。

② 業務分掌

　組織においてそれぞれの職務が果たすべき責任、すなわち、職責を果たすうえで必要な権限を明確にするために、職務ごとの役割を整理・配分して文章化することである。簡単に言い換えれば、それぞれの職場の業務内容を示したものである。

③ 組織の役割、責任及び権限

(JIS Q 9001：2015：品質マネジメントシステム－要求事項より)

　トップマネジメントは、関連する役割に対して、責任及び権限が割り当てられ、組織内に伝達され理解されることを確実にしなければならない。

　トップマネジメントは、次の事項に対して、責任及び権限を割り当てなければならない。

　a)　品質マネジメントシステムが、この規格の要求事項に適合することを確実にする。

　b)　プロセスが、意図したアウトプットを生み出すことを確実にする。

　c)　品質マネジメントシステムのパフォーマンス及び改善の機会を特にトップマネジメントに報告する。

　d)　組織全体にわたって、顧客重視を促進することを確実にする。

　e)　品質マネジメントシステムへの変更を計画し、実施する場合には、品質マネジメントシステムを完全に整っている状態に維持することを確実にする。

● 解答 ●

(1)	(2)	(3)	(4)	(5)	(6)	(7)	(8)	(9)	(10)
ケ	キ	オ	イ	コ	ア	サ	カ	ウ	エ

管理項目（管理点と点検点）、管理項目一覧表

問題2 次の文章において、____内に入る最も適切なものを下欄の選択肢から選び、その記号を解答欄に記入せよ。ただし、各選択肢を複数回用いることはない。

管理項目とは、____(1)____の達成を管理するために、____(2)____として設定した項目である。この管理項目の設定では次のことを考慮するとよい。

1) 組織、部門および部門横断チームの重点課題、____(1)____および方策ごとに定める。

2) 実施計画で定めた方策の進捗を確認するための管理項目を定める。

3) ____(3)____で確認していたのでは処置が遅くなる場合には、____(3)____を導く要因を総合的に評価する尺度を代替的な管理項目として用いる。

4) 重点課題について数値化された____(1)____を設定し、方策については、その実施段階での重要な節目までに対する____(4)____を管理項目とする。

また、次の要件を満たすように設定する。

① 定義が明確であり、____(5)____に測定できる。

② ____(1)____および方策に関する達成状況および傾向が把握できる。

③ 組織の____(1)____と密接に関連する。

なお、上記の管理項目の要因系の項目と____(2)____として選定した項目を点検項目と呼ぶ。

選択肢

ア．結果　　　　　　イ．原因　　　　　　ウ．評価尺度

エ．目標　　　　　　オ．効率的　　　　　カ．進捗率

● 解答欄 ●

(1)	(2)	(3)	(4)	(5)

Keyword　Explanation
管理項目、点検項目、原因系、要因系、結果系

解説

① 管理項目と点検項目

（JIS Q 9026：2016：マネジメントシステムのパフォーマンス改善－日常管理の指針より）

管理項目（JIS Q 9026：2016 より）

　目標の達成を管理するために、評価尺度として選定した項目。

点検項目（JIS Q 9026：2016 より）

　工程異常の発生を防ぐ、又は工程異常が発生した場合に容易に原因が追究できるようにするために、プロセスの結果に与える影響が大きく、直接制御が可能な原因系の中から、定常的に監視する特性又は状態として選定した項目。

　点検項目は、**要因系管理項目**と呼ばれることもある。

② 管理項目と点検項目の関連図

　管理項目：仕事のでき栄え、結果系をチェックする。

　点検項目：仕事のやり方、原因系をチェックする。

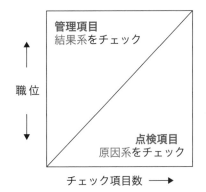

解答

(1)	(2)	(3)	(4)	(5)
エ	ウ	ア	カ	オ

異常とその処理、変化点とその処置【定義と基本的な考え方】

問題3 次の文章において、[＿＿＿]内に入る最も適切なものを下欄の選択肢から選び、その記号を解答欄に記入せよ。ただし、各選択肢を複数回用いることはない。

工程異常の検出は、QC工程図に基づいて必要なチェックがされ、その中で不適合品（不良品）が多くまとまって発生するとか急激に増加する異常、設備・機械の設定が思わぬ変化をしたり、止まってしまったりするなど [(1)] に関して異常が発生し、その結果製品へ多大な [(2)] が発生する場合、あるいは、必要な管理特性の管理図を作成して得られた情報からの異常などがある。

工程異常が発生したら、即刻、製造を続けるか、一時中断するかの判断をするとともに、すみやかに次の処置と [(3)] 対策をとることが必要である。
① どこに [(4)] があるかを発見してそれを除去すること。
② すでに製造されたものに対しての [(5)] ・選別・手直し・廃棄などの処置。
③ 他に同様のことがないか、[(2)] の範囲などの調査とその対処。
④ 異常発生原因の調査とその真の原因に対する [(3)] 。
⑤ [(3)] 対策の関連部署（開発・設計、材料・部品に関しては仕入れ先など）への必要な [(6)] とアクション。
などである。

この①〜③は応急処置とか応急対策などと呼ばれ、④、⑤は恒久対策、根本対策などと呼ばれ、③の他とは、他製品、他設備などであり、関連するモノへ展開することを、水平展開、[(7)] と呼ぶ。

選択肢

ア．影響	イ．横展開	ウ．縦展開
エ．4M	オ．識別	カ．異常原因
キ．情報提供	ク．再発防止	ケ．採択

● **解答欄** ●

(1)	(2)	(3)	(4)	(5)	(6)	(7)

解　説

異常の検出を的確に行うには、異常を分類しておくことも必要である。
次に、異常発生の状況の分類を示す。

① 周期的変動をもった異常

ある規則性、周期性をもつ異常で、一度起こると引き続き同じ異常が発生し、時間経
過と共にその度合いが大きくなることがある異常。

② 突然変異の異常

突発的な、急激な変化で発生する異常。

③ 散発的異常

散発的な挙動・変化で発生する異常で、突然変異の異常も含め管理図では管理限界線
の外に出る異常であり、教育訓練を怠った作業者が作業したとか設備の保全に不備が
あった場合などに発生する異常。

④ 慢性的異常

工程または該当プロセスの実力、該当する固有技術以上の品質レベルの設計品質の場
合、または、しかたがないとして正しい処置などが行われていないときに慢性的に繰り
返し発生する異常。

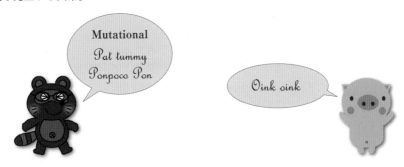

● 解答 ●

(1)	(2)	(3)	(4)	(5)	(6)	(7)
エ	ア	ク	カ	オ	キ	イ

成功への道

　人生、仕事を充実させるために物事すべてに関して原理・原則を学び、それを有効かつ、適切に活用することが大切である。

　成功への4つのステップ
　　1. 原理を学ぶこと
　　2. 原則を知ること
　　3. 経験を積むこと
　　4. 感覚を研ぎすますこと

　これらのキーワードについて
　　原理とは：世の中が如何に変わっても、変わることのない、つ
　　　　　　　まり普遍の真理のこと。人間が宇宙を自由に旅行で
　　　　　　　きる時代になっても、やはり、リンゴの実は枝から
　　　　　　　大地に向かって落下する。
　　原則とは：人間が決めたルールのこと。
　　　　　　　例えば、加減乗除（＋－×÷）は、人間同士が決め
　　　　　　　た約束ごとで、世界中どこへ行っても、たとえそこ
　　　　　　　で話されることばは違っていても、この記号で表さ
　　　　　　　れた原則は通じる。
　　経験とは：それぞれの個人が、それぞれにこれまで生きてきた
　　　　　　　生活体験の集積。
　　　　　　　仮に、同じ生活体験をしてきたとしても、これをど
　　　　　　　う活かすかという心がけ次第で、その差は大きいわ
　　　　　　　けで、いろいろな場合における体験が、自分の頭の
　　　　　　　中で再現でき、かつ、これがいつでも活かせるよ
　　　　　　　う、常に整理されていることが肝要である。
　　感覚とは：ひらめき・勘・センスといったことばがピッタリく
　　　　　　　ると思う。　通常の知識の領域を超えた、人間個々
　　　　　　　に備わったものである。

2-7　品質経営の要素 ＜標準化＞

キーワード	自己チェック
標準化【定義と基本的な考え方】 標準化の目的・意義・考え方	
社内標準化とその進め方	
産業標準化	
国際標準化	

Elements of Quality management
Standardize

Oink oink

問題❶ 次の文章において、□□□内に入る最も適切なものを下欄の選択肢から選び、その記号を解答欄に記入せよ。ただし、各選択肢を複数回用いることはない。

標準とは、「関係する人々の間で　(1)　または利便が公正に得られるように統一、　(2)　を図る目的で、物体、性能、能力、配置、状態、動作、手順、方法、手続き、責任、義務、考え方、概念などについて定めた　(3)　」である。

標準化とは、「標準を設定し、これを　(4)　する組織的行為、標準を設定するだけではなく、これを　(4)　することまで含めた行為」である。

また、標準値とは「標準に記載されている規定された　(5)　をいい、規格の場合は、　(6)　と呼ばれ、基準値（もとになる値）と許容値（許容範囲）」で成り立っている。

管理図でいう標準値（管理図の統計量に対応した標準値を基に管理限界線を決めた管理図で用いる標準値）は次の3つある。〈JIS Z 9020-1：2011〉

① 代表的な過去のデータ（規定された管理限界線がない管理図を用いたときの経験から得られた値）。

② サービスの必要性および生産コストを考慮した　(7)　な値。

③ 製品企画に定められている望ましい　(8)　。

選択肢

ア．取り決め	イ．利益	ウ．損失	エ．活用
オ．数値	カ．目標値	キ．経済的	ク．規格値
ケ．複雑化	コ．単純化		

Which is correct
"Standard" or "Specification"？
Who-hoho-hoo

Hmmm...
Who-hoo-ho

● **解答欄** ●

(1)	(2)	(3)	(4)	(5)	(6)	(7)	(8)

Keyword Explanation

標準化の目的・意義・考え方、標準、規格、標準化

解 説

下記は、「JIS Z 8002：2006：標準化及び関連活動－一般的な用語」から一部抜粋

① 標準（Standard）

a) 関連する人々の間で利益または利便が公正に得られるように統一し、または単純化する目的で、もの（生産活動の産出物）及びもの以外（組織、責任と権限、システム、方法など）について定めた取り決めである。

b) 測定に普遍性を与えるために定めた基本として用いる量の大きさを表す方法またはもの（SI単位、キログラム原器、ゲージ、見本など）

英語の用語 "Standard" に対応する日本語には、"規格" 及び "標準" がある。

② 規格（Standard）

与えられた状況において最適な秩序を達成することを目的に、共通的に繰り返して使用するために、活動又はその結果に関する規則、指針又は特性を規定する文書であって、合意によって確立し、一般に認められている団体によって承認されているもの。

(注記1) 規格は、科学、技術及び経験を集約した結果に基づき、社会の最適の利益を目指すことが望ましい。

(注記2) 科学及び技術の分野では、英語の用語 "Standard" は、二つの意味に用いられる。一つは規範文書であり、もう一つは計測の標準である。この規格では、前者の意味だけを定義し、使用する。

③ 標準化（Standardization）

実在の問題又は起こる可能性がある問題に関して、与えられた状況において最適な秩序を得ることを目的として、共通に、かつ、繰り返して使用するための記述事項を確立する活動であり、製品、プロセス又はサービスをその目的に適合させるために複数の特定の目標をもってもよい。このような目標には、多様性の制御、ユーザビリティ、両立性、互換性、健康、安全、環境保護、製品保護、相互理解、経済性、貿易などがある。しかし、これらに限定するものではない。また、これらが重複することもある。

● 解答 ●

(1)	(2)	(3)	(4)	(5)	(6)	(7)	(8)
イ	コ	ア	エ	オ	ク	キ	カ

社内標準化の進め方

問題2 次の文章において、□□□□内に入る最も適切なものを下欄の選択肢から選び、その記号を解答欄に記入せよ。ただし、各選択肢を複数回用いることはない。

社内標準とは、□(1)□、工場などで材料、□(2)□、製品および組織ならびに購買、製造、検査管理などの□(3)□に適用することを目的として定めた標準である。

社内標準化とは、1つの□(1)□の内部で、その□(1)□活動を効率的かつ円滑に遂行するための手段として社内の関係者の合意によって社内標準を設定し、それを活用していく□(4)□な行為のこと。

社内標準化は、企業目的を達成するために、社内の技術を標準化し□(5)□を蓄積し効果的活用を図ると共に、社内の業務運営を定め業務の□(6)□および効率化を図る。

そして、社内標準化をするためには「標準化の体制をつくる」→「標準化する計画をつくる」→「計画に従い標準類をつくり周知し設定する」→「標準に従った業務・作業を行う」→「実施状況と実施結果の□(7)□を行う」→「必要に応じて標準類の□(8)□を行う」といったステップで行う。

> **選択肢**
> ア．確認   イ．部品   ウ．固有技術   エ．組織的
> オ．複雑化   カ．企業   キ．社外   ク．仕事
> ケ．改定   コ．合理化

● 解答欄 ●

(1)	(2)	(3)	(4)	(5)	(6)	(7)	(8)

解説

「JIS Z 8002：2006：標準化及び関連活動－一般的な用語」から一部抜粋

①　社内標準（Company Standard）

　個々の会社内で会社の運営、成果物などに関して定めた標準である。

（注記1）　会社の運営に関しては、経営方針、業務所掌規定、就業規則、経理規定、マネジメントの方法
　　　　　などが挙げられる。
（注記2）　成果物に関しては、製品（サービス及びソフトウェアを含む）、部品、プロセス、作業方法、試
　　　　　験・検査、保管、運搬などに関するものが挙げられる。
（注記3）　社内標準は、通常、社内で強力力をもたせている。

「JIS Z 8141：2001：生産管理用語」より一部抜粋

②　3S

　標準化（Standardization）、単純化（Simplification）、専門化（Specialization）の総
称であり、企業活動を効率的に行うための考え方。

③　標準作業

　製品または部品の製造工程全体を対象にした、作業条件、作業順序、作業方法、管理
方法、使用方法、使用材料、使用設備、作業容量などに関する基準の規定。

④　標準時間

　その仕事の適性をもつ習熟した作業者が、所定の作業条件のもとで、必要な余裕をも
ち、正常な作業ベースによって仕事を遂行するために必要とされる時間。

3S, 5S, 4M, 5M, ABC, QCD
Oink oink

● 解答 ●

(1)	(2)	(3)	(4)	(5)	(6)	(7)	(8)
カ	イ	ク	エ	ウ	コ	ア	ケ

産業標準化、国際標準化

問題3 次の文章において、 [____] 内に入る最も適切なものを下欄の選択肢から選び、その記号を解答欄に記入せよ。ただし、各選択肢を複数回用いることはない。(2)、(3)は順不同でよい。

標準化（Standardization）とは、「自由に放置すれば、多様化、 [__(1)__] 、無秩序化する事柄を少数化、 [__(2)__] 、 [__(3)__] すること」といえる。標準化は、「 [__(4)__] 、プロセスに関する標準化」と「物に関する標準化」の2種類に分けて考えられる。

そして、標準（＝規格：Standards）は、標準化によって制定される「取り決め」であり、標準は、強制的なものと [__(5)__] のものに分けられる。一般的には [__(5)__] のものを「標準（＝規格）」と呼んでいる。

さらに階層別に分けると次の5段階となる。

① 社内における標準化　　　　　　　　　　　（社内規格）

② [__(6)__] または団体・学会による標準化　　（団体規格）

③ 国家または国家標準化機構による標準化　　（ [__(7)__] ）

④ 欧州規格など地域的な機関による標準化　　（地域規格）

⑤ 国際組織による標準化　　　　　　　　　　（ [__(8)__] ）

選択肢

ア．同業者　　　　　　イ．任意　　　　　　ウ．国家規格

エ．国際規格　　　　　オ．複雑化　　　　　カ．単純化

キ．仕事のやり方　　　ク．秩序化

● 解答欄 ●

(1)	(2)	(3)	(4)	(5)	(6)	(7)	(8)

解　説

① 標準化の目的

ISO（国際標準化機関）における標準化の目的・意義に基づき8項目に整理する。

①　「互換性またはインタフェースの確保」

②　「多様性の制御（調整)」

③　「相互理解の促進」

④　「安全の確保・環境の保護」

⑤　「品質の確保」

⑥　「両立性」

⑦　「政策目標の遂行」

⑧　「貿易障害の除去」

② 各階層の標準化

各階層の標準化規格

階　層	規格の内容（例)
社内、企業	個別の社内規格、基準、作業標準など
業界、団体	学会、企業グループ団体規格
国　家	JIS（日本産業規格)、JAS（日本農林規格)、ANSI（米国規格協会)、DIN（ドイツ規格協会)、BS（英国規格）など 800 以上
地　域	CEN（欧州標準化委員会)、EN（欧州規格)
国　際	ISO（国際標準化機構)、IEC（国際電気標準会議)、ITU（国際電気通信連合)

● 解答 ●

(1)	(2)	(3)	(4)	(5)	(6)	(7)	(8)
オ	カ	ク	キ	イ	ア	ウ	エ

解説のつづき

　下記に 3 つの国際標準化機関の概略とロゴマークを示す。

① 国際標準化機構

(ISO：International Organization for Standardization)

　1926 年に万国規格統一協会（ISA：International Federation of the National Standardizing Associations）が設立され、1944 年に活動停止された。1946 年に ISA と UNSCC (United Nations Standards Coordinating Committee) 国際連合規格調整委員会が統合して ISO (International Organization for Standardization) 国際標準化機構が設立され、日本は 1952 年に加入した。

http://www.iso.org/iso/

② 国際電気標準会議

(IEC：International Electrotechnical Commission)

　1881 年に第 1 回国際電気会議が開催され、1906 年に IEC 国際電気標準会議が設立された。電気・電子分野の国際標準化活動を実施、1987 年には情報技術を扱う ISO/IEC 合同委員会として JTCI を設立した。

http://www.iec.ch/

③ 国際電気通信連合

(ITU：International Telecommunication Union)

　1865 年に万国電信連合の設立、1932 年に万国電信連合と国際無線電信連合の統合で現国際電気通信連合となり、有線、無線の全通信領域を対象に国際標準化活動を実施した。電気通信技術の開発、通信周波数の管理、通信規則を扱っている。

http://www.itu.int/en/Pages/default.aspx

　（注記）　ロゴマークは参考であり、寸法・色など規定とは異なる。

2-8 品質経営の要素
＜小集団活動、人材育成、診断・監査＞

キーワード	自己チェック
小集団活動 小集団改善活動(QC サークル活動など)とその進め方	
人材育成【定義と基本的な考え方】 品質教育とその体系	
診断・監査【定義と基本的な考え方】 品質監査	
トップ診断	

QC circle
Manpower development.
Diagnosis, Audit

Who-hoho-hoo

小集団活動、小集団改善活動（QCサークル活動など）とその進め方

問題1 次の文章において、 　　　　　 内に入る最も適切なものを下欄の選択肢から選び、その記号を解答欄に記入せよ。ただし、各選択肢を複数回用いることはない。(6)、(7)、(8)は順不同でよい。

QCサークル活動は、1962年（昭和37年）4月に　　(1)　　で誕生した小集団（グループ）活動で、当初は　　(2)　　を中心とした活動であったが、1970年代後半から事務部門、営業部門、技術部門などに普及し、1980年代にはサービス業、電力業、小売業、病院、社会福祉へ広がり、さらに海外でも導入され　　(3)　　で普及発展している。

当初の狙いは次の3つであった。

1)　現場の　　(4)　　のリーダーシップ、管理能力を高めることをねらいとし、また、それを自己啓発によって達成するように進める。

2)　作業員まで含めて　　(5)　　で、QCサークル活動を通じて現場におけるモラールを高め、品質管理が現場の末端まで徹底して行われるようにする。また、その基礎として、　　(6)　　、　　(7)　　、　　(8)　　の高揚をはかる。

3)　全社的な品質管理活動の一環として、第一線の現場における核として活動する。例えば、社長・工場長などの方針の徹底と具現の働き、現場での管理の定着、品質保証の達成などの面でも有効な働きをする。

選択肢

ア．生産部門　　　　イ．日本　　　　　　ウ．世界的規模

エ．全員参加　　　　オ．第一線の監督者　カ．品質意識

キ．問題意識　　　　ク．改善意識

Which began in America or Japan?
Oink oink

It began in Japan.
Oink oink

● **解答欄** ●

(1)	(2)	(3)	(4)	(5)	(6)	(7)	(8)

解　説

QC サークル活動とは

QCサークルとは、
　　　第一線の職場で働く人々が
　　　継続的に製品・サービス・仕事などの質の管理・改善を行う
　　　小グループである。
この小グループは、
　　　運営を自主的に行い
　　　QCの考え方・手法などを活用し
　　　創造性を発揮し
　　　自己啓発・相互啓発をはかり
活動を進める。
この活動は、
　　　QCサークルメンバーの能力向上・自己実現
　　　明るく活力に満ちた生きがいのある職場づくり
　　　お客様満足の向上および社会への貢献
をめざす。
経営者・管理者は、
　　この活動を企業の体質改善・発展に寄与させるために
　　　人材育成・職場活性化の重要な活動として位置づけ
　　　自らTQMなどの全社的活動を実践するとともに
　　　人間性を尊重し全員参加をめざした指導・支援
を行う。

QC サークル活動の基本理念

人間の能力を発揮し、無限の可能性を引き出す。
人間性を尊重して、生きがいのある明るい職場をつくる。
企業の体質改善・発展に寄与する。

● 解答 ●

(1)	(2)	(3)	(4)	(5)	(6)	(7)	(8)
イ	ア	ウ	オ	エ	カ	キ	ク

人材育成【定義と基本的な考え方】、品質教育とその体系

問題2 次の文章において、　　　内に入る最も適切なものを下欄の選択肢から選び、その記号を解答欄に記入せよ。ただし、各選択肢を複数回用いることはない。

経営資源の有形財産は、　(1)　、物、金である。品質管理に限らず、色々と用いられる 5W1H にも「誰が」といった　(1)　が含まれる。品質がばらつく要因の 4M にも　(1)　が含まれている。

5S の中の躾は、教育の根源的事柄でもある。

「品質管理は、教育に始まり、教育に終わる」ともいわれるほど重要視されている。ゆえに、多くの職場で、必要な　(2)　、固有技術の教育に加え、品質に関連する基礎的な考え方、QC 手法などを集合教育、　(3)　 (off JT：off the Job Training) と作業、　(4)　を行いながら教育する　(5)　 (OJT：On the Job Training) が行われる。

選択肢

ア．専門知識　　イ．無形財産　　ウ．有形財産　　エ．人

オ．品物　　　カ．職場内教育　　キ．職場外教育　　ク．業務

---

off the job training
Who-hoo-ho

On the job training
Who-hoho-hoo

● 解答欄 ●

(1)	(2)	(3)	(4)	(5)

解説

① 品質管理教育

(CD-JSQC-std00001：2011：品質管理用語」より)

　顧客・社会のニーズを満たす製品・サービスを効果的かつ効率的に達成するうえで必要な価値観、知識及び技能を組織の構成員が身につけるための、体系的な人材育成の活動。

② 人的資源

「JIS Q 9001：2008：品質マネジメントシステム－要求事項」より

（「JIS Q 9001：2015」では人的資源は削除された）

　製品要求事項への適合に影響がある仕事に従事する要員は、適切な教育、訓練、技能及び経験を判断の根拠として力量がなければならない。

（注記）　製品要求事項への適合は、品質マネジメントシステム内の作業に従事する要員によって、直接的に又は間接的に影響を受ける可能性がある。

③ 力量、教育・訓練および認識

「JIS Q 9001：2008：品質マネジメントシステム－要求事項」より

　組織は、次の事項を実施しなければならない。

a)　製品要求事項への適合に影響がある仕事に従事する要員に必要な力量を明確にする。

b)　該当する場合には（必要な力量が不足している場合には）、その必要な力量に到達することができるように教育・訓練を行うか、又は他の処置をとる。

c)　教育・訓練又は他の処置の有効性を評価する。

d)　組織の要員が、自らの活動のもつ意味及び重要性を認識し、品質目標の達成に向けて自らがどのように貢献できるかを認識することを確実にする。

e)　教育、訓練、技能及び経験について該当する記録を維持する。

（注記）「JIS Q 9001：2015：品質マネジメントシステム－要求事項」では上記 e) の記述がなくなり ISO 10015 を参照している。

● 解答 ●

(1)	(2)	(3)	(4)	(5)
エ	ア	キ	ク	カ

問題3　次の文章において、□□□内に入る最も適切なものを下欄の選択肢から選び、その記号を解答欄に記入せよ。ただし、各選択肢を複数回用いることはない。

マネジメントレビュー／経営者による見直しは、経営責任者自身が、マネジメントシステムの適切性、妥当性、及び □(1)□ を評価し、□(2)□ 及び革新につなげる活動である。

現場診断とは、□(3)□ で総合的品質管理の結果系と要因系の運営管理状況を評価する活動である。

（注記1）　現場診断では、組織の上位者と □(3)□ の責任者とのコミュニケーションを通じて、□(3)□ で行われている活動に関する情報を収集して、指導が行われる。

（注記2）　現場診断は、学習（教える、教えられる）の機会である。

（注記3）　現場診断は、□(2)□ のきっかけとすることで総合的品質管理の改善活動につながる。

品質監査とは、顧客・社会のニーズを満たすことを確実にし、□(4)□ し、実証するために、組織が行う体系的活動が適切に行われているかを □(4)□ する活動である。

製品監査とは、製品・サービスが、要求事項を満たしているかを □(5)□ で確認する活動である。

選択肢

ア．確認　　　　　イ．改善　　　　　　ウ．現場
エ．有効性　　　　オ．顧客の視点

> Actual place audit
> Reality place audit
> Quality audit
> Product audit
> Oink oink

● 解答欄 ●

(1)	(2)	(3)	(4)	(5)

Keyword Explanation
診断・監査、品質監査、第二者、第三者

解説

　問題は、品質管理学会の定義「CD-JSQC-Std 00001：2011：品質管理用語」から である。下記に JIS の関連事項を示す。

監査（audit）

「JIS Q 9000：2015：品質マネジメントシステム－基本および用語」より

　監査基準が満たされている程度を判定するために、客観的証拠を収集し、それを客観的に評価するための、体系的で、独立し、文書化したプロセス。

- (注記1)　監査の基本的要素には、監査される対象に関して責任を負っていない要員が実行する手順に従った、対象の適合の確定が含まれる。
- (注記2)　監査は、内部監査（第一者）又は外部監査（第二者・第三者）のいずれでもあり得る。また、複合監査又は合同監査のいずれでもあり得る。
- (注記3)　内部監査は、第一者監査と呼ばれることもあり、マネジメントレビュー及びその他の内部目的のために、その組織自体又は代理人によって行われ、その組織の適合を宣言するための基礎となり得る。独立性は、監査されている活動に関する責任を負っていないことで実証することができる。
- (注記4)　外部監査には、一般的に第二者監査及び第三者監査と呼ばれるものが含まれる。第二者監査は、顧客など、その組織に利害をもつ者又はその代理人によって行われる。第三者監査は、適合を認証・登録する機関又は政府機関のような、外部の独立した監査組織によって行われる。

Audit, Inspection,
Confirmation,
Verification

*Pat tummy
Ponpoco Pon*

● **解答** ●

(1)	(2)	(3)	(4)	(5)
エ	イ	ウ	ア	オ

トップ診断

問題4 次の文章において、[____]内に入る最も適切なものを下欄の選択肢から選び、その記号を解答欄に記入せよ。ただし、各選択肢を複数回用いることはない。

「JIS Q 9001：2008：品質マネジメントシステム−要求事項」より

品質マネジメントシステムのレビュー

トップマネジメントの役割の1つに、[__(1)__]及び品質目標に関して、品質マネジメントシステムの適切性、[__(2)__]、有効性及び効率に対する定期的な体系的評価を実施することがある。このレビューには、[__(3)__]の変化するニーズ及び期待に応じて、[__(1)__]及び品質目標を修正することの[__(4)__]を考慮することを含めることがある。このレビューには、処置の[__(4)__]の決定が含まれる。

情報源の中でもとりわけ監査報告書が、品質マネジメントシステムのレビューのために利用される。

自己評価

組織の自己評価とは、[__(5)__]となる品質マネジメントシステム又は卓越モデルを対照とする、組織の活動、並びに結果の包括的及び体系的なレビューである。

自己評価を行うことによって、組織のパフォーマンス及び品質マネジメントシステムの成熟度を全体的にみることができる。これは、また、その組織の中で改善を必要とする領域を明確にし、その[__(6)__]を決定するのにも役立てることができる。

> **選択肢**
> ア．基準   イ．必要性   ウ．妥当性
> エ．統計手法   オ．品質方針   カ．利害関係者
> キ．優先順位   ク．機能別委員会

● 解答欄 ●

(1)	(2)	(3)	(4)	(5)	(6)

解説

一般に、辞典では、監査とは、「監督し検査すること」と載っていて、診断とは、「物事の実情を調べて、その適正や欠陥の有無などを判断すること」と載っている。

前項で監査の定義を示したので、ここでは、トップ診断という、トップマネジメントに関する内容と内部監査に関して JIS から抜粋した。

問題文、及び下記は「JIS Q 9001：2008」の抜粋である、これらは「JIS Q 9001：2015」では削除されたが、2008 の内容がわかりやすいのでここで用いた。

内部監査

組織は、品質マネジメントシステムの次の事項が満たされているか否かを明確にするために、あらかじめ定められた間隔で内部監査を実施しなければならない。

a) 品質マネジメントシステムが、個別製品の実現の計画に適合しているか、この規格の要求事項に適合しているか、及び組織が決めた品質マネジメントシステム要求事項に適合しているか。

b) 品質マネジメントシステムが効果的に実施され、維持されているか。

組織は、監査の対象となるプロセスおよび領域の状態及び重要性、並びにこれまでの監査結果を考慮して、監査プログラムを策定しなければならない。監査の基準、範囲、頻度及び方法を規定しなければならない。

監査員の選定および監査の実施においては、監査プロセスの客観性及び公平性を確保しなければならない。

監査員は、自らの仕事を監査してはならない。

監査の計画及び実施、記録の作成及び結果の報告に関する責任、並びに要求事項を規定するために、“文書化された手順”を確立しなければならない。

監査及びその結果の記録は、維持しなければならない。

監査された領域に責任をもつ管理者は、検出された不適合及びその原因を除去するために遅滞なく、必要な修正及び是正処置すべてがとられることを確実にしなければならない。フォローアップには、とられた処置の検証及び検証結果の報告を含めなければならない。

解答

(1)	(2)	(3)	(4)	(5)	(6)
オ	ウ	カ	イ	ア	キ

どっちがホント

格言・教訓

つもりちがいの人生訓

1. 高いつもりで　低いのは教養
2. 低いつもりで　高いのは気位

3. 深いつもりで　浅いのは知識
4. 浅いつもりで　深いのは欲望

5. 厚いつもりで　薄いのは人情
6. 薄いつもりで　厚いのは面の皮

7. 強いつもりで　弱いのは根性
8. 弱いつもりで　強いのは自我

9. 多いつもりで　少ないのは分別
10. 少ないつもりで　多いのは無駄

11. 長いつもりで　短いのは一生
12. 短いつもりで　長いのも一生

2-9 品質経営の要素 <品質マネジメントシステム>

キーワード	自己チェック
品質マネジメントの原則	
ISO 9001	
第三者認証制度	
品質マネジメントシステムの運用	

Quality management systems

Who-hoho-hoo

品質マネジメントの原則

問題1　次の文章において、各文のタイトルとなるような　　　内に入る最も適切なものを下欄の選択肢から選び、その記号を解答欄に記入せよ。ただし、各選択肢を複数回用いることはない。

(1)

品質マネジメントの主眼は、顧客の要求事項を満たすこと、及び期待を超える努力をすることにある。

(2)

全ての階層のリーダーは、目的及び目指す方向を一致させ、人々が組織の品質目標の達成に積極的に参加している状況をつくり出す。

(3)

組織内の全ての階層にいる、力量があり、権限が与えられ、積極的に参加する人々が、価値を創造し、提供する組織の実現能力を強化するためには必須である。

(4)

活動を、首尾一貫したシステムとして相互に関連するプロセスであると理解し、マネジメントすることによって、矛盾のない予測可能な結果が、より効果的かつ効率的に達成できる。

(5)

成功する組織は、改善に対して継続して焦点を当てている。

(6)

データ及び情報の分析及び評価に基づく意思決定によって、望む結果が得られる可能性が高まる。

(7)

持続的成功のために、組織は、例えば提供者のような、密接に関連する利害関連者との関係をマネジメントする。

選択肢

ア．人々の積極的参加　　イ．関係性管理　　　　ウ．リーダーシップ

エ．プロセスアプローチ　オ．顧客重視　　　　　カ．改善

キ．人々の参画　　　　　ク．客観的事実に基づく意思決定

● 解答欄 ●

(1)	(2)	(3)	(4)	(5)	(6)	(7)

品質マネジメントの原則、顧客重視、リーダーシップ、
人々の積極的参加、プロセスアプローチ、改善、
客観的事実に基づく意思決定、関係性管理

解　説

　ISO 9000 ファミリーが基礎としている 7 つの品質マネジメントの原則は次の通りである。品質マネジメントの 7 原則「JIS Q 9000：2015：品質マネジメントシステム－要求事項」より

原則 1：**顧客重視**

　　品質マネジメントの主眼は、顧客の要求事項を満たすこと、及び期待を超える努力をすることにある。

原則 2：**リーダーシップ**

　　全ての階層のリーダーは、目的及び目指す方向を一致させ、人々が組織の品質目標の達成に積極的に参加している状況をつくり出す。

原則 3：**人々の積極的参加**

　　組織内の全ての階層にいる、力量があり、権限が与えられ、積極的に参加する人々が、価値を創造し、提供する組織の実現能力を強化するためには必須である。

原則 4：**プロセスアプローチ**

　　活動を、首尾一貫したシステムとして相互に関連するプロセスであると理解し、マネジメントすることによって、矛盾のない予測可能な結果が、より効果的かつ効率的に達成できる。

原則 5：**改善**

　　成功する組織は、改善に対して継続して焦点を当てている。

原則 6：**客観的事実に基づく意思決定**

　　データ及び情報の分析及び評価に基づく意思決定によって、望む結果が得られる可能性が高まる。

原則 7：**関係性管理**

　　持続的成功のために、組織は、例えば提供者のような、密接に関連する利害関連者との関係をマネジメントする。

　「JIS Q 9000：2008」では、「顧客重視」、「リーダーシップ」、「人々の参画」、「プロセスアプローチ」、「マネジメントへのシステムアプローチ」、「継続的改善」、「意思決定への事実に基づくアプローチ」、「供給者との互恵関係」の 8 原則であった。

● **解答** ●

(1)	(2)	(3)	(4)	(5)	(6)	(7)
オ	ウ	ア	エ	カ	ク	イ

ISO 9001

問題2 次の図は、ISO 9001 を PDCA サイクルを使って構造の説明をした図である。図中の □ 内に入る最も適切なものを下欄の選択肢から選び、その記号を解答欄に記入せよ。ただし、各選択肢を複数回用いることはない。

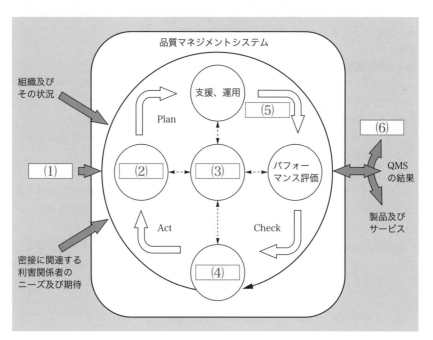

選択肢

ア. Do　　　　　　　　イ. 顧客満足　　　　　　ウ. 顧客要求事項
エ. リーダーシップ　　オ. 改善　　　　　　　　カ. 計画
キ. 継続

● **解答欄** ●

(1)	(2)	(3)	(4)	(5)	(6)

解　説

ISO 9001（「JIS Q 9001：2015 品質マネジメントシステム－要求事項」より）

　ISO 9001とは、組織が品質マネジメントシステム（QMS：Quality Management System）を確立し、文書化し、実施し、かつ、維持すること。また、その品質マネジメントシステムの有効性を継続的に改善するために要求される規格である。

　顧客要求事項を満たすことによって**顧客満足**を向上させるために、品質マネジメントシステムを構築し、実施し、その品質マネジメントシステムの有効性を改善するプロセスアプローチのプロセスの要素の相互作用を図示したのが下記である。

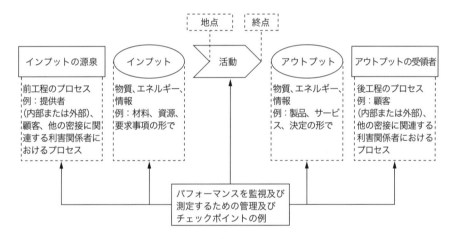

　また、ISO 9001について**PDCA**サイクルを使って構造の説明をした図が問題の図である。

● 解答 ●

(1)	(2)	(3)	(4)	(5)	(6)
ウ	カ	エ	オ	ア	イ

第三者認証制度、品質マネジメントシステムの運用

問題3 次の文章において、□□□内に入る最も適切なものを下欄の選択肢から選び、その記号を解答欄に記入せよ。ただし、各選択肢を複数回用いることはない。

第三者とは、一般的に顧客、関連会社、仕入先・ (1) などその組織、会社など認証される側との (2) がない公正・中立な外部の (3) 機関などである。

品質管理シンポジウムにおいてまとめられた「日本の全社的品質管理の特徴」10項目は、

日本の品質管理の特徴
1) 経営者主導による全部門、 (4) の QC 活動
2) 経営における (5) の徹底
3) 方針の展開とその管理
4) QC 診断とその活用
5) 企画・開発から販売・サービスに至る (6) 活動
6) (7) 活動（小集団活動）
7) QC の (8) ・訓練
8) QC 手法の活用
9) 製造業から (9) への拡大
10) QC の (10) 推進活動
である。

選択肢

ア. 品質保証　　イ. 品質優先　　ウ. 供給者　　エ. 他業種

オ. 全国的　　　カ. 独立　　　　キ. QC サークル　ク. 利害関係

ケ. 教育　　　　コ. 全員参加

● **解答欄** ●

(1)	(2)	(3)	(4)	(5)	(6)	(7)	(8)	(9)	(10)

解　説

①　第三者認証制度

　供給者が証明書、マークなどで規格および取締技術基準に適合していると証明することを第三者機関である認証機関が認める制度。

②　第三者適合性評価活動

　第三者（対象を提供する人または組織、およびその対象についての使用者側の利害をもつ人、または組織の双方から独立した、人または機関）によって実施される適合性評価活動。

　下記に、「日本の全社的品質管理（TQC）の特徴10項目」と「TQM宣言での10項目」「ISO 9000の7つの品質マネジメントの原則」を並べて整理しておく。

日本のTQCの特徴	TQM宣言	ISO 9000
経営者主導による全部門、全員参加のQC活動	ビジョン・戦略／リーダーシップ	顧客重視
経営における品質優先の徹底	考え方・価値観	リーダーシップ
方針の展開とその管理	経営管理システム	人々の積極的参加
QC診断とその活用	緒経営機能管理システム	プロセスアプローチ
企画・開発から販売・サービスに至る品質保証活動	品質保証システム	改善
QCサークル活動	情報の活用	客観的事実に基づく意思決定
QCの教育・訓練	人材開発・育成	関係性管理
QC手法の活用	手法の活用	
製造業から他業種への拡大	コア技術・スピード・活力・顧客関係性・従業員関係性・社会関係性・取引先関連性・株主関連性	
QCの全国的推進活動	"存在感"のある組織／組織の使命の達成	

● 解答 ●

(1)	(2)	(3)	(4)	(5)	(6)	(7)	(8)	(9)	(10)
ウ	ク	カ	コ	イ	ア	キ	ケ	エ	オ

　日本の品質管理への大きな功績があるデミングも 1980 年に NBC で放映された "If Japan can, Why can't we?" に出演するまでは無名であった。しかし、この番組の放映以降デミングセミナーが開かれ、アメリカでの彼の功績は偉大なるものとなった。

　そのセミナーの中でのデミングの 14 ポイントを下記に示す。

1.　Create constancy of purpose for improving products and services.
　　製品とサービスを改善・向上させる不変な目的を創れ。（会社の社是、経営理念）

2.　Adopt the new philosophy.
　　新しい考え方を導入すること。

3.　Cease dependence on inspection to achieve quality.
　　品質目標達成のための検査依存は止めよ。→ プロセス重視、TQC, TQM での品質の作りこみ。

4.　End the practice of awarding business on price alone；instead， minimize total cost by working with a single supplier.
　　価格だけでの仕事（業者の選定など）の決定は止めて価格と品質の総合した判断を行うこと。

5.　Improve constantly and forever every process for planning, production and service.
　　すべてのプロセス（計画〈企画〉、設計、製造からサービスに至るすべて）における改善を限りなく継続的に行うこと。

6.　Institute training on the job.
　　OJT（職務中の教育訓練）を導入すること（制度化せよ）。

7.　Adopt and institute leadership.
　　リーダーシップの考え方を取り入れよ。

8.　Drive out fear.
　　不安を取り除くこと。

9.　Break down barriers between staff areas.
　　スタッフ間（部門間）の壁を取り除くこと。→ 全員経営 TQC, TQM

10.　Eliminate slogans， exhortations and targets for the workforce.
　　スローガン、勧告、数値目標などノルマをなくせ。

11.　Eliminate numerical quotas for the workforce and numerical goals for management.
　　労働力と管理のための数値目標および割り当てをしないこと。

12.　Remove barriers that rob people of pride of workmanship, and eliminate the annual rating or merit system.
　　時間給作業員から技量のプライドを奪わないこと。

13.　Institute a vigorous program of education and self-improvement for everyone.
　　積極的な教育プログラムを実施すること。

14.　Put everybody in the company to work accomplishing the transformation.
　　変革・変化、改革を達成するために全員でやり遂げること。

2-10 倫理／社会的責任、品質管理周辺の実践活動【言葉として】

キーワード	自己チェック
品質管理に携わる人の倫理	
社会的責任（SR）	
顧客価値創造技術（商品企画七つ道具を含む）	
IE、VE	
設備管理、資材管理、生産における物流・量管理	

品質管理に携わる人の倫理、社会的責任（SR）、顧客価値創造技術（商品企画七つ道具を含む）、IE、VE、設備管理、資材管理、生産における物流・量管理

問題1 次の文章で正しいものには○、正しくないものには×を選び、解答欄に記入せよ。

1) SR（Social Responsibility）とは、「社会的責任」であり、関連法令の遵守をしておれば、地域社会、関連会社への影響はまったく考慮する必要はない。 (1)

2) コンプライアンスとは、利害関係のことであり、顧客や株主といった金銭的な利害関係だけでなく、同業者や市場、サプライヤーや債権者、地域住民、従業員など、企業や団体が活動を行う。 (2)

3) 商品企画七つ道具とは、「インタビュー調査」、「アンケート調査」、「ポジショニング分析」、「アイデア発想法」、「アイデア選択法」、「コンジョイント分析」、「品質表」である。 (3)

4) IE とは、International Environment で世界環境問題のことで「地球温暖化」、「オゾン層の破壊」、「熱帯林の減少」、「開発途上国の公害」、「酸性雨」、「砂漠化」、「生物多様性の減少」、「海洋汚染」、「有害廃棄物の越境移動」の 9 つの問題である。 (4)

5) VE（Value Engineering）とは、価値工学のことであり、価値（Value）＝ 機能（Function）/ コスト（Cost）と定義して価値を向上させることを目的とする手法である。 (5)

6) 設備管理とは、生産が自動機、ロボットが用いられている場合にその保守点検を行うことであって、設備の設計、購入などは設計、購買管理であり、設備管理には含まれない。 (6)

7) 資材管理を効果的に実施するためには、資材計画（材料計画）、購買管理、外注管理、在庫管理、倉庫管理、包装管理および物管理を的確に推進する必要がある。 (7)

● **解答欄** ●

(1)	(2)	(3)	(4)	(5)	(6)	(7)

品質管理に携わる人の倫理、社会的責任（SR）、
顧客価値創造技術、商品企画七つ道具、IE、VE、設備管理、
資材管理、生産における物流・量管理

解説

① CSR（Corporate Social Responsibility）

　企業の社会的責任のことであり、企業が事業活動において利益を追求するだけでなく、組織活動が社会へ与える影響を考え、顧客・株主・従業員・取引先・地域社会などのステークホルダーとの関係を重視しながら果たす社会的責任である。

② SR（Social Responsibility）

　組織の決定および活動が社会および環境に及ぼす影響に対して、次のような透明、かつ倫理的な行動を通じて組織が担う責任。

- ・健康および社会の福祉を含む持続可能な発展に貢献する。
- ・ステークホルダーの期待に配慮する。
- ・関連法令を遵守し、国際行動規範と整合している。
- ・その組織全体に統合され、その組織の関係のなかで実践される。

七つの原則	七つの中核主題
① 説明責任	① 組織統治
② 透明性	② 人権
③ 倫理的な行動	③ 労働慣行
④ ステークホルダーの利害の尊重	④ 環境
⑤ 法の支配の尊重	⑤ 公正な事業慣行
⑥ 国際行動規範の尊重	⑥ 消費者課題
⑦ 人権の尊重	⑦ コミュニティへの参画及び開発・発展

③ コンプライアンス（Compliance）

　「企業、会社、団体、組織が法律や倫理を遵守すること」として「法令遵守」、「倫理法令遵守」のこと。

● 解答 ●

(1)	(2)	(3)	(4)	(5)	(6)	(7)
×	×	○	×	○	×	○

④ ディスクロージャー（Disclosure）

情報公開のことである。

- 企業が投資家や取引先などに対し、経営内容に関する情報を公開すること。企業内容開示。
- 行政機関のもっている情報を、国民が自由に知ることができるように公開すること。

⑤ ステークホルダー（Stakeholder）

利害関係者のことである。

顧客や株主といった金銭的な利害関係だけでなく、同業者や市場、サプライヤーや債権者、地域住民、従業員など、企業や団体が活動を行う。

⑥ サプライチェーン（Supply Chain）

個々の企業の役割分担にかかわらず、原料の段階から製品やサービスが消費者の手に届くまでの全プロセスの繋がり、その視点から、IT を活用して効果的な事業構築・運営する経営手法がサプライチェーンマネージメント（SCM：Supply Chain Management）と呼ばれる。

⑦ バリューチェーン（Value Chain）

企業活動における業務の流れを機能ごとに分類して、どの部分（機能）で付加価値が生み出されているか、どの部分に強み・弱みがあるかを分析して、業務の効率化や競争力強化を目指す経営手法。

⑧ IE（Industrial Engineering）

インダストリアル・エンジニアリング、生産工学、産業工学のことである。欧米および日本の産業界の生産性向上に多大な貢献をしてきた。作業を時間的側面・動作的側面から定量的に解析して、生産性向上、原価低減、品質などの改善に関わる技術。

⑨ VE（Value Engineering）

価値工学は、VA（Value Analysis ＝ 価値分析）と呼ばれていたが同じことである。求める「はたらき」を最小の資源、コストで達成するための科学的方法である。

- 設計前の企画段階やサービスに対して行うものを「0 Look VE（ゼロルック VE）」
- 設計段階で行うものを「1st Look VE（ファーストルック VE）」
- 製造段階や購買段階で行うものを「2nd Look VE（セカンドルック VE）」と呼ぶ。

$$価値（Value）＝\frac{機能（Function）}{コスト（Cost）}$$

⑩　商品企画七つ道具（P7　P は Planning の意）

　㈶日本科学技術連盟の研究グループが、商品企画の際に役立つ手法を、既存の手法の中から七つを選び出し整理したものの総称である。

　1995 年の発表時点では、グループインタビュー、アンケート調査、ポジショニング分析、発想チェックリスト、表形式発想法、コンジョイント分析、品質表であった。これが 2000 年に改定されて、**インタビュー調査（グループインタビュー、評価グリッド法）、アンケート調査、ポジショニング分析、アイデア発想法（アナロジー発想法、焦点発想法、チェックリスト発想法、シーズ発想法）、アイデア選択法（重み付け評価法、一対比較評価法（AHP））、コンジョイント分析、品質表**となった。

⑪　オペレーションズ・リサーチ（OR：Operations Research）

　第 2 次世界大戦中、欧米で作戦計画として考案され、戦後応用数学の一領域としてクローズアップされた。ある問題に対して、問題の分析から解決方法の発見と計画＆実行、そして、その管理まで、事業などで障害となる問題に対して理論的・科学的にアプローチし、問題解決のための計画とその実行を円滑に行うための方法論。分析と意志決定の円滑化を進めることで、事業の運営などのノウハウを高度化させるために利用される。

　限られた資源を有効に利用して目的を最大限に達成するための意思決定を、数学的・科学的に行う手法。同大戦中に軍事作戦研究として英米で発達し、その後、在庫管理・生産計画など企業経営の手法として用いられるようになった。

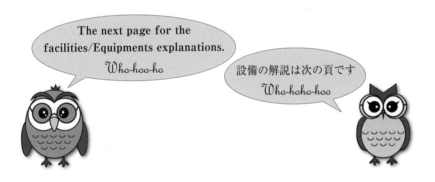

The next page for the facilities/Equipments explanations.
Who-hoo-ho

設備の解説は次の頁です
Who-hoho-hoo

設備管理に関連する用語の定義は、「JIS Z 8141：2001：生産管理用語」より

⑫ 設備 (Facilities, Equipment)

a) 生産活動またはサービス提供活動のためのシステムを構成する能力要素としての物的 手段の総称。

(備考) 主な物的手段として機械、装置、工具類、計測器、土地、建物などがある。

b) 生産活動またはサービス提供活動に用いる物的手段のうち、土地、建物を除いた装置、機械、計測器などの総称である。

⑬ 設備管理 (Equipment Management, Plant Engineering)

設備の計画、設計、製作、調達から運用、保全をへて廃却・再利用に至るまで、設備を効率的に活用するための管理。

(備考) 計画には、投資、開発・設計、配置、更新・補充についての検討、調達仕様の決定などが含まれる。

⑭ 機械管理 (Machine Management)

生産活動に必要な機械および装置に関する計画、設計・製作、調達から運転、保全をへて廃却・再利用に至るまで、機械および装置を効果的に活用するための管理。

⑮ 工具管理 (Tool Management)

生産活動またはサービスの提供に必要な工具類の計画、設計・製作、調達から使用、維持をへて廃却・再利用に至るまで、工具類を効果的に活用するための管理。

(備考) 工具類には、切削工具のほかにジグ、取付具、型、限界ゲージおよび各種作業用具を含み、いずれも容易に移動できることが共通の特徴である。ただし、計測器はこれに含めない。

⑯ 計測器管理 (Measuring Instrument and Apparatus Management)

生産活動またはサービスの提供に必要な計測器の計画、設計・製作、調達から使用、保全をへて廃却・再利用に至るまで、計測器を効果的に活用するための管理。

(備考) 計測器とは、計器、測定器、標準器などの総称である。

⑰ 資材管理 (Materials Management)

所定の品質の資材を必要とするときに必要量だけ適正な価格で調達し、要求元へタイムリーに供給するための管理活動である。

(備考) 資材管理を効果的に実施するためには、資材計画（材料計画）、購買管理、外注管理、在庫管理、倉庫管理、包装管理および物流管理を的確に推進する必要がある。

数値表一覧

- 符号検定表
- χ^2 分布表
- t 分布表
- F 分布表（$P = 5$ %の表）
- F 分布表（$P = 2.5$ %の表）
- F 分布表（$P = 1$ %の表）
- r 表
- z 変換図表
- 計数基準型1回抜取検査（不良個数の場合）
- 抜取検査設計補助表

符号検定表

（表中の数字は少ないほうの符号の数、この数よりも多ければ有意ではない）

k	0.01	0.05	k	0.01	0.05	k	0.01	0.05
			36	9	11	66	22	24
			37	10	12	67	22	25
8	0	0	38	10	12	68	22	25
9	0	1	39	11	12	69	23	25
10	0	1	40	11	13	70	23	26
11	0	1	41	11	13	71	24	26
12	1	2	42	12	14	72	24	27
13	1	2	43	12	14	73	25	27
14	1	2	44	13	15	74	25	28
15	2	3	45	13	15	75	25	28
16	2	3	46	13	15	76	26	28
17	2	4	47	14	16	77	26	29
18	3	4	48	14	16	78	27	29
19	3	4	49	15	17	79	27	30
20	3	5	50	15	17	80	28	30
21	4	5	51	15	18	81	28	31
22	4	5	52	16	18	82	28	31
23	4	6	53	16	18	83	29	32
24	5	6	54	17	19	84	29	32
25	5	7	55	17	19	85	30	32
26	6	7	56	17	20	86	30	33
27	6	7	57	18	20	87	31	33
28	6	8	58	18	21	88	31	34
29	7	8	59	19	21	89	31	34
30	7	9	60	19	21	90	32	35
31	7	9	61	20	22			
32	8	9	62	20	22			
33	8	10	63	20	23			
34	9	10	64	21	23			
35	9	11	65	21	24			

（注意）$k = 90$ 以上では、次式で計算した数より小さい整数を用いる。

$$(k-1)/2 - K\sqrt{k+1}$$

K	Pr
1.2879	0.01
0.9800	0.05

χ^2分布表　　$\chi^2(\phi, P)$

$$P = \int_{\chi^2}^{\infty} \frac{1}{\Gamma\left(\dfrac{\phi}{2}\right)} e^{-\frac{X}{2}} \left(\frac{X}{2}\right)^{\frac{\phi}{2}-1} \frac{dX}{2}$$

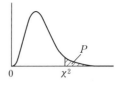

自由度 ϕ と上側確率 P とから χ^2 を求める表

ϕ \ P	.955	.99	.975	.95	.90	.75	.50	.25	.10	.05	.025	.01	.005
1	0.0^4393	0.0^3157	0.0^3982	0.0^2393	0.0158	0.102	0.455	1.323	2.71	3.84	5.02	6.63	7.88
2	0.01	0.0201	0.0506	0.103	0.211	0.575	1.386	2.77	4.61	5.99	7.38	9.21	10.60
3	0.0717	0.115	0.216	0.352	0.584	1.213	2.37	4.11	6.25	7.81	9.35	11.34	12.84
4	0.207	0.297	0.484	0.711	1.064	1.923	3.36	5.39	7.78	9.49	11.14	13.28	14.86
5	0.412	0.554	0.831	1.145	1.610	2.67	4.35	6.63	9.24	11.07	12.83	15.09	16.75
6	0.676	0.872	1.237	1.635	2.20	3.45	5.35	7.84	10.64	12.59	14.45	16.81	18.55
7	0.989	1.239	1.690	2.17	2.83	4.25	6.35	9.04	12.02	14.07	16.01	18.48	20.3
8	1.344	1.646	2.18	2.73	3.49	5.07	7.34	10.22	13.36	15.51	17.53	20.1	22.0
9	1.735	2.09	2.70	3.33	4.17	5.90	8.34	11.39	14.68	16.92	19.02	21.7	23.6
10	2.16	2.56	3.25	3.94	4.87	6.74	9.34	12.55	15.99	18.31	20.5	23.2	25.2
11	2.60	3.05	3.82	4.57	5.58	7.58	10.34	13.70	17.28	19.68	21.9	24.7	26.8
12	3.07	3.57	4.40	5.23	6.30	8.44	11.34	14.85	18.55	21.0	23.3	26.2	28.3
13	3.57	4.11	5.01	5.89	7.04	9.30	12.34	15.98	19.81	22.4	24.7	27.7	29.8
14	4.07	4.66	5.63	6.57	7.79	10.17	13.34	17.12	21.1	23.7	26.1	29.1	31.3
15	4.60	5.23	6.26	7.26	8.55	11.04	14.34	18.25	22.3	25.0	27.5	30.6	32.8
16	5.14	5.81	6.91	7.96	9.31	11.91	15.34	19.37	23.5	26.3	28.8	32.0	34.3
17	5.70	6.41	7.56	8.67	10.09	12.79	16.34	20.5	24.8	27.6	30.2	33.4	35.7
18	6.26	7.01	8.23	9.39	10.86	13.68	17.34	21.6	26.0	28.9	31.5	34.8	37.2
19	6.84	7.63	8.91	10.12	11.65	14.56	18.34	22.7	27.2	30.1	32.9	36.2	38.6
20	7.43	8.26	9.59	10.85	12.44	15.45	19.34	23.8	28.4	31.4	34.2	37.6	40.0
21	8.03	8.90	10.28	11.59	13.24	16.34	20.3	24.9	29.6	32.7	35.5	38.9	41.4
22	8.64	9.54	10.98	12.34	14.04	17.24	21.3	26.0	30.8	33.9	36.8	40.3	42.8
23	9.26	10.20	11.69	13.09	14.85	18.14	22.3	27.1	32.0	35.2	38.1	41.6	44.2
24	9.89	10.86	12.40	13.85	15.66	19.04	23.3	28.2	33.2	36.4	39.4	43.0	45.6
25	10.52	11.52	13.12	14.61	16.47	19.94	24.3	29.3	34.4	37.7	40.6	44.3	46.9
26	11.16	12.20	13.84	15.38	17.29	20.8	25.3	30.4	35.6	38.9	41.9	45.6	48.3
27	11.81	12.88	14.57	16.15	18.11	21.7	26.3	31.5	36.7	40.1	43.2	47.0	49.6
28	12.46	13.56	15.31	16.93	18.94	22.7	27.3	32.6	37.9	41.3	44.5	48.3	51.0
29	13.12	14.26	16.05	17.71	19.77	23.6	28.3	33.7	39.1	42.6	45.7	49.6	52.3
30	13.79	14.95	16.79	18.49	20.6	24.5	29.3	34.8	40.3	43.8	47.0	50.9	53.7
40	20.7	22.2	24.4	26.5	29.1	33.7	39.3	45.6	51.8	55.8	59.3	63.7	66.8
50	28.0	29.7	32.4	34.8	37.7	42.9	49.3	56.3	63.2	67.5	71.4	76.2	79.5
60	35.5	37.5	40.5	43.2	46.5	52.3	59.3	67.0	74.4	79.1	83.3	88.4	92.0
70	43.3	45.4	48.8	51.7	55.3	61.7	69.3	77.6	85.5	90.5	95.0	100.4	104.2
80	51.2	53.5	57.2	60.4	64.3	71.1	79.3	88.1	96.6	101.9	106.6	112.3	116.3
90	59.2	61.8	65.6	69.1	73.3	80.6	89.3	98.6	107.6	113.1	118.1	124.1	128.3
100	67.3	70.1	74.2	77.9	82.4	90.1	99.3	109.1	118.5	124.3	129.6	135.8	140.2

t 分布表　　$t(\phi, P)$

$$P = 2\int_t^\infty \frac{\Gamma\left(\dfrac{\phi+1}{2}\right)dv}{\sqrt{\phi\pi}\,\Gamma\left(\dfrac{\phi}{2}\right)\left(1+\dfrac{v^2}{\phi}\right)^{\frac{\phi+1}{2}}}$$

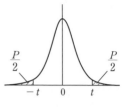

自由度 ϕ と上側確率 P とから t を求める表

ϕ \ P	0.50	0.40	0.30	0.20	0.10	0.05	0.02	0.01	0.001
1	1.000	1.376	1.963	3.078	6.314	12.706	31.821	63.657	636.619
2	0.816	1.061	1.386	1.886	2.920	4.303	6.965	9.925	31.599
3	0.765	0.978	1.250	1.638	2.353	3.182	4.541	5.841	12.924
4	0.741	0.941	1.190	1.533	2.132	2.776	3.747	4.604	8.610
5	0.727	0.920	1.156	1.476	2.015	2.571	3.365	4.032	6.869
6	0.718	0.906	1.134	1.440	1.943	2.447	3.143	3.707	5.959
7	0.711	0.896	1.119	1.415	1.895	2.365	2.998	3.499	5.408
8	0.706	0.889	1.108	1.397	1.860	2.306	2.896	3.355	5.041
9	0.703	0.883	1.100	1.383	1.833	2.262	2.821	3.250	4.781
10	0.700	0.879	1.093	1.372	1.812	2.228	2.764	3.169	4.587
11	0.697	0.876	1.088	1.363	1.796	2.201	2.718	3.106	4.437
12	0.695	0.873	1.083	1.356	1.782	2.179	2.681	3.055	4.318
13	0.694	0.870	1.079	1.350	1.771	2.160	2.650	3.012	4.221
14	0.692	0.868	1.076	1.345	1.761	2.145	2.624	2.977	4.140
15	0.691	0.866	1.074	1.341	1.753	2.131	2.602	2.947	4.073
16	0.690	0.865	1.071	1.337	1.746	2.120	2.583	2.921	4.015
17	0.689	0.863	1.069	1.333	1.740	2.110	2.567	2.898	3.965
18	0.688	0.862	1.067	1.330	1.734	2.101	2.552	2.878	3.922
19	0.688	0.861	1.066	1.328	1.729	2.093	2.539	2.861	3.883
20	0.687	0.860	1.064	1.325	1.725	2.086	2.528	2.845	3.850
21	0.686	0.859	1.063	1.323	1.721	2.080	2.518	2.831	3.819
22	0.686	0.858	1.061	1.321	1.717	2.074	2.508	2.819	3.792
23	0.685	0.858	1.060	1.319	1.714	2.069	2.500	2.807	3.768
24	0.685	0.857	1.059	1.318	1.711	2.064	2.492	2.797	3.745
25	0.684	0.856	1.058	1.316	1.708	2.060	2.485	2.787	3.725
26	0.684	0.856	1.058	1.315	1.706	2.056	2.479	2.779	3.707
27	0.684	0.855	1.057	1.314	1.703	2.052	2.473	2.771	3.690
28	0.683	0.855	1.056	1.313	1.701	2.048	2.467	2.763	3.674
29	0.683	0.854	1.055	1.311	1.699	2.045	2.462	2.756	3.659
30	0.683	0.854	1.055	1.310	1.697	2.042	2.457	2.750	3.646
40	0.681	0.851	1.050	1.303	1.684	2.021	2.423	2.704	3.551
50	0.679	0.849	1.047	1.299	1.676	2.009	2.403	2.678	3.496
60	0.679	0.848	1.045	1.296	1.671	2.000	2.390	2.660	3.460
70	0.678	0.847	1.044	1.294	1.667	1.994	2.381	2.648	3.435
80	0.678	0.846	1.043	1.292	1.664	1.990	2.374	2.639	3.416
90	0.677	0.846	1.042	1.291	1.662	1.987	2.368	2.632	3.402
100	0.677	0.845	1.042	1.290	1.660	1.984	2.364	2.626	3.390
120	0.677	0.845	1.041	1.289	1.658	1.980	2.358	2.617	3.373
∞	0.674	0.842	1.036	1.282	1.645	1.960	2.326	2.576	3.291

F 分布表　　$t(\phi_1, \phi_2 : P)$　$(P = 5\ \%\ の表)$

$$P = \int_{F}^{\infty} \frac{\phi_1^{\frac{\phi_1}{2}} \phi_2^{\frac{\phi_2}{2}} X^{\frac{\phi_1}{2}-1} dX}{B\left(\dfrac{\phi_1}{2}, \dfrac{\phi_2}{2}\right)(\phi_1 X + \phi_2)^{\frac{\phi_1+\phi_2}{2}}}$$

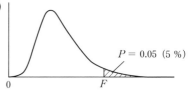

$P = 0.05$ (5 %)

自由度 ϕ_1, ϕ_2 と上側確率 P から F を求める表
ϕ_1 は分子の自由度　　ϕ_2 は分母の自由度

$\phi_2 \backslash \phi_1$	1	2	3	4	5	6	7	8	9	10	15	20	25	30	35	40	50	60	100	∞
1	161	200	216	225	230	234	237	239	241	242	246	248	249	250	251	251	252	252	253	254
2	18.5	19.0	19.2	19.2	19.3	19.3	19.4	19.4	19.4	19.4	19.4	19.4	19.5	19.5	19.5	19.5	19.5	19.5	19.5	19.5
3	10.1	9.55	9.28	9.12	9.01	8.94	8.89	8.85	8.81	8.79	8.70	8.66	8.63	8.62	8.60	8.59	8.58	8.57	8.55	8.53
4	7.71	6.94	6.59	6.39	6.26	6.16	6.09	6.04	6.00	5.96	5.86	5.80	5.77	5.75	5.73	5.72	5.70	5.69	5.66	5.63
5	6.61	5.79	5.41	5.19	5.05	4.95	4.88	4.82	4.77	4.74	4.62	4.56	4.52	4.50	4.48	4.46	4.44	4.43	4.41	4.36
6	5.99	5.14	4.76	4.53	4.39	4.28	4.21	4.15	4.10	4.06	3.94	3.87	3.83	3.81	3.79	3.77	3.75	3.74	3.71	3.67
7	5.59	4.74	4.35	4.12	3.97	3.87	3.79	3.73	3.68	3.64	3.51	3.44	3.40	3.38	3.36	3.34	3.32	3.30	3.27	3.23
8	5.32	4.46	4.07	3.84	3.69	3.58	3.50	3.44	3.39	3.35	3.22	3.15	3.11	3.08	3.06	3.04	3.02	3.01	2.97	2.93
9	5.12	4.26	3.86	3.63	3.48	3.37	3.29	3.23	3.18	3.14	3.01	2.94	2.89	2.86	2.84	2.83	2.80	2.79	2.76	2.71
10	4.96	4.10	3.71	3.48	3.33	3.22	3.14	3.07	3.02	2.98	2.85	2.77	2.73	2.70	2.68	2.66	2.64	2.62	2.59	2.54
11	4.84	3.98	3.59	3.36	3.20	3.09	3.01	2.95	2.90	2.85	2.72	2.65	2.60	2.57	2.55	2.53	2.51	2.49	2.46	2.40
12	4.75	3.89	3.49	3.26	3.11	3.00	2.91	2.85	2.80	2.75	2.62	2.54	2.50	2.47	2.44	2.43	2.40	2.38	2.35	2.30
13	4.67	3.81	3.41	3.18	3.03	2.92	2.83	2.77	2.71	2.67	2.53	2.46	2.41	2.38	2.36	2.34	2.31	2.30	2.26	2.21
14	4.60	3.74	3.34	3.11	2.96	2.85	2.76	2.70	2.65	2.60	2.46	2.39	2.34	2.31	2.28	2.27	2.24	2.22	2.19	2.13
15	4.54	3.68	3.29	3.06	2.90	2.79	2.71	2.64	2.59	2.54	2.40	2.33	2.28	2.25	2.22	2.20	2.18	2.16	2.12	2.07
16	4.49	3.63	3.24	3.01	2.85	2.74	2.66	2.59	2.54	2.49	2.35	2.28	2.23	2.19	2.17	2.15	2.12	2.11	2.07	2.01
17	4.45	3.59	3.20	2.96	2.81	2.70	2.61	2.55	2.49	2.45	2.31	2.23	2.18	2.15	2.12	2.10	2.08	2.06	2.02	1.96
18	4.41	3.55	3.16	2.93	2.77	2.66	2.58	2.51	2.46	2.41	2.27	2.19	2.14	2.11	2.08	2.06	2.04	2.02	1.98	1.92
19	4.38	3.52	3.13	2.90	2.74	2.63	2.54	2.48	2.42	2.38	2.23	2.16	2.11	2.07	2.05	2.03	2.00	1.98	1.94	1.88
20	4.35	3.49	3.10	2.87	2.71	2.60	2.51	2.45	2.39	2.35	2.20	2.12	2.07	2.04	2.01	1.99	1.97	1.95	1.91	1.84
21	4.32	3.47	3.07	2.84	2.68	2.57	2.49	2.42	2.37	2.32	2.18	2.10	2.05	2.01	1.98	1.96	1.94	1.92	1.88	1.81
22	4.30	3.44	3.05	2.82	2.66	2.55	2.46	2.40	2.34	2.30	2.15	2.07	2.02	1.98	1.96	1.94	1.91	1.89	1.85	1.78
23	4.28	3.42	3.03	2.80	2.64	2.53	2.44	2.37	2.32	2.27	2.13	2.05	2.00	1.96	1.93	1.91	1.88	1.86	1.82	1.76
24	4.26	3.40	3.01	2.78	2.62	2.51	2.42	2.36	2.30	2.25	2.11	2.03	1.97	1.94	1.91	1.89	1.86	1.84	1.80	1.73
25	4.24	3.39	2.99	2.76	2.60	2.49	2.40	2.34	2.28	2.24	2.09	2.01	1.96	1.92	1.89	1.87	1.84	1.82	1.78	1.71
26	4.23	3.37	2.98	2.74	2.59	2.47	2.39	2.32	2.27	2.22	2.07	1.99	1.94	1.90	1.87	1.85	1.82	1.80	1.76	1.69
27	4.21	3.35	2.96	2.73	2.57	2.46	2.37	2.31	2.25	2.20	2.06	1.97	1.92	1.88	1.86	1.84	1.81	1.79	1.74	1.67
28	4.20	3.34	2.95	2.71	2.56	2.45	2.36	2.29	2.24	2.19	2.04	1.96	1.91	1.87	1.84	1.82	1.79	1.77	1.73	1.65
29	4.18	3.33	2.93	2.70	2.55	2.43	2.35	2.28	2.22	2.18	2.03	1.94	1.89	1.85	1.83	1.81	1.77	1.75	1.71	1.64
30	4.17	3.32	2.92	2.69	2.53	2.42	2.33	2.27	2.21	2.16	2.01	1.93	1.88	1.84	1.81	1.79	1.76	1.74	1.70	1.62
35	4.12	3.27	2.87	2.64	2.49	2.37	2.29	2.22	2.16	2.11	1.96	1.88	1.82	1.79	1.76	1.74	1.70	1.68	1.63	1.56
40	4.08	3.23	2.84	2.61	2.45	2.34	2.25	2.18	2.12	2.08	1.92	1.84	1.78	1.74	1.72	1.69	1.66	1.64	1.59	1.51
45	4.06	3.20	2.81	2.58	2.42	2.31	2.22	2.15	2.10	2.05	1.89	1.81	1.75	1.71	1.68	1.66	1.63	1.60	1.55	1.47
50	4.03	3.18	2.79	2.56	2.40	2.29	2.20	2.13	2.07	2.03	1.87	1.78	1.73	1.69	1.66	1.63	1.60	1.58	1.52	1.44
60	4.00	3.15	2.76	2.53	2.37	2.25	2.17	2.10	2.04	1.99	1.84	1.75	1.69	1.65	1.62	1.59	1.56	1.53	1.48	1.39
70	3.98	3.13	2.74	2.50	2.35	2.23	2.14	2.07	2.02	1.97	1.81	1.72	1.66	1.62	1.59	1.57	1.53	1.50	1.45	1.35
80	3.96	3.11	2.72	2.49	2.33	2.21	2.13	2.06	2.00	1.95	1.79	1.70	1.64	1.60	1.57	1.54	1.51	1.48	1.43	1.32
90	3.95	3.10	2.71	2.47	2.32	2.20	2.11	2.04	1.99	1.94	1.78	1.69	1.63	1.59	1.55	1.53	1.49	1.46	1.41	1.30
100	3.94	3.09	2.70	2.46	2.31	2.19	2.10	2.03	1.97	1.93	1.77	1.68	1.62	1.57	1.54	1.52	1.48	1.45	1.39	1.28
∞	3.84	3.00	2.60	2.37	2.21	2.10	2.01	1.94	1.88	1.83	1.67	1.57	1.51	1.46	1.42	1.39	1.35	1.32	1.24	1.00

F 分布表　$t(\phi_1, \phi_2 : P)$　$(P = 2.5\%\text{の表})$

$$P = \int_F^\infty \frac{\phi_1^{\frac{\phi_1}{2}} \phi_2^{\frac{\phi_2}{2}} X^{\frac{\phi_1}{2}-1}}{B\left(\dfrac{\phi_1}{2}, \dfrac{\phi_2}{2}\right)(\phi_1 X + \phi_2)^{\frac{\phi_1+\phi_2}{2}}} dX$$

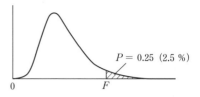

$P = 0.25$ (2.5 %)

自由度 ϕ_1, ϕ_2 と上側確率 P から F を求める表
ϕ_1 は分子の自由度　　ϕ_2 は分母の自由度

ϕ_2 \ ϕ_1	1	2	3	4	5	6	7	8	9	10	15	20	25	30	35	40	50	60	100	∞
1	648	800	864	900	922	937	948	957	963	969	985	993	998	1001	1004	1006	1008	1010	1013	1018
2	38.5	39.0	39.2	39.2	39.3	39.3	39.4	39.4	39.4	39.4	39.4	39.4	39.5	39.5	39.5	39.5	39.5	39.5	39.5	39.5
3	17.4	16.0	15.4	15.1	14.9	14.7	14.6	14.5	14.5	14.4	14.3	14.2	14.1	14.1	14.1	14.0	14.0	14.0	14.0	13.9
4	12.2	10.6	10.0	9.60	9.36	9.20	9.07	8.98	8.90	8.84	8.66	8.56	8.50	8.46	8.43	8.41	8.38	8.36	8.32	8.26
5	10.0	8.43	7.76	7.39	7.15	6.98	6.85	6.76	6.68	6.62	6.43	6.33	6.27	6.23	6.20	6.18	6.14	6.12	6.08	6.02
6	8.81	7.26	6.60	6.23	5.99	5.82	5.70	5.60	5.52	5.46	5.27	5.17	5.11	5.07	5.04	5.01	4.98	4.96	4.92	4.85
7	8.07	6.54	5.89	5.52	5.29	5.12	4.99	4.90	4.82	4.76	4.57	4.47	4.40	4.36	4.33	4.31	4.28	4.25	4.21	4.14
8	7.57	6.06	5.42	5.05	4.82	4.65	4.53	4.43	4.36	4.30	4.10	4.00	3.94	3.89	3.86	3.84	3.81	3.78	3.74	3.67
9	7.21	5.71	5.08	4.72	4.48	4.32	4.20	4.10	4.03	3.96	3.77	3.67	3.60	3.56	3.53	3.51	3.47	3.45	3.40	3.33
10	6.94	5.46	4.83	4.47	4.24	4.07	3.95	3.85	3.78	3.72	3.52	3.42	3.35	3.31	3.28	3.26	3.22	3.20	3.15	3.08
11	6.72	5.26	4.63	4.28	4.04	3.88	3.76	3.66	3.59	3.53	3.33	3.23	3.16	3.12	3.09	3.06	3.03	3.00	3.71	2.88
12	6.55	5.10	4.47	4.12	3.89	3.73	3.61	3.51	3.44	3.37	3.18	3.07	3.01	2.96	2.93	2.91	2.87	2.85	3.47	2.73
13	6.41	4.97	4.35	4.00	3.77	3.60	3.48	3.39	3.31	3.25	3.05	2.95	2.88	2.84	2.80	2.78	2.74	2.72	3.27	2.60
14	6.30	4.86	4.24	3.89	3.66	3.50	3.38	3.29	3.21	3.15	2.95	2.84	2.78	2.73	2.70	2.67	2.64	2.61	3.11	2.49
15	6.20	4.77	4.15	3.80	3.58	3.41	3.29	3.20	3.12	3.06	2.86	2.76	2.69	2.64	2.61	2.59	2.55	2.52	2.98	2.40
16	6.12	4.69	4.08	3.73	3.50	3.34	3.22	3.12	3.05	2.99	2.79	2.68	2.61	2.57	2.53	2.51	2.47	2.45	2.86	2.32
17	6.04	4.62	4.01	3.66	3.44	3.28	3.16	3.06	2.98	2.92	2.72	2.62	2.55	2.50	2.47	2.44	2.41	2.38	2.76	2.25
18	5.98	4.56	3.95	3.61	3.38	3.22	3.10	3.01	2.93	2.87	2.67	2.56	2.49	2.44	2.41	2.38	2.35	2.32	2.68	2.19
19	5.92	4.51	3.90	3.56	3.33	3.17	3.05	2.96	2.88	2.82	2.62	2.51	2.44	2.39	2.36	2.33	2.30	2.27	2.60	2.13
20	5.87	4.46	3.86	3.51	3.29	3.13	3.01	2.91	2.84	2.77	2.57	2.46	2.40	2.35	2.31	2.29	2.25	2.22	2.54	2.09
21	5.83	4.42	3.82	3.48	3.25	3.09	2.97	2.87	2.80	2.73	2.53	2.42	2.36	2.31	2.27	2.25	2.21	2.18	2.48	2.04
22	5.79	4.38	3.78	3.44	3.22	3.05	2.93	2.84	2.76	2.70	2.50	2.39	2.32	2.27	2.24	2.21	2.17	2.14	2.42	2.00
23	5.75	4.35	3.75	3.41	3.18	3.02	2.90	2.81	2.73	2.67	2.47	2.36	2.29	2.24	2.20	2.18	2.14	2.11	2.37	1.97
24	5.72	4.32	3.72	3.38	3.15	2.99	2.87	2.78	2.70	2.64	2.44	2.33	2.26	2.21	2.17	2.15	2.11	2.08	2.33	1.94
25	5.69	4.29	3.69	3.35	3.13	2.97	2.85	2.75	2.68	2.61	2.41	2.30	2.23	2.18	2.15	2.12	2.08	2.05	2.29	1.91
26	5.66	4.27	3.67	3.33	3.10	2.94	2.82	2.73	2.65	2.59	2.39	2.28	2.21	2.16	2.12	2.09	2.05	2.03	2.25	1.88
27	5.63	4.24	3.65	3.31	3.08	2.92	2.80	2.71	2.63	2.57	2.36	2.25	2.18	2.13	2.10	2.07	2.03	2.00	2.22	1.85
28	5.61	4.22	3.63	3.29	3.06	2.90	2.78	2.69	2.61	2.55	2.34	2.23	2.16	2.11	2.08	2.05	2.01	1.98	2.19	1.83
29	5.59	4.20	3.61	3.27	3.04	2.88	2.76	2.67	2.59	2.53	2.32	2.21	2.14	2.09	2.06	2.03	1.99	1.96	2.16	1.81
30	5.57	4.18	3.59	3.25	3.03	2.87	2.75	2.65	2.57	2.51	2.31	2.20	2.12	2.07	2.04	2.01	1.97	1.94	2.13	1.79
35	5.48	4.11	3.52	3.18	2.96	2.80	2.68	2.58	2.50	2.44	2.23	2.12	2.05	2.00	1.96	1.93	1.89	1.86	2.02	1.70
40	5.42	4.05	3.46	3.13	2.90	2.74	2.62	2.53	2.45	2.39	2.18	2.07	1.99	1.94	1.90	1.88	1.83	1.80	1.94	1.64
45	5.38	4.01	3.42	3.09	2.86	2.70	2.58	2.49	2.41	2.35	2.14	2.03	1.95	1.90	1.86	1.83	1.79	1.76	1.88	1.59
50	5.34	3.97	3.39	3.05	2.83	2.67	2.55	2.46	2.38	2.32	2.11	1.99	1.92	1.87	1.83	1.80	1.75	1.72	1.82	1.55
60	5.29	3.93	3.34	3.01	2.79	2.63	2.51	2.41	2.33	2.27	2.06	1.94	1.87	1.82	1.78	1.74	1.70	1.67	1.75	1.48
70	5.25	3.89	3.31	2.97	2.75	2.59	2.47	2.38	2.30	2.24	2.03	1.91	1.83	1.78	1.74	1.71	1.66	1.63	1.70	1.44
80	5.22	3.86	3.28	2.95	2.73	2.57	2.45	2.35	2.28	2.21	2.00	1.88	1.81	1.75	1.71	1.68	1.63	1.60	1.65	1.40
90	5.20	3.84	3.26	2.93	2.71	2.55	2.43	2.34	2.26	2.19	1.98	1.86	1.79	1.73	1.69	1.66	1.61	1.58	1.62	1.37
100	5.18	3.83	3.25	2.92	2.70	2.54	2.42	2.32	2.24	2.18	1.97	1.85	1.77	1.71	1.67	1.64	1.59	1.56	1.60	1.35
∞	5.02	3.69	3.12	2.79	2.57	2.41	2.29	2.19	2.11	2.05	1.83	1.71	1.63	1.57	1.52	1.48	1.43	1.39	1.30	1.00

F 分布表　　$t(\phi_1, \phi_2 : P)$ （$P = 1$ %の表）

$$P = \int_F^\infty \frac{\phi_1^{\frac{\phi_1}{2}} \phi_2^{\frac{\phi_2}{2}} X^{\frac{\phi_1}{2}-1} dX}{B\left(\frac{\phi_1}{2}, \frac{\phi_2}{2}\right)(\phi_1 X + \phi_2)^{\frac{\phi_1+\phi_2}{2}}}$$

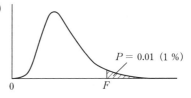

$P = 0.01$ （1 %）

自由度 ϕ_1, ϕ_2 と上側確率 P から F を求める表
ϕ_1 は分子の自由度　　ϕ_2 は分母の自由度

ϕ_2＼ϕ_1	1	2	3	4	5	6	7	8	9	10	15	20	25	30	35	40	50	60	100	∞
1	4052	5000	5403	5625	5764	5859	5928	5981	6022	6056	6157	6209	6240	6261	6276	6287	6303	6313	6334	6366
2	98.5	99.0	99.2	99.2	99.3	99.3	99.4	99.4	99.4	99.4	99.4	99.4	99.5	99.5	99.5	99.5	99.5	99.5	99.5	99.5
3	34.1	30.8	29.5	28.7	28.2	27.9	27.7	27.5	27.3	27.2	26.9	26.7	26.6	26.5	26.5	26.4	26.4	26.3	26.2	26.1
4	21.2	18.0	16.7	16.0	15.5	15.2	15.0	14.8	14.7	14.5	14.2	14.0	13.9	13.8	13.8	13.7	13.7	13.7	13.6	13.5
5	16.3	13.3	12.1	11.4	11.0	10.7	10.5	10.3	10.2	10.1	9.72	9.55	9.45	9.38	9.33	9.29	9.24	9.20	9.13	9.02
6	13.70	10.92	9.78	9.15	8.75	8.47	8.26	8.10	7.98	7.87	7.56	7.40	7.30	7.23	7.18	7.14	7.09	7.06	6.99	6.88
7	12.20	9.55	8.45	7.85	7.46	7.19	6.99	6.84	6.72	6.62	6.31	6.16	6.06	5.99	5.94	5.91	5.86	5.82	5.75	5.65
8	11.30	8.65	7.59	7.01	6.63	6.37	6.18	6.03	5.91	5.81	5.52	5.36	5.26	5.20	5.15	5.12	5.07	5.03	4.96	4.86
9	10.60	8.02	6.99	6.42	6.06	5.80	5.61	5.47	5.35	5.26	4.96	4.81	4.71	4.65	4.60	4.57	4.52	4.48	4.41	4.31
10	10.00	7.56	6.55	5.99	5.64	5.39	5.20	5.06	4.94	4.85	4.56	4.41	4.31	4.25	4.20	4.17	4.12	4.08	4.01	3.91
11	9.65	7.21	6.22	5.67	5.32	5.07	4.89	4.74	4.63	4.54	4.25	4.10	4.01	3.94	3.89	3.86	3.81	3.78	3.71	3.60
12	9.33	6.93	5.95	5.41	5.06	4.82	4.64	4.50	4.39	4.30	4.01	3.86	3.76	3.70	3.65	3.62	3.57	3.54	3.47	3.36
13	9.07	6.70	5.74	5.21	4.86	4.62	4.44	4.30	4.19	4.10	3.82	3.66	3.57	3.51	3.46	3.43	3.38	3.34	3.27	3.17
14	8.86	6.51	5.56	5.04	4.69	4.46	4.28	4.14	4.03	3.94	3.66	3.51	3.41	3.35	3.30	3.27	3.22	3.18	3.11	3.00
15	8.68	6.36	5.42	4.89	4.56	4.32	4.14	4.00	3.89	3.80	3.52	3.37	3.28	3.21	3.17	3.13	3.08	3.05	2.98	2.87
16	8.53	6.23	5.29	4.77	4.44	4.20	4.03	3.89	3.78	3.69	3.41	3.26	3.16	3.10	3.05	3.02	2.97	2.93	2.86	2.75
17	8.40	6.11	5.18	4.67	4.34	4.10	3.93	3.79	3.68	3.59	3.31	3.16	3.07	3.00	2.96	2.92	2.87	2.83	2.76	2.65
18	8.29	6.01	5.09	4.58	4.25	4.01	3.84	3.71	3.60	3.51	3.23	3.08	2.98	2.92	2.87	2.84	2.78	2.75	2.68	2.57
19	8.18	5.93	5.01	4.50	4.17	3.94	3.77	3.63	3.52	3.43	3.15	3.00	2.91	2.84	2.80	2.76	2.71	2.67	2.60	2.49
20	8.10	5.85	4.94	4.43	4.10	3.87	3.70	3.56	3.46	3.37	3.09	2.94	2.84	2.78	2.73	2.69	2.64	2.61	2.54	2.42
21	8.02	5.78	4.87	4.37	4.04	3.81	3.64	3.51	3.40	3.31	3.03	2.88	2.79	2.72	2.67	2.64	2.58	2.55	2.48	2.36
22	7.95	5.72	4.82	4.31	3.99	3.76	3.59	3.45	3.35	3.26	2.98	2.83	2.73	2.67	2.62	2.58	2.53	2.50	2.42	2.31
23	7.88	5.66	4.76	4.26	3.94	3.71	3.54	3.41	3.30	3.21	2.93	2.78	2.69	2.62	2.57	2.54	2.48	2.45	2.37	2.26
24	7.82	5.61	4.72	4.22	3.90	3.67	3.50	3.36	3.26	3.17	2.89	2.74	2.64	2.58	2.53	2.49	2.44	2.40	2.33	2.21
25	7.77	5.57	4.68	4.18	3.85	3.63	3.46	3.32	3.22	3.13	2.85	2.70	2.60	2.54	2.49	2.45	2.40	2.36	2.29	2.17
26	7.72	5.53	4.64	4.14	3.82	3.59	3.42	3.29	3.18	3.09	2.81	2.66	2.57	2.50	2.45	2.42	2.36	2.33	2.55	2.13
27	7.68	5.49	4.60	4.11	3.78	3.56	3.39	3.26	3.15	3.06	2.78	2.63	2.54	2.47	2.42	2.38	2.33	2.29	2.22	2.10
28	7.64	5.45	4.57	4.07	3.75	3.53	3.36	3.23	3.12	3.03	2.75	2.60	2.51	2.44	2.39	2.35	2.30	2.26	2.19	2.06
29	7.60	5.42	4.54	4.04	3.73	3.50	3.33	3.20	3.09	3.00	2.73	2.57	2.48	2.41	2.36	2.33	2.27	2.23	2.16	2.03
30	7.56	5.39	4.51	4.02	3.70	3.47	3.30	3.17	3.07	2.98	2.70	2.55	2.45	2.39	2.34	2.30	2.25	2.21	2.13	2.01
35	7.42	5.27	4.40	3.91	3.59	3.37	3.20	3.07	2.96	2.88	2.60	2.44	2.35	2.28	2.23	2.19	2.14	2.10	2.02	1.89
40	7.31	5.18	4.31	3.83	3.51	3.29	3.12	2.99	2.89	2.80	2.52	2.37	2.27	2.20	2.15	2.11	2.06	2.02	1.94	1.80
45	7.23	5.11	4.25	3.77	3.45	3.23	3.07	2.94	2.83	2.74	2.46	2.31	2.21	2.14	2.09	2.05	2.00	1.96	1.88	1.74
50	7.17	5.06	4.20	3.72	3.41	3.19	3.02	2.89	2.78	2.70	2.42	2.27	2.17	2.10	2.05	2.01	1.95	1.91	1.82	1.68
60	7.08	4.98	4.13	3.65	3.34	3.12	2.95	2.82	2.72	2.63	2.35	2.20	2.10	2.03	1.98	1.94	1.88	1.84	1.75	1.60
70	7.01	4.92	4.07	3.60	3.29	3.07	2.91	2.78	2.67	2.59	2.31	2.15	2.05	1.98	1.93	1.89	1.83	1.78	1.70	1.54
80	6.96	4.88	4.04	3.56	3.26	3.04	2.87	2.74	2.64	2.55	2.27	2.12	2.01	1.94	1.89	1.85	1.79	1.75	1.65	1.49
90	6.93	4.85	4.01	3.53	3.23	3.01	2.84	2.72	2.61	2.52	2.24	2.09	1.99	1.92	1.86	1.82	1.76	1.72	1.62	1.46
100	6.90	4.82	3.98	3.51	3.21	2.99	2.82	2.69	2.59	2.50	2.22	2.07	1.97	1.89	1.84	1.80	1.74	1.69	1.60	1.43
∞	6.63	4.61	3.78	3.32	3.02	2.80	2.64	2.51	2.41	2.32	2.04	1.88	1.77	1.70	1.64	1.59	1.52	1.47	1.36	1.00

r 表 $\qquad r(\phi, P)$

$$P = 2\int_r^1 \frac{(1-x^2)^{\frac{\phi}{2}-1}dx}{B\left(\dfrac{\phi}{2}, \dfrac{1}{2}\right)}$$

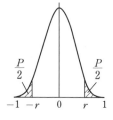

自由度 $\phi = n - 2$ の側確率 P とから t を求める表

ϕ \\ P	0.25	0.10	0.05	0.02	0.01
10	0.3603	0.4973	0.5760	0.6581	0.7079
11	0.3438	0.4762	0.5529	0.6339	0.6835
12	0.3295	0.4575	0.5324	0.6120	0.6614
13	0.3168	0.4409	0.5140	0.5923	0.6411
14	0.3054	0.4259	0.4973	0.5742	0.6226
15	0.2952	0.4124	0.4821	0.5577	0.6055
16	0.2860	0.4000	0.4683	0.5425	0.5897
17	0.2775	0.3887	0.4555	0.5285	0.5751
18	0.2698	0.3783	0.4438	0.5155	0.5614
19	0.2627	0.3687	0.4329	0.5034	0.5487
20	0.2561	0.3598	0.4227	0.4921	0.5368
21	0.2500	0.3515	0.4132	0.4815	0.5256
22	0.2443	0.3438	0.4044	0.4716	0.5151
23	0.2390	0.3365	0.3961	0.4622	0.5052
24	0.2340	0.3297	0.3882	0.4534	0.4958
25	0.2293	0.3233	0.3809	0.4451	0.4869
26	0.2248	0.3172	0.3739	0.4372	0.4785
27	0.2207	0.3115	0.3673	0.4297	0.4705
28	0.2167	0.3061	0.3610	0.4226	0.4629
29	0.2130	0.3009	0.3550	0.4158	0.4556
30	0.2094	0.2960	0.3494	0.4093	0.4487
33	0.1997	0.2826	0.3338	0.3916	0.4296
38	0.1862	0.2638	0.3120	0.3665	0.4026
43	0.1751	0.2483	0.2940	0.3457	0.3801
48	0.1657	0.2353	0.2787	0.3281	0.3610
58	0.1508	0.2144	0.2542	0.2997	0.3301
68	0.1393	0.1982	0.2352	0.2776	0.3060
78	0.1301	0.1852	0.2199	0.2597	0.2864
88	0.1225	0.1745	0.2072	0.2449	0.2702
100	0.1149	0.1638	0.1946	0.2301	0.2540
近似式	$\dfrac{1.150}{\sqrt{\phi+1}}$	$\dfrac{1.645}{\sqrt{\phi+1}}$	$\dfrac{1.960}{\sqrt{\phi+1}}$	$\dfrac{2.326}{\sqrt{\phi+1}}$	$\dfrac{2.576}{\sqrt{\phi+1}}$

z変換図表

$$z = \frac{1}{2}\ln\frac{1+r}{1-r} = \tanh^{-1} r, \ r = \tanh z$$

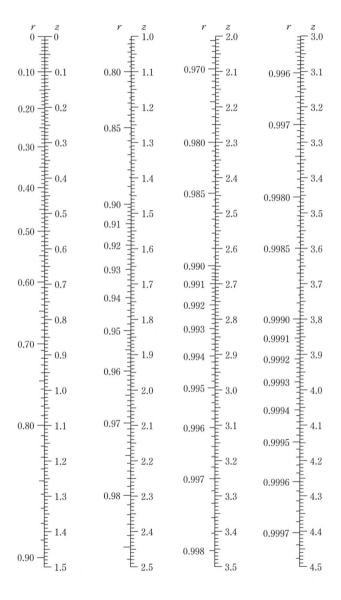

JIS Z 9002-1956　計数基準型1回抜取検査（不良個数の場合）

細字は n, 太字は c　　　　　　　　　　　　　　　　　　　　　　$\alpha \fallingdotseq 0.05,\ \beta \fallingdotseq 0.10$

p_0[%] ＼ p_1[%]	0.71~0.90	0.91~1.12	1.13~1.40	1.41~1.80	1.81~2.24	2.25~2.80	2.81~3.55	3.56~4.50	4.51~5.60	5.61~7.10	7.11~9.00	9.01~11.2	11.3~14.0	14.1~18.0	18.1~22.4	22.5~28.0	28.1~35.5	p_0[%]
0.090~0.112	＊	400 **1**	↓	←	↓	→	60 **0**	50 **0**	←	↓	↓	←	↓	↓	↓	↓	↓	0.090~0.112
0.113~0.140	＊	↓	300 **1**	↓	←	↓	→	↑	40 **0**	←	↓	↓	←	↓	↓	↓	↓	0.113~0.140
0.141~0.180	＊	500 **2**	↓	250 **1**	↓	←	↓	→	↑	30 **0**	←	↓	↓	←	↓	↓	↓	0.141~0.180
0.181~0.224	＊	＊	400 **2**	↓	200 **1**	↓	←	↓	→	↑	25 **0**	←	↓	↓	←	↓	↓	0.181~0.224
0.225~0.280	＊	＊	500 **3**	300 **2**	↓	150 **1**	↓	←	↓	→	↑	20 **0**	←	↓	↓	←	↓	0.225~0.280
0.281~0.355	＊	＊	＊	400 **3**	250 **2**	↓	120 **1**	↓	←	↓	→	↑	15 **0**	←	↓	↓	↓	0.281~0.355
0.356~0.450	＊	＊	＊	500 **4**	300 **3**	200 **2**	↓	100 **1**	↓	←	↓	→	↑	15 **0**	←	↓	↓	0.356~0.450
0.451~0.560	＊	＊	＊	＊	400 **4**	250 **3**	150 **2**	↓	80 **1**	↓	←	↓	→	↑	10 **0**	←	↓	0.451~0.560
0.561~0.710	＊	＊	＊	＊	500 **6**	300 **4**	200 **3**	120 **2**	↓	60 **1**	↓	←	↓	→	↑	7 **0**	←	0.561~0.710
0.711~0.900	＊	＊	＊	＊	＊	400 **6**	250 **4**	150 **3**	100 **2**	↓	50 **1**	↓	←	↓	→	↑	5 **0**	0.711~0.900
0.901~1.12		＊	＊	＊	＊	＊	300 **6**	200 **4**	120 **3**	80 **2**	↓	40 **1**	↓	←	↓	→	↑	0.901~1.12
1.13~1.40			＊	＊	＊	＊	500 **10**	250 **6**	150 **4**	100 **3**	60 **2**	↓	30 **1**	↓	←	↓	→	1.13~1.40
1.41~1.80				＊	＊	＊	＊	400 **10**	200 **6**	120 **4**	80 **3**	50 **2**	↓	25 **1**	↓	←	↓	1.41~1.80
1.81~2.24					＊	＊	＊	＊	300 **10**	150 **6**	100 **4**	60 **3**	40 **2**	↓	20 **1**	↓	←	1.81~2.24
2.25~2.80						＊	＊	＊	＊	250 **10**	120 **6**	70 **4**	50 **3**	30 **2**	↓	15 **1**	↓	2.25~2.80
2.81~3.55							＊	＊	＊	＊	200 **10**	100 **6**	60 **4**	40 **3**	25 **2**	↓	10 **1**	2.81~3.55
3.56~4.50								＊	＊	＊	＊	150 **10**	80 **6**	50 **4**	30 **3**	20 **2**	↓	3.56~4.50
4.51~5.60									＊	＊	＊	＊	120 **10**	60 **6**	40 **4**	25 **3**	15 **2**	4.51~5.60
5.61~7.10										＊	＊	＊	＊	100 **10**	50 **6**	30 **4**	20 **3**	5.61~7.10
7.11~9.00											＊	＊	＊	＊	70 **10**	40 **6**	25 **4**	7.11~9.00
9.01~11.2												＊	＊	＊	＊	60 **10**	30 **6**	9.01~11.2
p_0[%]	0.71~0.90	0.91~1.12	1.13~1.40	1.41~1.80	1.81~2.24	2.25~2.80	2.81~3.55	3.56~4.50	4.51~5.60	5.61~7.10	7.11~9.00	9.01~11.2	11.3~14.0	14.1~18.0	18.1~22.4	22.5~28.0	28.1~35.5	p_0[%]
p_1[%]	0.71~0.90	0.91~1.12	1.13~1.40	1.41~1.80	1.81~2.24	2.25~2.80	2.81~3.55	3.56~4.50	4.51~5.60	5.61~7.10	7.11~9.00	9.01~11.2	11.3~14.0	14.1~18.0	18.1~22.4	22.5~28.0	28.1~35.5	p_1[%]

（備考）　矢印はその方向の最初の欄の n, c を用いる。＊印は次頁「抜取検査設計補助表」による。空欄に対しては抜き取り検査方法はない。

284

抜取検査設計補助表

p_1/p_0			c	n		
17 以上			0	$2.56/p_0$	$+$	$115/p_1$
16	$\sim$	7.9	1	$17.8/p_0$	$+$	$194/p_1$
7.8	$\sim$	5.6	2	$40.9/p_0$	$+$	$266/p_1$
5.5	$\sim$	4.4	3	$68.3/p_0$	$+$	$334/p_1$
4.3	$\sim$	3.6	4	$98.5/p_0$	$+$	$400/p_1$
3.5	$\sim$	2.8	6	$164.1/p_0$	$+$	$527/p_1$
2.7	$\sim$	2.3	10	$308/p_0$	$+$	$770/p_1$
2.2	$\sim$	2.0	15	$502/p_0$	$+$	$1065/p_1$
1.99	$\sim$	1.86	20	$704/p_0$	$+$	$1350/p_1$

使い方

(1) 指定された p_1 と p_0 の比 p_1/p_0 を計算する。

(2) p_1/p_0 を含む行を見いだし、その行から n, c を求める。

(3) p_1/p_0 が 1.86 未満の場合には、n が大きくなって経済的に望ましくない。

(4) 求めた n が整数でない場合は、それに近い整数に決める。

参考・引用文献

『JIS Z 8002-2006：標準化及び関連活動－一般的な用語』
日本規格協会、2006 年

『JIS Z 8101-1981：品質管理用語』日本規格協会、1981 年

『JIS Z 8101-1-2015：統計－用語と記号－第 1 部：確率及び一般統計用語』
日本規格協会、2015 年

『JIS Z 8101-2-2015：統計－用語と記号－第 2 部：統計的品質管理用語』
日本規格協会、2015 年

『JIS Z 8103-2000：計測用語』日本規格協会、2000 年

『JIS Z 8115-2019：ディペンダビリティ（信頼性）用語』
日本規格協会、2019 年

『JIS Z 8141: 2001：生産管理用語』日本規格協会、2001 年

『JIS Z 8206-1982：工程図記号』日本規格協会、1982 年

『JIS Z 9002-1956：計数規準型一回抜取検査』日本規格協会、1956 年

『JIS Z 9003-1979：計量規準型一回抜取検査（標準偏差既知でロットの平均値を
保証する場合及び標準偏差既知でロットの不良率を保証する場合)』
日本規格協会、1979 年

『JIS Z 9004-1983：計量規準型一回抜取検査（標準偏差未知で上限又は下限規格
値だけ規定した場合)』
日本規格協会、1979 年

『JIS Z 9010-1999：計量値検査のための逐次抜取方式（不適合品パーセント，標準偏差既知)』
日本規格協会、1999 年

『JIS Z 9020-1：2016：管理図－第 1 部：一般指針』
日本規格協会、2016 年

『JIS Z 9020-2：2016：管理図－第 2 部：シューハート管理図』
日本規格協会、2016 年

『JIS Z 9021-1998：シューハート管理図』日本規格協会、1998 年

『JIS Z 9090-1991：測定－校正方式通則』日本規格協会、1991 年

『JIS Z 26000：2012：社会的責任に関する手引』日本規格協会、2012 年

『JIS Q 9000：2015：品質マネジメントシステム－基本及び用語』
日本規格協会、2015 年

『JIS Q 9001：2015：品質マネジメントシステム－要求事項』
日本規格協会、2015 年

『JIS Q 9004：2018：品質マネジメント－組織の品質－持続的成功を達成するための指針』日本規格協会、2018 年

『JIS Q 9023：2018：マネジメントシステムのパフォーマンス改善－方針管理の指針』日本規格協会、2018 年

『JIS Q 9025：2003：マネジメントシステムのパフォーマンス改善－品質機能展開の指針』日本規格協会、2003 年

『JIS Q 10001：2019：品質マネジメント－顧客満足－組織における行動規範のための指針』日本規格協会、2019 年

『JIS Q 10002：2015：品質マネジメント−顧客満足−組織における苦情対応のための指針』日本規格協会、2015 年

『ISQ17000：2005（ISO/IEC 17000：2004）：適合性評価−用語及び一般原則』日本規格協会、2010 年

『JIS Q 17021-1：2018：適合性評価−マネジメントシステムの審査及び認証を行う機関に対する要求事項−第 1 部：要求事項』日本規格協会、2018 年

『JIS Q 17021-2：2018：適合性評価−マネジメントシステムの審査及び認証を行う機関に対する要求事項−第 2 部：環境マネジメントシステムの審査及び認証に関する力量要求事項』日本規格協会、2018 年

『JIS Q 17021-3：2018：適合性評価−マネジメントシステムの審査及び認証を行う機関に対する要求事項−第 3 部：品質マネジメントシステムの審査及び認証に関する力量要求事項』日本規格協会、2018 年

『 CD-JSQC-Std 00001：2011：品質管理用語』品質管理学会、2011 年

『 CD-JSQC-Std 00001：2011：品質管理用語の発行前検討段階の資料』品質管理学会、2011 年

『品質管理セミナー・ベーシックコース・テキスト』日本科学技術連盟、2019 年

『品質管理セミナー　入門コース・テキスト』日本科学技術連盟、2019 年

『QC 手法基礎コース　テキスト』日本科学技術連盟、2019 年

『品質改善のための問題解決力実践コース　テキスト』日本科学技術連盟、2019 年

『通信教育　品質管理基礎講座テキスト』日本科学技術連盟、2019 年

『QC サークル活動運営の基本』QC サークル本部編、日本科学技術連盟、1997 年

『経営者と QC サークル活動』石原勝吉著、日科技連出版社、1992 年

『管理者スタッフの新 QC 七つ道具』
水野滋監修 QC 手法開発部会編、日科技連出版社、1981 年

『信頼性の分布と統計』市田崇・鈴木和幸著、日科技連出版社、1984 年

『信頼性工学 12 章』市田崇著、日科技連出版社、1987 年

『実務にすぐ役立つ信頼性技術』
越川清重・植草源三・村田忠著、日刊工業新聞社、1982 年

『かんたん QC ブック』
ナショナル販売会社 TQC 研究会編、PHP 研究所、1991 年

『工場におけるサンプリング』石川馨著、丸善株式会社、昭和 42 年

Graphs in Statistical Analysis, F. J. Anscombe
The American Statistician, Vol. 27, No. 1. (Feb., 1973), pp. 17-21.

Profreader and color coordinator：Mackey

索　引

◆ 記号

σ 既知	53
σ 未知	55
χ^2 検定	57

◆ 数字

1 回抜取検査	97
2 回抜取検査	97
3S	247
4M	171, 193, 254
5M	171
5M1E	171
5S	160, 254
5W1H	21, 254
5 官	227
5 感	227
20-80 の法則	169

◆ アルファベット

Ac	97
ANOVA	124
ANSI	249
B_{10} ライフ	155, 156
BS	249
CD	183
CEN	249
CFR	153
CFT	233
CL	81
C_p	91
C_{pk}	91
CR	99
CS	182, 183
CSR	271
CWQC	173
c 管理図	80, 88, 89, 93
DE	105
DFR	152, 153
DIN	249
DR	142, 197, 201, 214
EN	249
ES	172, 173, 183
FMEA	142, 153, 200, 201
FMECA	200
FTA	142, 153, 200, 201
FT 図	200
F 検定	59, 62, 66
IE	270, 271, 272
IEC	249, 250
IFR	153
ISO	249, 250
ISO 9001	264, 265
ITU	249, 250
JAS	249
JIS	249
LCL	81, 84, 85, 86, 87, 88, 89, 93, 94
MB 賞	182
Me-R 管理図	81, 83
MTBF	154, 155, 156, 157
MTTF	154, 155, 156
MTTR	155, 157
np 管理図	80, 86, 87, 93
OC 曲線	98, 99
off JT	254
OJT	254
OR	273
P7	273
PDCA	184, 185, 192, 232, 233, 236, 264, 265
PDPC 法	23
PERT	23
PL	205
PLD	205
PLP	205
PR	99
PS	205
PSME	169
p 管理図	80, 86, 87, 93
QA ネットワーク	202, 203, 234
QCD	168, 169
QC 工程図（表）	214, 215, 240
QC サークル	172, 173, 189, 252, 253, 266, 267
QC ストーリー	188, 189
QC 七つ道具	5, 20, 21, 142, 218, 219

QFD	193, 199, 203
QMS	265
RBD	151
Re	97
R_S 管理図	84, 85, 93
R 管理図	80, 83, 84, 85, 93, 116
SCM	272
SDCA	185, 236
SR	270, 271
s 管理図	84, 85, 93
TQC	173, 174, 180, 182, 183, 267
TQM	173, 174, 253, 267
t 検定	54, 55, 61, 63, 66
UCL	81, 84, 85, 86, 87, 88, 89, 93, 94
u 管理図	80, 88, 89, 93
u 検定	52, 53, 66
VE	270, 271, 272
Win-Win	162, 163
WS 法	18
X-R_S 管理図	81, 83, 93
$\bar{X}$-R 管理図	52, 80, 81, 83, 93
$\bar{X}$-s 管理図	83, 85, 93
$\bar{X}$ 管理図	80, 83, 84, 85, 93
z 変換	133

◆ あ行

アイテム	97, 147, 148, 149, 150, 155, 156, 157, 200
当たり前品質要素	179
後工程はお客様	164, 165, 181, 183
アフターサービス	193, 196, 197, 202
アベイラビリティ	147, 155, 157
アローダイアグラム法	23
あわてものの誤り	49
安全性	147, 176, 178, 193, 205, 209
安定状態	21, 52, 53, 82, 171
維持活動	184, 185
維持管理	21, 80, 184
異常原因	81, 82, 171
異常判定ルール	93
一元的品質要素	179
一元配置実験	110, 111
一元配置分散分析	111, 118

一元配置法	113, 124
伊那の式	120, 121, 123
因果関係	164, 165, 218, 219
因子	108, 109, 124
インダストリアル・エンジニアリング	272
ウエルチの検定	61, 62, 63, 66
受入検査	220, 221
影響解析	200, 201
応急処置	144, 145, 166, 167, 216, 217, 240
応急対策	144, 167, 185, 203, 217
大波の相関	128, 129
大波の相関検定	128, 129
オペレーションズ・リサーチ	273

◆ か行

買入検査	221
外観検査	223
回帰係数	134, 135
回帰式	134, 135, 136, 137, 138, 140
解析用管理図	80, 81, 82
改善意識	252
改善活動	184, 185, 256
外注管理	270, 274
ガウス	26, 27
確率分布	26, 29, 31, 34, 44
確率密度関数	26, 31
学力偏差値	39
可視化	171
瑕疵担保責任	206
過失責任	204, 206
仮説	48, 49, 50, 51
仮説検定	49
課題達成	166, 167, 186, 187, 190, 218
課題達成型	188, 189, 190
片側仮説検定	49
片側検定	49
型式管理	218
かたより	6, 50
価値工学	270, 272
価値分析	272
過程決定計画図	23
下部管理限界	81

下方管理限界	81
加法性	32, 33
狩野モデル	179
川上管理	167
環境配慮	204, 205
関係性管理	262, 263, 267
監査	257, 259
完成検査	221
感性品質	226, 227
間接検査	222
官能検査	223, 226, 227
管理限界線	21, 80, 81, 93, 241, 244
管理項目	168, 212, 214, 238, 239
管理図	80, 81, 82, 93, 139, 171, 216, 240, 241, 244
管理線	81, 84, 86, 88, 93, 216
管理用管理図	80, 81, 82
機械管理	274
規格	245
棄却域	49, 51
危険責任	206
危険率	48, 49
規準化	35, 36, 37, 39, 91
規準化残差	138, 139
規準正規分布	35, 36
期待値	44, 45, 50
規定要求事項	220, 223, 233
機能検査	222
機能性	193
機能別管理	233, 234
機能別の責任と権限	233, 234
期末の反省	233
期末のレビュー	231
帰無仮説	49, 51
逆正弦変換	31
逆品質要素	179
客観的事実	262, 263
教育	169, 180, 254, 255, 266
教育訓練	223, 226, 227, 241
業務の質	172, 173
業務分掌	234, 236, 237
局所管理	106, 107
寄与率	135, 136, 137
近似条件	30
偶然原因	81, 82, 171
偶然誤差	107, 224, 225
偶発故障	153
区間推定	49, 50, 51
苦情対応	209
グラフ	20, 21, 119
クリティカルパス	23
クロスファンクショナルチーム	233, 234
群間変動	80, 81, 83
群内変動	80, 81, 83
経営管理	184, 234
警告上の欠陥	205
経済性	193, 245
計数規準型一回抜取検査	100, 101
計数値	4, 5, 26, 27, 30, 43
計測	176, 221, 224, 225, 226
計測管理	225
計測器管理	274
継続的改善	185, 263
系統誤差	106, 107, 224, 225
系統サンプリング	10, 12
系統図法	22, 23
契約不適合責任	206
計量管理	225
計量規準型一回抜取検査	102
計量値	4, 5, 26, 27, 30, 31, 43
系列相関	128, 130
結果系	167, 217, 239, 256
原因系	167, 212, 217, 239
限界見本	226, 227
厳格責任	204, 206
変更管理	218, 219
言語データ	5, 23
検査指図書	227
検査手順書	227
検査特性曲線	99
検査標準書	227
検収検査	221
検出力	49, 50
検定	48, 49, 50, 51
現場診断	256
源流管理	166, 167
合格判定個数	97, 98, 100
恒久対策	185, 217, 240

工具管理	274	採択域	49
交互作用	108, 109, 119, 121, 124	最適水準	108, 109, 112
		再発防止	144, 145, 146, 166, 167, 185, 203, 217, 240
校正	224, 225		
構成管理	218	最良不偏推定量	50
工程	212, 213	作業インストラクション	213, 214
工程 FMEA	193	作業基準書	213, 214
工程異常	216, 217, 239, 240	作業指図書	213, 214
工程解析	218, 219	作業指示書	213
工程間検査	221	作業指導書	213
工程内検査	221	作業手順書	213
工程能力指数	90, 91, 218, 219	作業標準書	213, 214
工程能力調査	218, 219	作業要領書	213, 214, 227
購入検査	221	避けられない原因	171
購買管理	270, 274	避けることのできる原因	171
顧客価値	183	サタースウェイトの方法	61
顧客価値創造技術	270, 271	サプライチェーン	272
顧客歓喜	183	サプライチェーンマネージメント	272
顧客指向	162, 163	産業標準化	248, 249
顧客重視	162, 163, 237, 262, 263, 267	三現主義	168, 169
		三元配置法	124
顧客の特定	163	残差	135, 136, 137, 138, 139
顧客満足	163, 183, 265		
顧客優先	163	残差の検討	105, 135, 138, 139
国際標準化	249	算術平均	8
国際標準	225	暫定処置	144, 145, 167, 217
故障	223	散発的異常	241
故障の木解析	200, 201	散布図	20, 21, 127, 134, 135, 138, 139, 140
故障分布関数	155		
故障モード	200, 201	サンプリング	6, 7, 10, 11
故障率	152, 154, 155, 156	サンプリング誤差	6, 7, 224
国家標準	225	時系列プロット	139
小波の相関	130, 131	試験	7, 39, 100, 216, 220, 221, 222, 224
小波の相関検定	130, 131		
好ましい異常	21, 81	試験成績書	221
固有技術	21, 105, 118, 241, 246, 254	仕事の品質	180, 181
		事後保全	149
コンプライアンス	193, 270, 271	資材管理	270, 271, 274
コンペチター	193	施策実行型	189, 190
根本対策	217, 240	事実でものをいう	169
◆ さ行		事実に基づく活動	169
サービスの品質	180, 181	事実に基づく管理	169
再現性	108, 109	自主検査	221
在庫管理	270, 273, 274	自主点検	221
最終検査	220, 221	実験計画の3原則	107

実験計画法	104, 105, 106, 108, 124
社会的責任	270, 271
社会的品質	180, 181
社内標準	246, 247
周期的変動	241
従業員満足	172, 173, 182, 183
集合教育	254
修正	225
修正項	9, 111, 113, 117
集団因子	108, 109
重点課題	230, 231, 238
重点指向	21, 168, 169, 201, 231
自由度	9, 42, 45, 63, 113, 123
修復率	155, 157
修復率関数	157
集落サンプリング	10, 11, 15, 17, 180
樹形図	23, 200
主効果	108, 109, 111, 114, 118, 124
主成分分析	23
出荷検査	10, 221
需要の 3 要素	168, 169, 174
順位データ	5
巡回検査	221, 222
瞬間故障率	155, 156
小集団改善活動	252, 253, 266
小集団活動	252, 253, 256
冗長化	228
冗長系	150, 151
冗長性	150, 228
承認検査	222
消費者	100, 162, 163, 182, 183, 194, 203, 205, 206, 230, 272
消費者危険	98, 99, 100
商品企画七つ道具	270, 271, 273
上部管理限界	81
上方管理限界	81
情報公開	272
初期故障	153
職場外教育	254
職場活性化	173, 253
職場内教育	254
職場の五大目標	168, 174
試料標準偏差	9
新 QC 七つ道具	5, 219
人材育成	173, 234, 253, 254, 255
診断	259
人的資源	255
真度	225
信頼区間	49, 50
信頼限界	50
信頼性	27, 142, 143, 146, 147, 148, 154, 155, 176, 178, 193, 200
信頼性性能	142, 143
信頼性特性値	150, 154, 155
信頼性ブロック図	151
信頼性モデル	150, 151, 152, 153
信頼責任	206
信頼度	143, 146, 148, 150, 151, 154, 155, 156
信頼率	50, 51
親和図法	22, 23
親和性	23
逐次抜取検査	96
逐次抜取方式	102
水準	109, 124
水準数	124
推定	7, 50, 51
推定精度	16
推定量	50
水平展開	167, 185, 186, 216, 217, 246
数値データ	5
数値変換	7
数量検査	215, 221
スキップロット抜取検査	96
ステークホルダー	271, 272
スパイラルローリング	184
正確さ	6, 224, 225
正規近似	30, 31, 78
正規性	105, 139
正規分布	5, 26, 27, 28, 30, 31, 34, 35
制御因子	108, 109
生産管理	184
生産者危険	98, 99
生産性	165, 169, 193, 218
生産性優先	163

整数倍　　　　　　　21
製造上の欠陥　　　　204, 205
製造の五大目標　　　168, 174
製造物責任　　　　　204, 205
製造物責任対策　　　205
製造物責任防御対策　　　205
精度　　　　　　　　225
性能試験　　　　　　222
製品安全　　　　　　169, 205
製品安全4法　　　　207
製品安全対策　　　　204, 205
製品検査　　　　　　221
精密さ　　　　　　　224, 225
是正処置　　　　　　144, 145, 167, 209,
　　　　　　　　　　217, 259
設計検証　　　　　　201
設計上の欠陥　　　　205
設計審査会　　　　　201
設計信頼性　　　　　146, 147
設計品質　　　　　　176, 177, 192, 193,
　　　　　　　　　　199, 202, 203
絶対責任　　　　　　206
絶対評価　　　　　　226, 227
設備　　　　　　　　274
設備管理　　　　　　270, 274
説明変数　　　　　　138, 139
ゼロ仮説　　　　　　48, 49
全員参加　　　　　　172, 173, 252, 253,
　　　　　　　　　　266, 267
潜在トラブルの顕在化　　171
全社的品質管理　　　173, 180, 266, 267
全数検査　　　　　　90, 222
尖度　　　　　　　　139
全部門　　　　　　　172, 173, 231, 266,
　　　　　　　　　　267
線分法　　　　　　　131
専門化　　　　　　　247
相関関係　　　　　　23, 127, 132, 133
相関係数　　　　　　126, 127, 132, 133,
　　　　　　　　　　136, 137
総合信頼性　　　　　143, 147
総合的品質管理　　　173, 256
総合評価　　　　　　226, 227
相互関係　　　　　　196, 213, 219
倉庫管理　　　　　　270, 274
操作性　　　　　　　146, 193

相対的標準偏差　　　9
相対評価　　　　　　226, 227
層別　　　　　　　　5, 21, 107, 108, 109,
　　　　　　　　　　138
層別サンプリング　　10, 14, 17
測定　　　　　　　　6, 7, 170, 171, 177,
　　　　　　　　　　220, 221, 224, 225
測定誤差　　　　　　6, 7, 105, 224, 225
測定単位　　　　　　21, 225
組織の役割　　　　　237
組織方針の策定　　　231, 233
組織方針の展開　　　231

◆た行
ダービン・ワトソン比　　139
第1種の誤り　　　　49, 50, 80, 105
耐久性　　　　　　　143, 146, 147, 148
第三者　　　　　　　180, 181, 204, 266,
　　　　　　　　　　267
第三者機関　　　　　267
第三者適合性評価活動　　267
第三者認証制度　　　267
体質改善　　　　　　173, 253
第二者　　　　　　　257
第2種の誤り　　　　49, 50, 80, 105
代用特性　　　　　　176, 177
対立仮説　　　　　　48, 49, 51
多回抜取検査　　　　96
田口の式　　　　　　123
多元配置法　　　　　124
妥当性　　　　　　　218, 219, 227, 232,
　　　　　　　　　　233, 256, 258
妥当性確認　　　　　233
多変量解析法　　　　23
単回帰式　　　　　　134, 135
単純化　　　　　　　244, 245, 247, 248
チェックシート　　　20, 21
中央値　　　　　　　8, 43, 83
中間検査　　　　　　220, 221
抽出　　　　　　　　7, 10, 27, 29
中心線　　　　　　　80, 81, 93
中長期方針　　　　　231
直接近似　　　　　　31
直列系　　　　　　　150, 151
追跡可能性　　　　　217
追跡性　　　　　　　217

突き止められない原因	82, 171
突き止められる原因	82, 171
釣鐘型	27
定位置検査	222
ディスクロージャー	272
ディペンダビリティ	143, 147
ディレーティング	228
データの構造式	116, 120, 121
データの種類	5
データの変換	7
適合	223
適切性	232, 233, 256, 258
できばえの品質	176, 177
デミング賞	183
点検	225
点検項目	238, 239
点推定	49, 50, 51
点推定値	50, 51
等価自由度	63
統計手法	45, 139, 168, 218, 219, 258
統計的安定状態	21
統計的仮説検定	48, 124
統計量	8, 42, 43
統計量の分布	43
動作検査	222
同時推定	61
等分散性	104, 105, 116
とがり	139
特性と要因	165
特性要因図	20, 21
独立	27, 33, 105
独立性	104, 105
突然変異	241
トップ診断	259
トラブル予測	200, 201
トレーサビリティ	217, 225

◆ な行

内部監査	257, 259
二元配置実験	114, 115, 120, 121
二元配置分散分析	115, 121
二元配置法	115, 124
二項分布	5, 26, 27, 28, 29, 30, 31, 40, 41, 42, 43, 44, 45

2段サンプリング	10, 13, 16, 17
日常管理	232, 234, 236, 237, 239
人間性尊重	173
抜取検査	96, 97, 222
抜取検査方式	96, 97, 98, 99, 100
ねらいの品質	176, 177
年度方針	231

◆ は行

パーセント不適合品率	97
破壊検査	222
バスタブ曲線	152, 153
発生確率	27, 34, 35, 90, 200
歯止め	167
ばらつき	6, 9, 21, 32, 43, 44, 45, 104, 105, 106, 107, 108, 109, 170, 171
バリューチェーン	272
パレート指向	169
パレート図	20, 21
パレートの法則	169
範囲	8, 43, 84, 116
判定基準	216, 220, 221, 222, 223
反復	107
ヒストグラム	20, 21
ひずみ	139
人々の参画	263
人々の積極的参加	262, 263, 267
非破壊検査	222
ビフォアーサービス	180, 193, 202
標示因子	108, 109
標準	244, 245
標準化	35, 184, 185, 188, 189, 244, 245, 247, 248, 249
標準器	224, 274
標準作業	247
標準時間	247
標準正規分布	36
標準偏差	6, 9, 26, 32, 34, 39, 43
標準見本	226, 227
標本	6, 7
標本標準偏差	9

品質意識　252
品質保証活動一覧表　197
品質監査　256
品質管理教育　255
品質機能展開　193, 197, 198, 199
品質検査　215, 221
品質至上　165
品質第一　164, 165
品質第一主義　165
品質展開　199
品質特性　147, 171, 177, 198, 199, 218, 219
品質の定義　177
品質保証　192, 194, 196, 197, 202, 203, 234, 252, 266
品質保証体系図　197, 202
品質マネジメントの原則　262, 263, 267
品質目標　199, 202, 255, 258, 262, 263
品質優先　163, 165, 266, 267
品質要素　176, 177, 178, 179, 181
ファクトコントロール　169
フィードバック　201, 208, 220, 223
フィードフォワード　220, 221, 223
フィッシャーの3原則　107
プーリング　114, 115, 118, 119
プール　61
フールプルーフ　205, 228
フェールセーフ　205, 228
フェールソフト　228
フェールソフトリー　228
負荷軽減　228
不可避原因　82, 171
不具合　223
不合格　223
不合格判定個数　97
不信頼度関数　154, 155
不適合　223
不適合品率　97
不偏推定量　50
不偏性　50, 105
不偏分散　9
不良　223

プロセス　165, 212, 213
プロセスアプローチ　262, 263, 265, 267
プロセス管理　212
プロセス重視　165, 268
プロセス保証　213
プロダクトアウト　162, 163, 193
ブロック因子　107, 108, 109
分割表　76, 77
分散　9, 28, 33, 44, 45
分散の加法性　33
分散分析　104, 105, 124
分類データ　5
平均故障間動作時間　154, 156
平均修復時間　157
平均値　6, 8, 39, 43, 45
平方和　9, 42, 43, 45
並列系　150, 151
変化点管理　219
偏差値　34, 39
偏差平方和　9, 42, 43, 45
変動係数　9, 43
変量因子　108, 109
ポアソン分布　5, 26, 27, 28, 30, 41, 42, 43, 45
方策　231
報償責任　206
方針　230, 231
方針管理　230, 231
方針管理の運用　233
方針管理のプロセス　231
方針の策定　230, 231
方針のすり合わせ　231
方針の展開　230, 231
包装管理　270, 271
母欠点数　41, 43, 73, 75
保守　149, 180
母集団とサンプル　7
保証　195
保障　195
補償　195
保証責任　206
保証の網　203
母数　42, 43, 50
母数因子　109
保全　147, 149

保全支援能力　143
保全性　142, 143, 146, 147, 149, 193
保全度　154, 157
母相関係数　132, 133
母不適合数　40, 41, 73, 75, 78
母不適合品率　29, 44, 68, 69, 70, 71
母不良率　43, 68, 69, 70, 71
母平均　8, 16, 43, 44, 45
ぼんやりものの誤り　49

◆ ま行

マーケットイン　162, 163, 193
マトリックス管理　234
マトリックス図法　22, 23
マトリックスデータ解析法　23
マネジメント　143
マネジメントレビュー　256, 257
摩耗故障　152, 153
慢性的異常　241
見える化　170, 171
未然防止　144, 145, 146, 166, 167
未然防止型　189, 190
見逃せない原因　82, 171
魅力的品質要素　179
無過失責任　204, 206
無関心品質要素　179
無形財産　254
無限母集団　7, 11, 26, 27, 29, 42
無作為化　11, 106, 107
無試験検査　222
無相関　127, 132, 133
メディアン　6, 8, 43, 128, 129, 131
メディアン法　129
目で見る管理　171
目的志向　166, 167
目標　230, 231
問題意識　252
問題解決　80, 166, 167, 186, 187
問題解決型　188, 189, 190
問題と課題　186, 187

◆ や行

有意水準　48, 49, 51
有形財産　254
有限修正　13, 14, 15

有限母集団　7, 11, 21, 26, 27, 45
有効性　232, 233, 255, 256, 258, 265
有効反復数　121, 123
要因　21, 124, 165
要因系　238, 239, 256
要因系管理項目　239
要求品質　176, 179, 192, 198, 199, 202
横展開　217, 240
予測値　139
予防処置　145, 167
予防保全　149, 152, 153

◆ ら行

乱塊法　107, 109
乱数サイコロ　11
乱数表　11
ランダムサンプリング　11
リーダーシップ　252, 262, 263, 264, 267
利害関係　266, 270, 272
利害関係者　258, 264, 265, 272
力量　255, 262, 263
離散値　5, 27
流出防止　219
流出防止策　167, 217
両側仮説検定　49
両側検定　49
リライアビリティ　143
連関図法　22, 23
連続式抜取検査　96
連続値　5, 27, 31, 108
ロジット変換　31

◆ わ行

ワークインストラクション　213
ワークサンプリング法　18
歪度　139

—— 著 者 略 歴 ——

子安　弘美（こやす　ひろみ）

1952年生まれ
1988年　一般財団法人日本科学技術連盟　嘱託講師
2009年までパナソニック株式会社に勤務
2017年までテネジーコーポレーション　品質顧問

QC検定2級演習問題集

2021年 5月 2日　　第1版第1刷発行

著　者　子
　　　　　こ
　　　　　安
　　　　　やす
　　　　　弘
　　　　　ひろ
　　　　　美
　　　　　み

発 行 者　田　中　　　聡

発 行 所
株式会社 電 気 書 院
ホームページ　www.denkishoin.co.jp
（振替口座　00190-5-18837）
〒101-0051　東京都千代田区神田神保町1-3 ミヤタビル2F
電話（03）5259-9160／FAX（03）5259-9162

印刷　創栄図書印刷株式会社　DTP　Mayumi Yanagihara
Printed in Japan／ISBN978-4-485-22147-1

• 落丁・乱丁の際は，送料弊社負担にてお取り替えいたします．

[本書の正誤に関するお問い合せ方法は、最終ページをご覧ください]

書籍の正誤について

万一，内容に誤りと思われる箇所がございましたら，以下の方法でご確認いただきますよう
お願いいたします.

なお，正誤のお問合せ以外の書籍の内容に関する解説や受験指導などは**行っておりません**.
このようなお問合せにつきましては，お答えいたしかねますので，予めご了承ください.

正誤表の確認方法

最新の正誤表は，弊社Webページに掲載しております.
「キーワード検索」などを用いて，書籍詳細ページをご
覧ください.
正誤表があるものに関しましては，書影の下の方に正誤
表をダウンロードできるリンクが表示されます．表示さ
れないものに関しましては，正誤表がございません.

弊社Webページアドレス
https://www.denkishoin.co.jp/

正誤のお問合せ方法

正誤表がない場合，あるいは当該箇所が掲載されていない場合は，書名，版刷，発行年月
日，お客様のお名前，ご連絡先を明記の上，具体的な記載場所とお問合せの内容を添えて，
下記のいずれかの方法でお問合せください.
回答まで，時間がかかる場合もございますので，予めご了承ください.

郵便で問い合わせる	郵送先	〒101-0051 東京都千代田区神田神保町1-3 ミヤタビル2F ㈱電気書院　出版部　正誤問合せ係
FAXで問い合わせる	ファクス番号	**03-5259-9162**
ネットで問い合わせる		弊社Webページ右上の「**お問い合わせ**」から **https://www.denkishoin.co.jp/**

お電話でのお問合せは，承れません

(2020年10月現在)